高等医药院校课程改革新形态教材

供高等职业教育护理、助产、临床医学、口腔医学、医学检验技术、医学影像技术、康复治疗技术、中医学等医学相关专业使用

生 物 化 学

（第 4 版）

主　编　晁相蓉

副主编　邵世滨　郭劲霞　朱荣富　赵玉强　段正秀

编　者　（按姓氏汉语拼音排序）

曹　华　江西医学高等专科学校

晁相蓉　山东医学高等专科学校（济南校区）

段正秀　锡林郭勒职业学院

高　飞　山东药品食品职业学院

高　云　山东医学高等专科学校（济南校区）

郭劲霞　益阳医学高等专科学校

卢秀真　镇江市高等专科学校

马艳华　内蒙古医科大学

邵世滨　山东医学高等专科学校（临沂校区）

王伟才　雅安职业技术学院

赵传祥　江苏护理职业学院

赵玉强　雅安职业技术学院

朱荣富　广西医科大学（玉林校区）

左妍妍　唐山职业技术学院

科 学 出 版 社

北　京

内 容 简 介

本教材是高等医药院校课程改革新形态教材，主要内容包含五大模块：生物分子的结构与功能（蛋白质的结构与功能、酶、维生素、核酸的结构与功能）；遗传信息的传递与表达（DNA 的生物合成、RNA 的生物合成、蛋白质的生物合成）；物质代谢与能量转换（糖代谢、生物氧化、脂质代谢、蛋白质的分解代谢、核苷酸代谢）；医学生物化学（肝的生物化学、水与电解质的代谢、酸碱平衡）；实验操作部分（包含了生物化学实验的基本操作和 4 个生物化学经典实验）等。除绪论外，还设有学习目标、链接、案例、考点、医者仁心、自测题等模块。本教材还包含了数字化资源，学生可以通过扫二维码的形式查看每章的 PPT 课件、习题、动画、微课视频、思维导图等内容。

本教材适用于高等职业教育护理、助产、临床医学、口腔医学、医学检验技术、医学影像技术、康复治疗技术、中医学等医学相关专业学生使用。

图书在版编目（CIP）数据

生物化学 / 晁相蓉主编 .—4 版 .—北京：科学出版社，2024.1
高等医药院校课程改革新形态教材
ISBN 978-7-03-077213-8

Ⅰ.①生… Ⅱ.①晁… Ⅲ.①生物化学－医学院校－教材 Ⅳ.① Q5

中国国家版本馆 CIP 数据核字（2023）第 230627 号

责任编辑：王昊敏 / 责任校对：周思梦
责任印制：师艳茹 / 封面设计：涿州锦晖

科学出版社 出版
北京东黄城根北街16号
邮政编码:100717
http://www.sciencep.com
天津市新科印刷有限公司印刷
科学出版社发行 各地新华书店经销
*
2010年 6 月第 一 版 开本：850×1168 1/16
2024年 1 月第 四 版 印张：11 1/2
2025年10月第三十九次印刷 字数：349 000

定价：52.80元

（如有印装质量问题，我社负责调换）

前　言

党的二十大报告指出："人民健康是民族昌盛和国家强盛的重要标志。把保障人民健康放在优先发展的战略位置，完善人民健康促进政策。"贯彻落实党的二十大决策部署，积极推动健康事业发展，离不开人才队伍建设。党的二十大报告指出："培养造就大批德才兼备的高素质人才，是国家和民族长远发展大计。"教材是教学内容的重要载体，是教学的重要依据、培养人才的重要保障。本次教材修订旨在贯彻党的二十大报告精神和党的教育方针，落实立德树人根本任务，坚持为党育人、为国育才。

本教材沿续了第3版简洁、实用的特点及双色印刷突出重点的优势，保留了链接、案例、考点、自测题、学习目标等模块。但在章节组织方式、编排顺序、内容、图片等方面做了部分修订，旨在使课程内容更符合学习的一般规律，使学生更易学、更爱学，教师易教。

本教材主要内容包含五大模块：生物分子的结构与功能（蛋白质的结构与功能、酶、维生素、核酸的结构与功能）；遗传信息的传递与表达（DNA的生物合成、RNA的生物合成、蛋白质的生物合成）；物质代谢与能量转换（糖代谢、生物氧化、脂质代谢、蛋白质的分解代谢、核苷酸代谢）；医学生物化学（肝的生物化学、水与电解质的代谢、酸碱平衡）；实验基本知识与操作技术等。本教材还包含了数字化资源，学生可以通过扫二维码的形式查看每章的PPT课件、习题、动画、微课视频、思维导图等内容。这些既便于教师线上线下混合式教学模式的开展，也利于学生自主学习。

本教材根据生物化学课程内容的内在联系将理论知识分成了五篇，使生物化学的知识体系一目了然；在编排顺序上，与前版不同的是将酶这章前置，紧接在蛋白质结构与功能后面，而将核酸的结构与功能与"遗传信息的传递与表达"篇紧邻，学生在学习核酸组成及结构后，紧接着学习DNA的复制、转录及翻译过程，保持了知识的连贯性。在物质代谢与能量转换部分，编者对糖和脂质的概念及分类做了更详细的介绍。在链接模块中，我们介绍了生物化学史上最具代表性的几位诺贝尔奖获得者，旨在激发学生的学习热情和创新意识。在提升学习兴趣的同时，鼓励学生将理论知识学以致用。

本教材主要适用于高等职业教育护理、助产、临床医学、口腔医学、医学检验技术、医学影像技术、康复治疗技术、中医学等医学相关专业使用。

在此次编写过程中，得益于各位编者及编辑的倾力合作，精益求精，本教材才能顺利出版，在此表示衷心的感谢！但是由于编者水平有限，教材中可能会有疏漏和不足之处，请使用本教材的读者批评指正。

编　者

2023年10月

配 套 资 源

欢迎登录“中科云教育”平台，免费数字化课程等你来！

本系列教材配有图片、视频、音频、动画、题库、PPT 课件等数字化资源，持续更新，欢迎选用！

“中科云教育”平台数字化课程登录路径

电脑端

- 第一步：打开网址 http://www.coursegate.cn/short/M5RYX.action
- 第二步：注册、登录
- 第三步：点击上方导航栏“课程”，在右侧搜索栏搜索对应课程，开始学习

手机端

- 第一步：打开微信“扫一扫”，扫描下方二维码
- 第二步：注册、登录
- 第三步：用微信扫描上方二维码，进入课程，开始学习

PPT 课件：请在数字化课程各章节里下载！

目　录

第四篇　医学生物化学

第五篇　实验基本知识与操作技术

绪　论

生物化学（biochemistry）是研究生物体内物质的结构和功能及体内各种化学变化过程与生命活动之间关系的一门学科，也称为生命的化学（chemistry of life）。

生物化学的研究对象为生物体，包括植物、动物、微生物及人体等。本书主要讲述以人体作为研究对象的生物化学，因此又称为医学生物化学。

一、医学生物化学的研究内容

（一）生物分子的结构和功能

人体的化学组成纷繁复杂，目前已经知道的组成物质包括有机物和无机物两大类。无机物指水和无机盐；主要的有机物包括糖类、脂质、蛋白质和核酸等，称为生物分子。体内还存在一类小分子有机物——维生素，它不参与细胞的构成。糖类、脂质、蛋白质和核酸等生物分子结构复杂，能水解成一些基本的小分子。例如，多糖水解生成单糖，脂肪水解产生甘油和脂肪酸，蛋白质和核酸分别水解得到它们的基本组成单位——氨基酸和核苷酸。单糖、甘油、脂肪酸、氨基酸和核苷酸等被称为构件分子。

人体内的各种无机物和有机物都各自承担着多种重要的生理功能，又协调合作，共同维持人体整体的生命活动。

（二）物质代谢及调节

物质代谢是生物体内发生的各种化学变化过程的总和，也称中间代谢。人体不停与外界环境进行着物质交换，摄入各种营养物质及水和无机盐，在体内经过一定化学变化之后，再排出代谢废物。假如人的寿命为60岁，其一生从外界摄入的水大约为60 000kg，糖类约为10 000kg，蛋白质1600kg，脂质约1000kg。这些物质在消化道内各种酶的催化下，分解成相应的构件分子被人体吸收。这些构件分子既可以作为原料重新生成人体的生物分子，也可氧化分解产生能量用以维持体温、合成人体自身成分、肌肉收缩、物质主动转运、生物电传导等方面，即物质代谢的同时伴随着能量代谢。物质和能量代谢共同构成人体的新陈代谢，这是生命体最基本的特征之一。新陈代谢一旦停止，生命也就终结了。

物质代谢主要是由酶催化的酶促反应，故酶的结构、含量、酶的区域化分布等对物质代谢有着重要的调节作用。

（三）基因信息传递

1953年沃森（Watson）和克里克（Crick）提出DNA分子双螺旋模型学说，确定了核酸在遗传学中的地位。继而遗传信息传递的中心法则被提出，即遗传信息遵循DNA→RNA→蛋白质的方向流动，最终得以表达。病毒的逆转录和RNA复制过程的发现，补充并丰富了中心法则的内涵。基因表达过程的异常和疾病的产生密切相关，故基因表达过程及调控也成为生物化学研究的重要课题。

二、生物化学发展简史

生物化学的研究起源于18世纪中叶，但20世纪初才作为一门独立学科发展起来，1903年，德国化学家纽伯格（Neuberg）提出biochemistry一词，使生物化学成为一门独立的学科。

现在常将生物化学的发展分为三个阶段：叙述生物化学阶段、动态生物化学阶段和分子生物学阶段。

1. 叙述生物化学阶段　自18世纪中期到19世纪末，生物化学的主要研究内容为生物体的化学组成，人们对糖类、脂类及氨基酸的结构及性质有了比较多的了解；发现了酶及其功能；分离了血红蛋白；发现了核酸等。

2. 动态生物化学阶段 从20世纪初到50年代，是生物化学蓬勃发展的阶段。此阶段以研究体内物质代谢为重心，多种物质分解代谢途径被发现并证实，包括糖代谢的各条途径、三羧酸循环、脂肪酸的β-氧化、鸟氨酸循环等，ATP生成的学说被提出。在这一时期，科学家还发现了人类的必需氨基酸、维生素和多种激素，认识到酶的化学本质是蛋白质等。

3. 分子生物学阶段 20世纪50年代至今，是生物化学迅猛发展的时期，衍生了一门以蛋白质和核酸的结构及基因信息传递为主要研究内容的学科——分子生物学（molecular biology）。

在这个阶段，一方面，物质代谢途径的研究进一步深入，尤其是合成代谢及代谢调节的研究，合成和分解代谢的网络被确定，蛋白质合成的途径被揭示出来。另一方面，分子生物学方面的研究成果日新月异。20世纪50年代，科学家完成了胰岛素一级结构的测序，发现了蛋白质的二级结构——α螺旋。1953年，沃森和克里克提出DNA分子双螺旋模型学说，使生物化学研究进入分子生物学时代。继而中心法则问世，复制、转录、翻译过程被揭示，遗传密码被破译出来。1965年，在英国化学家桑格（Sanger）对胰岛素测序的基础上，我国科学家首次人工合成了结晶牛胰岛素。

20世纪70年代，RNA逆转录病毒被发现，病毒RNA的复制过程被揭示，补充了中心法则。更为重要的是重组DNA技术的建立，使得转基因动物、基因剔除成为可能。

20世纪80年代，核酶被发现，体外扩增DNA的聚合酶链反应（PCR）技术问世；20世纪80年代末，人类基因组计划（HGP）启动。截至2003年4月，覆盖人常染色体基因组99%序列的基因组图谱绘制完成，我国科学家协助完成了1%的测序工作。2004年9月，DNA组件百科全书计划正式启动，目的是鉴定人类基因组中所有的功能片段。目前基因组研究更加深入，包括蛋白质组学、转录组学、代谢组学及糖组学的研究等，并催生了一门具有广阔发展前景的学科——生物信息学。2022年4月，人类全基因组100%测序完成。

三、生物化学与医学各学科的关系

（一）生物化学是重要的医学基础课

生物化学是以生物学、有机化学、分析化学等为基础的一门学科，同时，它又是医学生学习微生物学、免疫学、生理学、病理生理学、药理学、药物化学、分子生物学、临床医学概要、内科学、外科学、生物化学检验等课程的基础。生物化学还和遗传学、细胞生物学、生理学有着千丝万缕的关系。因此，生物化学是重要的桥梁课，沟通基础和临床，是医学各专业学生学好各专业课程的必经之路。

（二）生物化学的发展也将推动医学各学科的发展

随着生物化学的发展，一方面，各种疾病的发病机制不断被阐明，体液中各种成分的测定为临床诊断提供了越来越可靠的依据。另一方面，随着分子生物学的迅猛发展，基因诊断和基因治疗成为可能，间接推动了临床各学科在疾病诊断和治疗技术方面的发展。心血管疾病、恶性肿瘤、免疫性疾病、代谢疾病、神经系统疾病及遗传病等的诊断和治疗，都有望随着基因工程技术的进步和新的分子生物学技术的诞生而有新的突破。近几年新兴的基因编辑技术就是漫漫长夜中出现的一缕曙光。

自 测 题

一、名词解释

1. 生物分子　2. 构件分子

二、简答题

1. 医学生物化学的研究内容主要有哪几方面？
2. 生物化学的发展主要分为哪几个阶段？

（晁相蓉）

第一篇
生物分子的结构与功能

生命是由各种化学物质构成的，其中蛋白质和核酸是生物体内主要的生物大分子物质，是生命活动的物质基础。核酸担负着生命信息的储存和传递功能，是一切生物的遗传物质，在生物体的遗传、变异和蛋白质的生物合成中具有极其重要的作用。掌握核酸的结构与功能，有助于后期遗传信息表达等内容的学习。蛋白质和核酸的密切联系，是机体生长、发育、遗传、繁殖、运动、物质代谢的基础。充分认识蛋白质和核酸的结构与功能，有助于人们从分子水平了解和揭示生命现象的本质。

酶是生物体内重要的生物催化剂，生物体内几乎所有的化学反应都在极为温和的条件下由特异性的酶来催化，这为生物体能进行复杂而周密的新陈代谢和调节提供了基本保证。酶的异常是体内某些疾病发生的根本原因，同时酶活性的改变可作为疾病诊断的指标，因此酶是生命活动中不可缺少的生物分子，这使其成为医学研究中非常重要的领域。

维生素是人和动物为维持正常的生理功能而必须从食物中获得的一类微量小分子有机物，也是保持机体健康的重要活性物质。本篇主要介绍了生物体内重要生物分子的结构与功能，包括蛋白质、核酸、酶和维生素。

学习本篇时，重点在生物分子的组成及物质的结构特点和理化性质，理解结构和功能的关系，特别是空间结构的变化对其生理功能的影响，体会组成生命的物质在生命活动中起的作用。

第 1 章

蛋白质的结构与功能

学习目标

1. 素质目标　树立科学创新意识，培养实事求是、坚持不懈、勇于探索的科学精神。

2. 知识目标　掌握蛋白质的元素组成，20 种氨基酸的名称及分类；蛋白质一级结构与空间结构的概念与特点；蛋白质的重要理化性质。熟悉蛋白质的生理功能；蛋白质一级结构及空间结构与功能的关系。了解蛋白质的分类，常用蛋白质分离纯化方法。

3. 能力目标　具有理论联系实际、解决实际问题的能力。

蛋白质（protein）是由许多氨基酸（amino acid）通过肽键（peptide bond）相连形成的高分子有机化合物。蛋白质约占人体干重的45%、细胞干重的50%～70%，不仅含量高而且种类多、结构各异、功能多样。蛋白质主要功能有：①催化；②调节；③转运；④运动与支持；⑤免疫和防御；⑥参与细胞间信息传递；⑦参与生物膜的构成。此外，蛋白质还有许多其他重要功能，可以说没有蛋白质就没有生命活动的存在。蛋白质是生命活动的主要承担者和执行者。

第 1 节　蛋白质的分子组成

蛋白质分布广、含量高、结构复杂且功能多样，但元素组成相似，基本结构单位都是氨基酸。

一、蛋白质的元素组成

蛋白质主要由碳、氢、氧、氮和硫等基本元素组成，碳占50%～55%、氢占6%～7%、氧占19%～24%、氮占13%～19%、硫占0～4%。有些蛋白质还含有少量磷、硒或金属元素铁、铜、锌、锰、钴、钼等，个别蛋白质还含有碘。其中氮元素是蛋白质特征性的组成元素，各种蛋白质的含氮量接近，平均为16%，又因为蛋白质是生物体主要含氮物质，所以可通过测定生物样品中氮元素的含量，大致计算出样品中蛋白质的含量，即

每克样品中蛋白质的含量 = 每克样品的含氮量 ×（100/16）

链　接　“三聚氰胺”事件引发的思考

2008 年 9 月，婴幼儿奶粉受三聚氰胺污染事件，导致群发性的婴幼儿肾结石，在社会上引起极大震动。为什么不良商家要在奶制品中添加三聚氰胺呢？原来目前测定食品中蛋白质的含量通常是用凯氏定氮法先测定出食品的含氮量，再推算蛋白质的大约含量。三聚氰胺分子式是 $C_3H_6N_6$，其含氮量达 66.7%，把它加入奶制品中后，奶制品中测得的含氮量会提高，但并没有真正提高蛋白质的含量。三聚氰胺为化工原料，进入人体后不仅不能作为营养物质，还会在人体内积聚导致肾结石。2011 年 4 月 6 日发布的《关于三聚氰胺在食品中的限量值的公告》中提到：三聚氰胺不是食品原料，也不是食品添加剂，禁止人为添加到食品中。对在食品中人为添加三聚氰胺的，依法追究法律责任。

考点：蛋白质元素组成特点及其应用

二、蛋白质的基本结构单位——氨基酸

蛋白质是高分子化合物，在酸、碱或酶作用下可水解为氨基酸（amino acid，AA）。存在于自然界中的氨基酸有300余种，但被生物体直接用于合成蛋白质的一般有20种，称为编码氨基酸。体内还有一些非编码氨基酸，它们是在蛋白质生物合成中或合成后形成，如碘代酪氨酸、羟脯氨酸、胱氨酸等，还有的在物质代谢过程中产生，如鸟氨酸、瓜氨酸。近年研究发现，硒代半胱氨酸和吡咯赖氨酸在某些情况下也可参与蛋白质合成。

（一）氨基酸的结构特点

氨基酸分子结构均以α-碳原子（C_α）为中心，连接氨基（$—NH_2$）、羧基（—COOH）、氢（—H）和R侧链四个基团和原子。除脯氨酸属于*L*-α-亚氨基酸，甘氨酸无*D*型和*L*型之分外，其余均属于*L*-α-氨基酸。结构式如下所示：

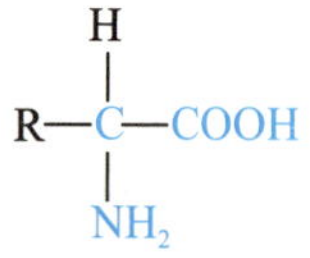
氨基酸结构通式

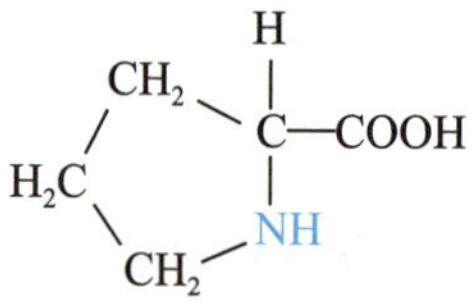
脯氨酸

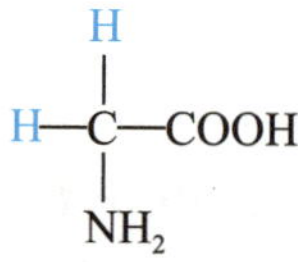
甘氨酸

（二）氨基酸的分类

20种氨基酸根据其侧链的结构和理化性质不同可分为五类（表1-1）。

1. 非极性脂肪族氨基酸 在水中的溶解度小，其侧链为疏水的脂肪烃基。

2. 极性中性氨基酸 除甲硫氨酸的甲硫基疏水性较强外，其他极性中性氨基酸相比非极性脂肪族氨基酸易溶于水，其侧链上分别含有羟基、巯基或酰胺基等极性基团，这些基团具有亲水性，但在中性水溶液中R基团几乎不解离。

表1-1 组成蛋白质的20种编码氨基酸及分类

分类	结构式	中文名	英文名	三字符	一字符	等电点
非极性脂肪族氨基酸	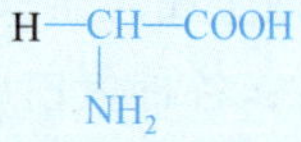	甘氨酸	glycine	Gly	G	5.97
	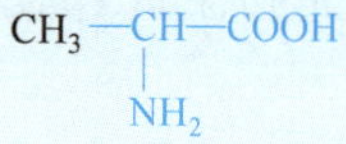	丙氨酸	alanine	Ala	A	6.00
	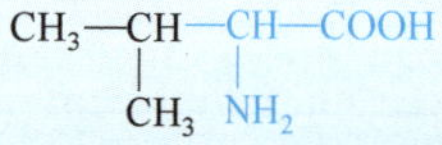	缬氨酸	valine	Val	V	5.96
	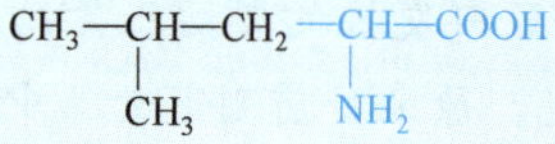	亮氨酸	leucine	Leu	L	5.98
	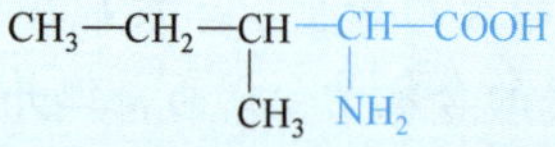	异亮氨酸	isoleucine	Ile	I	6.02
	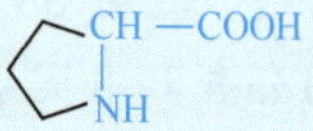	脯氨酸	proline	Pro	P	6.30

续表

分类	结构式	中文名	英文名	三字符	一字符	等电点
极性中性氨基酸	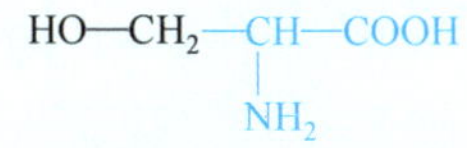	丝氨酸	serine	Ser	S	5.68
	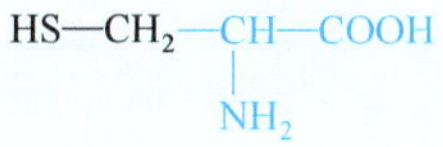	半胱氨酸	cysteine	Cys	C	5.07
	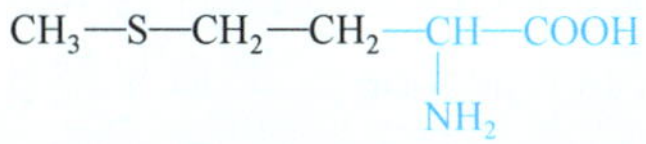	甲硫氨酸	methionine	Met	M	5.74
	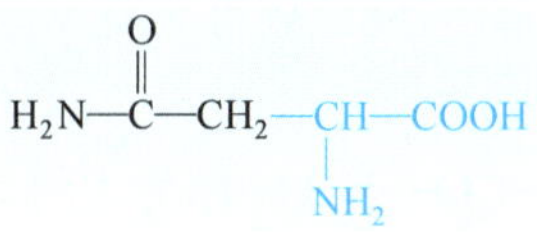	天冬酰胺	asparagine	Asn	N	5.41
	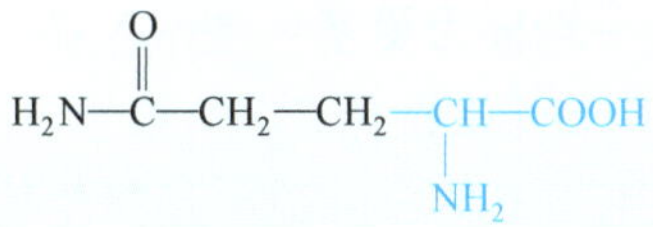	谷氨酰胺	glutamine	Gln	Q	5.65
	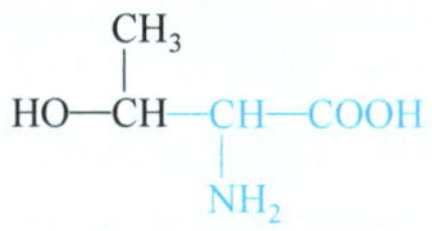	苏氨酸	threonine	Thr	T	5.60
芳香族氨基酸	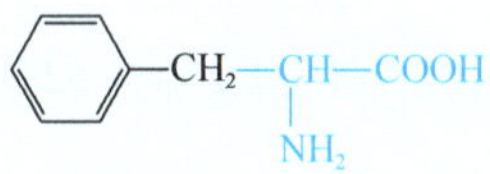	苯丙氨酸	phenylalanine	Phe	F	5.48
	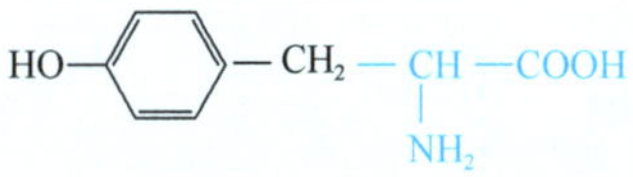	酪氨酸	tyrosine	Tyr	Y	5.66
	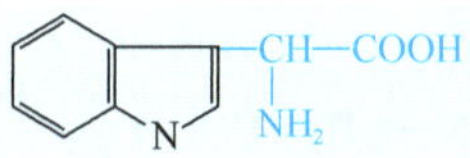	色氨酸	tryptophan	Trp	W	5.89
碱性氨基酸	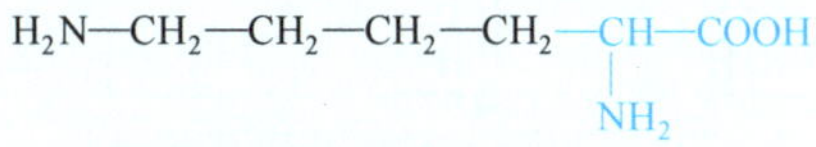	赖氨酸	lysine	Lys	K	9.74
	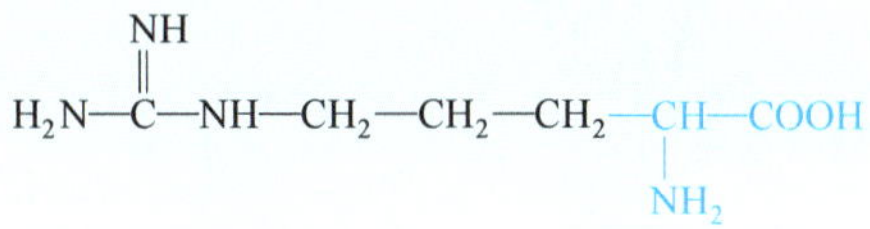	精氨酸	arginine	Arg	R	10.76
	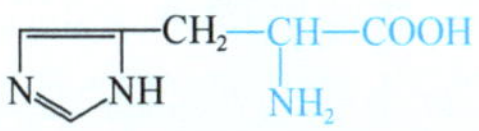	组氨酸	histidine	His	H	7.59
酸性氨基酸	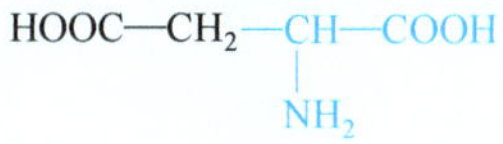	天冬氨酸	aspartic acid	Asp	D	2.97
	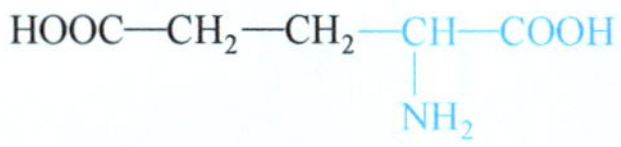	谷氨酸	glutamic acid	Glu	E	3.22

3. 芳香族氨基酸　R基团包含苯环，疏水性较强，但R基团中酚基和吲哚基在一定条件下可解离。

4. 碱性氨基酸　侧链含有胍基、氨基或咪唑基，这些基团在水溶液中会结合H^+而带正电。

5. 酸性氨基酸　侧链上带有羧基，在水溶液中释放H^+而带负电。

考点：氨基酸的名称及分类

（三）氨基酸的连接方式

1. 肽键　一个氨基酸的α-羧基与另一个氨基酸的α-氨基脱水缩合而成的酰胺键（—CO—NH—）称为肽键（peptide bond）。

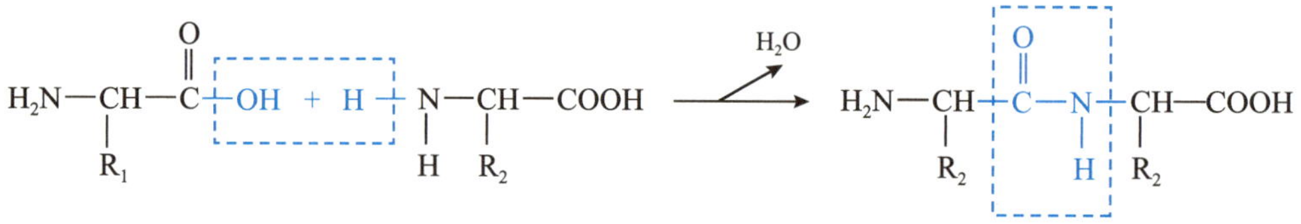

2. 肽 氨基酸通过肽键相连而成的化合物称为肽（peptide）。由2个氨基酸缩合而成的肽称为二肽，由3个氨基酸缩合而成的肽称为三肽，依此类推，2～20个以内的氨基酸形成的肽称为寡肽（oligopeptide），20个及以上氨基酸形成的肽称为多肽（polypeptide）。多肽呈链状，故又称为多肽链（polypeptide chain）。多肽链中的氨基酸由于脱水缩合而变得基团不全，故称为氨基酸残基（amino acid residue）。一般来说，蛋白质通常含50个以上的氨基酸残基。

由肽键连接各氨基酸残基形成的长链骨架结构，即—C_α—CO—NH—称为主链，每个氨基酸残基的R基团称为侧链。多肽链有两个末端，有游离氨基的一端称为氨基末端或N端；有游离羧基的一端称羧基末端或C端。多肽链具有方向性，书写时通常从N端开始直到C端结束。

3. 体内重要的生物活性肽 生物活性肽（biologically active peptide）是指生物体内具有生物活性的小分子肽，其在代谢调节、神经传导等方面起着重要作用。例如，谷胱甘肽（glutathione，GSH）是由谷氨酸、半胱氨酸和甘氨酸组成的三肽。GSH可以保护含有巯基的蛋白质或酶不被氧化，保持其原有的生物活性状态；GSH还可以在谷胱甘肽过氧化物酶催化下，清除细胞内的H_2O_2，生成H_2O；GSH的巯基有嗜核特性，可与外源的致癌剂或药物结合，阻断这些化合物与DNA、RNA或蛋白质结合，保护机体免遭侵害。

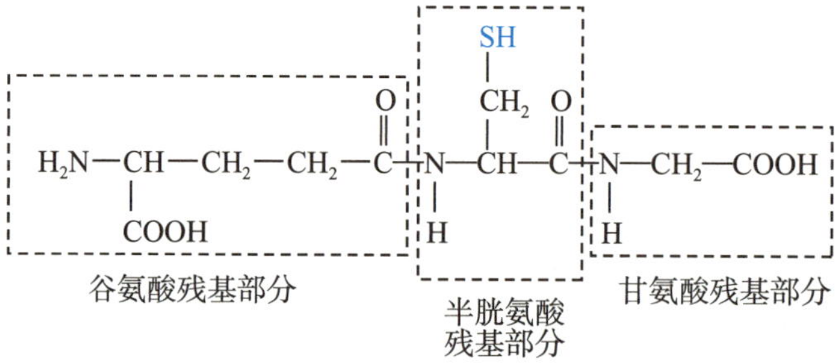

谷胱甘肽结构式

体内还有许多肽具有生物活性，如下丘脑分泌的促甲状腺激素释放激素是3肽，神经垂体分泌的抗利尿激素（血管升压素）和催产素都是9肽，腺垂体分泌的促肾上腺皮质激素是39肽。许多DNA重组技术或化学合成的肽类药物或疫苗已应用于疾病的预防和治疗，并且取得了很大的成效。

考点：肽键的概念

第2节 蛋白质的分子结构

蛋白质分子结构可划分为一级结构、二级结构、三级结构和四级结构，其中一级结构是蛋白质的基本结构，后三者统称为高级结构或空间构象。

一、蛋白质一级结构

蛋白质一级结构（primary structure of protein）就是蛋白质分子中氨基酸的排列顺序。维持蛋白质一级结构的主要化学键是肽键，有的蛋白质还包括二硫键。

1953年英国化学家弗雷德里克·桑格（Frederick Sanger）完成了牛胰岛素一级结构测序。牛胰岛素由51个氨基酸残基组成，包括A、B两条多肽链，A链有21个氨基酸残基，B链有30个氨基酸残基。胰岛素分子中有3个二硫键，一个位于A链内部，由A链的第6位和第11位两个半胱氨酸形成，称为链内二硫键；另外两个二硫键分别由A、B两条链间的两个半胱氨酸形成，称为链间二硫键（图1-1）。1965年我国科学家成功合成了具有生物活性的结晶牛胰岛素，开创了人工合成具有生物活性蛋白质的新纪元。

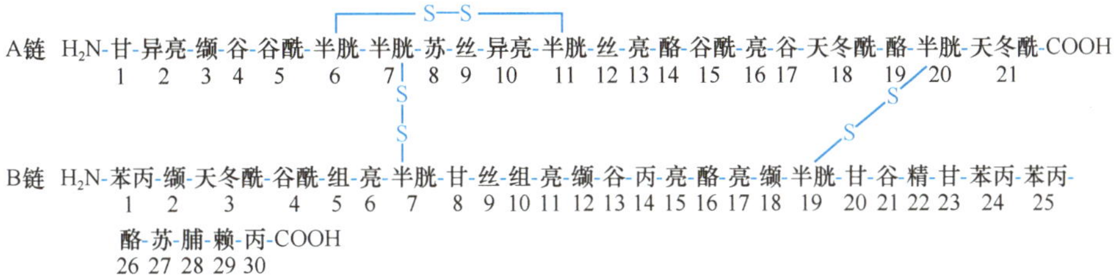

图1-1　牛胰岛素的一级结构

蛋白质的一级结构是其空间结构和特异生物学功能的基础。蛋白质一级结构的阐明，对揭示某些疾病的发病机制、治疗和预防某些疾病都有十分重要的意义。

考点： 蛋白质一级结构的概念、维持一级结构稳定的化学键

链　接　两次荣获诺贝尔化学奖的科学家——弗雷德里克·桑格

弗雷德里克·桑格（Frederick Sanger），英国著名的生物化学家，是唯一一位两次荣获诺贝尔化学奖的科学家。1958年，因完整定序胰岛素内的氨基酸序列，且证明蛋白质具有明确构造，桑格获得首个诺贝尔化学奖；1980年，桑格二度获得诺贝尔化学奖，缘于他又发明了双脱氧链终止法进行DNA序列的测定。该方法被称为一代测序，目前依旧为DNA测试的金标准。桑格的发明为人类基因组计划的实施奠定了基础，极大地推进了生命科学的快速发展。

二、蛋白质的空间结构

蛋白质分子并不是以完全伸展的形式存在，而是在三维空间内进行折叠和盘曲而形成特有的空间结构。各种蛋白质的分子形状、理化特性和生物学功能主要都是由它特定的空间结构所决定。

（一）蛋白质的二级结构

蛋白质的二级结构（secondary structure of protein）是指多肽链中主链原子的局部空间构象，不涉及侧链的构象。

1. 蛋白质二级结构形成的基础　20世纪30年代末，鲍林（L.Pauling）和罗伯特·科里（R.B.Corey）应用X线衍射技术研究氨基酸和寡肽的晶体结构时发现了肽键平面。构成肽键中的C、O、N、H四个原子及与它们相邻的两个碳原子都处在同一个平面上，该平面称肽键平面，肽键平面上的六个原子构成肽单元（图1-2）。其中肽键的键长介于C—N单键和C═N双键之间，具有部分双键性质，不能自由旋转，而两个C_α分别与NH和CO相连的键都是单键，可以自由旋转，旋转角度的大小决定了两个相邻肽键平面的相对空间位置。因此，肽键平面是多肽链折叠、盘曲的结构基础。

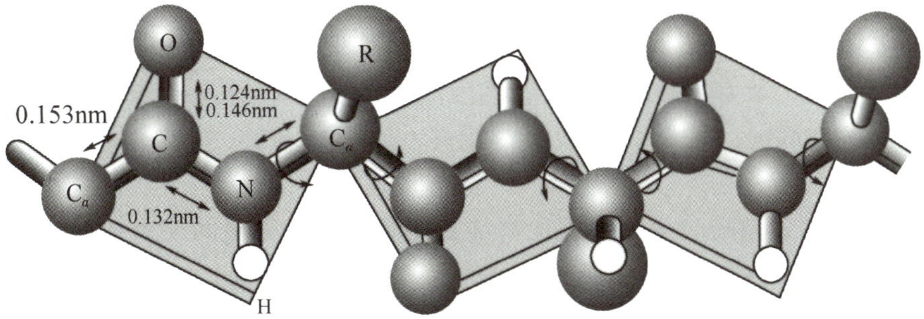

图1-2　肽单元

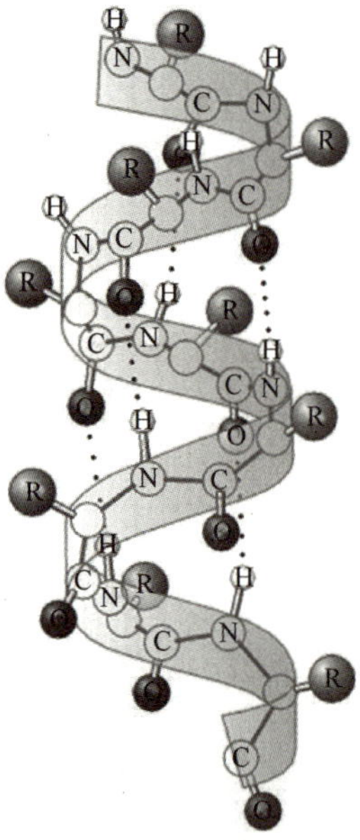

图1-3 α螺旋

2. 基本形式 二级结构形式包括α螺旋（α-helix）、β折叠（β-folding）或称β-片层（β-pleated sheet）、β转角（β-turn）和Ω环（Ω loop）等，尚未确定规律的局部肽链结构称为无规卷曲，其中α螺旋和β折叠是最常见的两种二级结构形式。

（1）α螺旋 多肽链以肽单元为单位，以α-碳原子为转折点，围绕中心轴螺旋上升，形成右手螺旋结构；螺旋螺距（螺旋上升一圈的高度）为0.54nm，每圈包含3.6个氨基酸残基；每个肽键的亚氨基氢和相邻第四个肽键的羰基氧相互靠近形成氢键，维系α螺旋结构的稳定；氨基酸残基的R基团均伸向螺旋外侧，R基团的大小、形状、性质及所带电荷状态都能影响α螺旋的形成及稳定（图1-3）。α螺旋存在于多种蛋白质的空间结构中，如肌红蛋白和血红蛋白分子中许多肽段呈α螺旋，毛发中的角蛋白、肌肉中的肌球蛋白及血凝块中的纤维蛋白几乎全都卷曲成α螺旋，这使其具有一定的机械强度和弹性。

（2）β折叠 多肽链呈伸展状态，相邻肽平面之间折叠成锯齿状的结构；R基团交错伸向锯齿状结构的上下方；肽链间形成链间氢键维系结构稳定；两条肽链走向相同的称为顺向平行；反之称为反向平行（图1-4）。

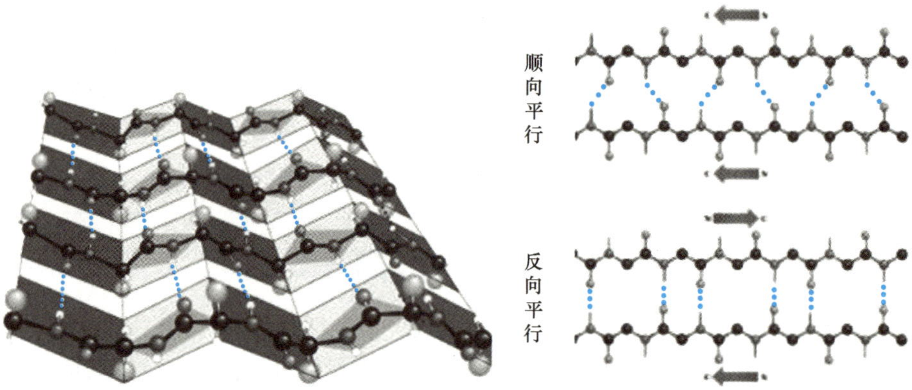

图1-4 β折叠

（3）β转角 在球状蛋白质分子中，多肽链常常会出现180° 的回折；通常由4个连续的氨基酸残基组成，第一个氨基酸残基的羰基氧与第四个氨基酸残基的亚氨基氢形成氢键，以维持β转角构象的稳定（图1-5）。

（4）Ω环 是存在于球状蛋白质分子中的一种二级结构。因这类肽段形状像希腊字母Ω而得名。Ω环一般由6～8个氨基酸残基构成，常出现在蛋白质表面，而且以亲水性残基为主，可能在分子识别中起作用。

考点：蛋白质二级结构的基本形式和维持其稳定的化学键

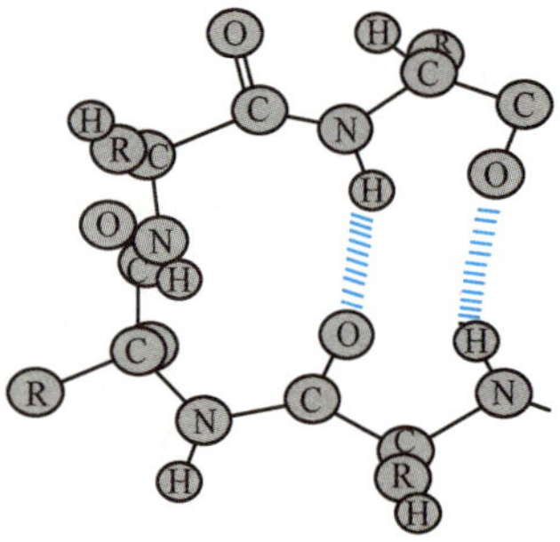

图1-5 β转角

（二）蛋白质的三级结构

由于侧链R基团的相互作用，多肽链在二级结构的基础上进一步盘曲、折叠所形成的三维空间结构，也就是整条肽链的所有原子的空间排布称为蛋白质的三级结构（tertiary structure）。三级结构的形成和稳定主要靠次级键，如疏水作用力、离子键（盐键）、氢键、范德瓦耳斯力（范德华力）等（图1-6）。

由一条肽链构成的蛋白质分子要发挥生物学功能必须具备完整的三级结构。例如，肌红蛋白（myoglobin，Mb）一级结构含有153个氨基酸残基，二级结构形成8个α螺旋，在R基团的相互作用下，盘曲成球状的三级结构（图1-7）才有生物学功能。

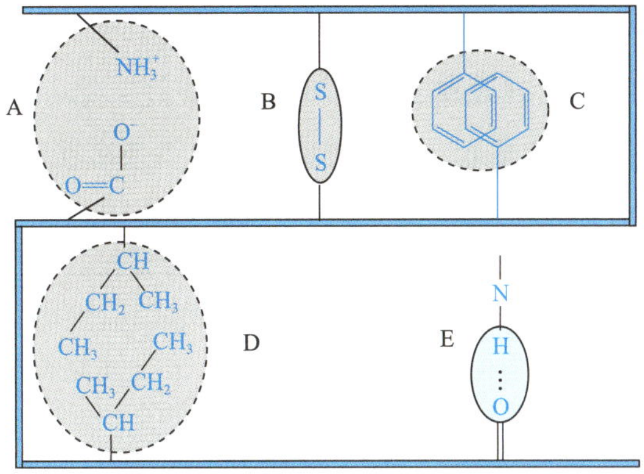

图1-6 维持蛋白质三级结构稳定的化学键

A. 离子键；B. 二硫键；C. 疏水作用力；D. 范德瓦耳斯力；E. 氢键

考点：三级结构的概念及维持其稳定的化学键

链接 结构域

分子量较大的蛋白质在形成三级结构时，肽链中某些局部的二级结构汇集在一起，常可折叠成多个结构较为紧密的区域，并各行使其功能，称为结构域（domain）。每个结构域一般由100～200个氨基酸残基组成，每个结构域各有独特的空间构象，并承担不同的生物学功能。

（三）蛋白质的四级结构

蛋白质的四级结构（quaternary structure of protein）指两条或两条以上具有独立三级结构的多肽链通过非共价键相互连接而形成的空间结构。维持蛋白质四级结构的化学键包括氢键、离子键、疏水作用力和范德瓦耳斯力等。在具有四级结构的蛋白质中，每一条具有三级结构的多肽链称为亚基（subunit）。一种蛋白质分子中，亚基可相同，也可不同。例如，过氧化氢酶由4个相同的亚基组成，而正常人血红蛋白（Hb）是由两个α亚基和两个β亚基构成的四聚体（图1-8）。只有完整的四级结构才有活性，各单独的亚基通常无生物活性。

考点：四级结构的概念

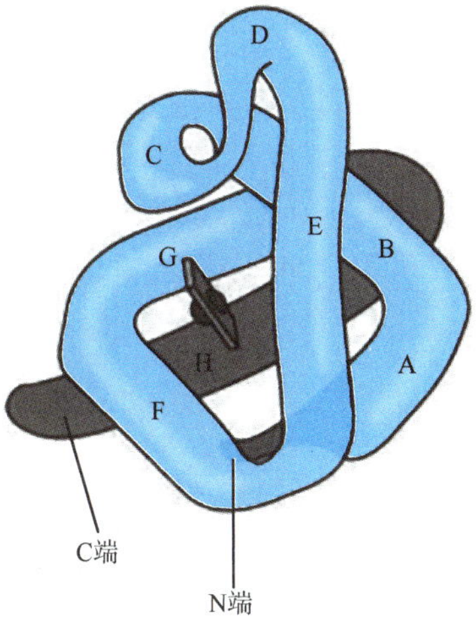

图1-7 肌红蛋白的三级结构

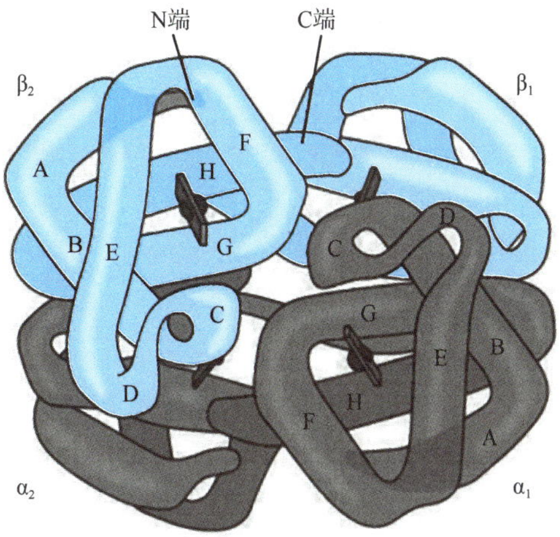

图1-8 血红蛋白的四级结构

三、蛋白质结构与功能的关系

蛋白质的一级结构是其空间结构的基础，二者均与其功能有关，但空间结构与功能的关系更加密切。无论一级结构还是空间结构发生改变，都可能影响到蛋白质的生物学功能。

（一）蛋白质一级结构与功能的关系

1. 蛋白质一级结构是空间结构的基础 核糖核酸酶是由一条多肽链构成的蛋白质，含124个氨基酸残基，4对二硫键。当用尿素和β-巯基乙醇处理时，该酶的次级键（非共价键和二硫键）断裂，空间结构被破坏，生物活性丧失。但肽键不受影响，一级结构仍完整。当用透析法除去尿素和β-巯基乙醇后，无规则的多肽链又卷曲折叠成天然酶的空间构象，4对二硫键也正确配对，该酶的生物活性又恢复了（图1-9）。这一现象说明一级结构是空间结构的基础，空间结构遭破坏时，只要一级结构不被破坏，就有可能恢复原有的空间结构。

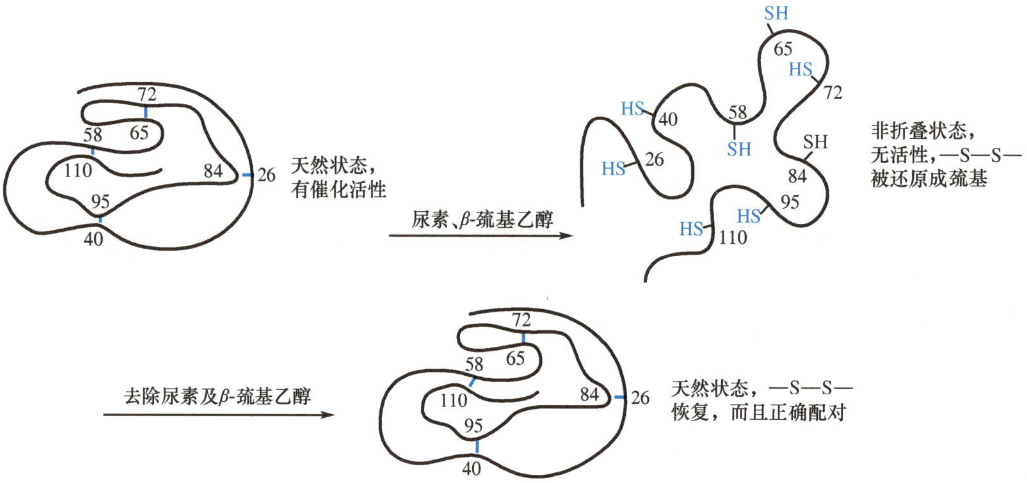

图1-9 牛核糖核酸酶一级结构与空间结构的关系

2. 蛋白质一级结构相似，其空间结构和功能也相似 例如，不同哺乳动物的胰岛素分子（表1-2），都是由51个氨基酸残基、A和B两条链组成，并且二硫键的配对位置和空间结构也极相似，在一级结构上只有个别氨基酸有差异，但它们都具有调节血糖的作用。

表1-2 不同哺乳动物胰岛素一级结构的差异

哺乳动物	氨基酸序列序号			
	A8	A9	A10	B30
人	Thr	Ser	Ile	Thr
猪	Thr	Ser	Ile	Ala
兔	Thr	Ser	Ile	Ser
牛	Ala	Ser	Val	Ala
马	Thr	Gly	Ile	Ala

3. 蛋白质一级结构中起关键作用的氨基酸改变能引起功能的改变 例如，镰状细胞贫血患者的血红蛋白β链第6位谷氨酸被缬氨酸取代，仅仅一个氨基酸的改变，就使血红蛋白结构表面上产生一个疏水小区，引起血红蛋白聚集成不溶性的纤维束，使红细胞在缺氧时变为镰刀形而极易破碎，产生贫血（图1-10）。

（二）蛋白质空间结构与功能的关系

蛋白质的空间结构直接决定其功能，当空间结构未能正确形成或发生改变时蛋白质通常不具有生物学活性或生物学活性也随之改变。

1. 血红蛋白空间结构与功能的关系 在氧分压较低时，血红蛋白的4个亚基呈现紧密型，称为紧张态（tense state，T态）；但随着氧分压的升高，血红蛋白的第一个亚基与氧结合并引起亚基间离子键的断裂，其空间结构变得相对松弛，称为松弛态（relaxed state，R态），此时血红蛋白与氧的亲和力较高。

2. 蛋白质空间结构改变可引起疾病　蛋白质空间结构形成过程中，若多肽链的折叠发生错误，尽管其一级结构不变，蛋白质的构象也会发生改变，仍会影响其功能，严重时可导致疾病的发生，称为蛋白质构象病。例如，人纹状体脊髓变性病、阿尔茨海默病（老年性痴呆）、亨廷顿舞蹈症等。

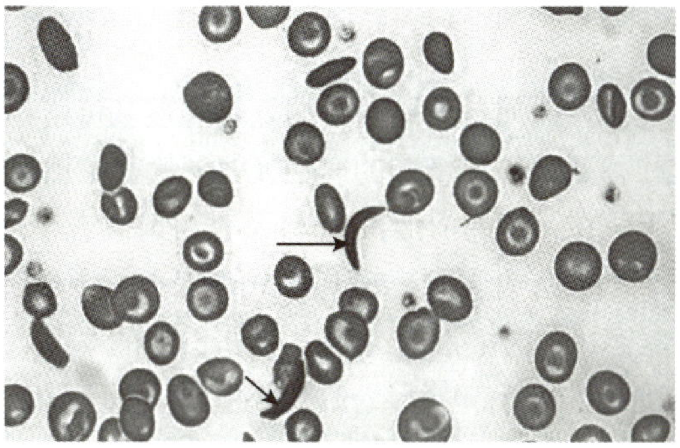

图1-10　镰状红细胞

链　接　朊病毒病及朊病毒样疾病

朊病毒病，是一类侵袭人类及多种动物中枢神经系统的传染性退行性脑病，潜伏期长，病程短，病死率100%。目前认为其感染因子是一种不含核酸且具有自我复制能力的感染性蛋白粒子——朊病毒（prion）。近年来，一些神经退行性疾病的致病蛋白也呈现出朊病毒类似的特征，甚至也具有潜在的传染性，被称为朊病毒样疾病。这些疾病（如阿尔茨海默病、帕金森病等）发病率远高于传统的朊病毒病，具有重要的公共卫生意义。

四、蛋白质的分类

（一）根据分子组成分类

根据蛋白质分子组成的不同，可以将其分为单纯蛋白质和结合蛋白质两大类。

1. 单纯蛋白质　指在蛋白质分子中，除氨基酸外不含有其他成分，如清蛋白（白蛋白）、球蛋白、谷蛋白、组蛋白等属于单纯蛋白质。

2. 结合蛋白质　由蛋白质和非蛋白质（辅基）两部分组成。结合蛋白质又可按辅基的不同而分为糖蛋白、核蛋白、脂蛋白、磷蛋白、金属蛋白及色蛋白等。

（二）按分子形状分类

根据蛋白质分子形状不同，可将蛋白质分为球状蛋白质和纤维状蛋白质两大类。

1. 球状蛋白质　整个分子盘曲呈球状或橄榄状，大多数可溶于水。生物界多数蛋白质为球状蛋白质，有特异生理活性，如胰岛素、血红蛋白、某些调节蛋白及免疫球蛋白等都属于球状蛋白质。

2. 纤维状蛋白质　分子呈纤维状，难溶于水。多数结构蛋白归于此类，如毛发、指甲中的角蛋白；皮肤、骨骼、牙和结缔组织中的胶原蛋白和弹性蛋白等。

（三）按功能分类

根据蛋白质的主要功能，可将蛋白质分为活性蛋白质和非活性蛋白质两大类。属于活性蛋白质的有酶、蛋白质激素、运输和储存的蛋白质、运动蛋白质和受体蛋白质等。活性蛋白质常为球状蛋白质，属于非活性蛋白质的有角蛋白、胶原蛋白等，他们常为纤维状蛋白质。

第3节　蛋白质的理化性质

蛋白质的化学组成和空间结构决定其具有独特的理化性质，根据这些性质，可以对蛋白质进行分离、纯化、鉴定等。

一、蛋白质的两性解离及等电点

蛋白质分子除两端的氨基和羧基可解离外，氨基酸残基侧链中某些基团，如酸性氨基酸（天冬氨酸和谷氨酸）侧链中的—COOH，赖氨酸侧链中的—NH_2，精氨酸侧链中的胍基，组氨酸侧链中的咪唑基等，在一定的溶液pH条件下都可解离成带负电荷或正电荷的基团。因此，蛋白质具有两性解离的性质。

当蛋白质溶液处于某一pH时，蛋白质分子解离成阴、阳离子的趋势相等，净电荷为零，呈兼性离子状态，此时溶液的pH称为该蛋白质的等电点（isoelectric point，pI）。当溶液pH小于蛋白质等电点时，蛋白质带正电荷；当溶液pH大于蛋白质等电点时，蛋白质带负电荷。蛋白质分子的解离状态可用下式表示：

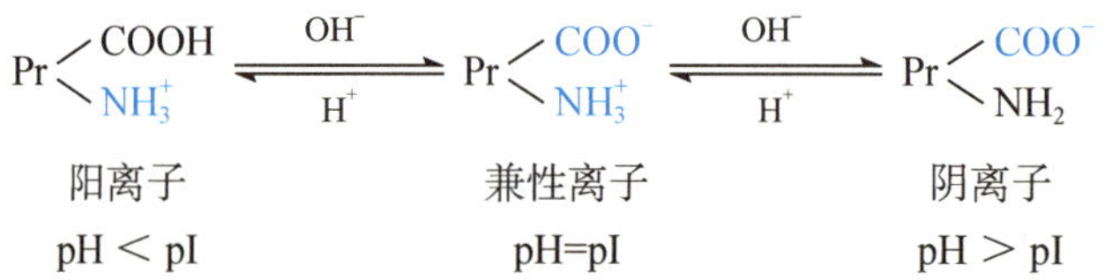

人体内各种蛋白质的等电点不同，大多数蛋白质的pI在5.0左右，所以在人体体液pH7.4的环境下，大多数蛋白质解离成阴离子。

电泳是指带电粒子在电场中向电性相反的电极移动的现象。在同一pH溶液中，由于不同蛋白质所带电荷的性质、数量和分子大小、形状不同，因此，它们在电场中移动的方向和速度不同，利用这一特性，可将混合蛋白质进行分离。例如，通过醋酸纤维素薄膜电泳可将血清蛋白质分为清蛋白、α_1球蛋白、α_2球蛋白、β球蛋白和γ球蛋白五类。

考点：蛋白质等电点的概念；蛋白质在不同等电点时带电情况的判断

二、蛋白质的胶体性质

蛋白质分子的大小已达到胶体颗粒的范围（1～100nm）。蛋白质表面的亲水基团，如—NH_2、—COOH、—OH等，能使蛋白质分子表面形成一层比较稳定的水化膜，将蛋白质颗粒彼此隔开，阻止蛋白质分子聚集沉淀。另外，可解离的基团使蛋白质分子表面带有一定量的相同性质电荷，因同种电荷相斥，可防止蛋白质颗粒聚集沉淀。若去除蛋白质表面的水化膜，并中和电荷，蛋白质就可从溶液中聚集沉淀出来（图1-11）。因此，水化膜和表面同种电荷是维持蛋白质亲水胶体稳定的两个因素。

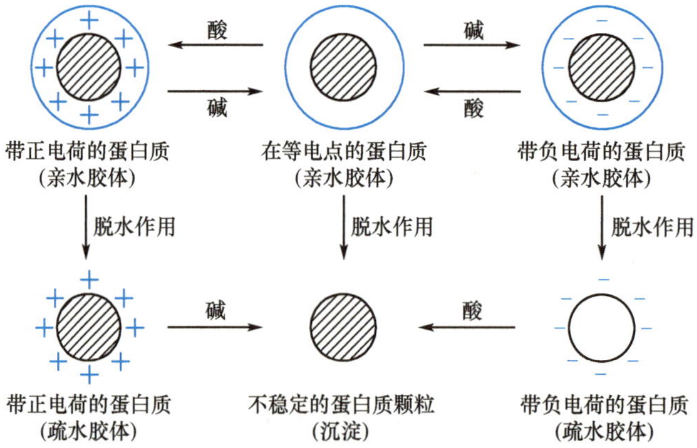

图1-11 蛋白质胶体颗粒的沉淀

蛋白质分子最显著的特征之一就是颗粒大，不能透过半透膜。利用半透膜把大分子蛋白质与小分子化合物分开的方法称为透析。当蛋白质溶液中混杂有小分子物质时，如无机盐、单糖等，可将此混合溶液放入半透膜做成的透析袋内，将袋置于蒸馏水或适宜的缓冲液中，小分子物质就会从透析袋中逸出，而大分子蛋白质留于透析袋内，使蛋白质得以纯化。人体的细胞膜、线粒体膜、微血管壁等都具有半透膜性质，使各种蛋白质分布于细胞内外的不同部位，对维持血浆胶体渗透压、维持细胞内外水和电解质平衡、物质代谢的调节等都起着非常重要的作用。

蛋白质胶体颗粒很大，在一定的溶剂中受到强大离心力作用时，蛋白质就会沉降。单位离心场的沉降速度即为沉降系数（s）。沉降系数与蛋白质分子量的大小、分子形状、密度及溶剂的密度和黏度有关，分子量大、颗粒紧密，结构对称性越高，沉降越快，沉降系数也越大，故利用超速离心法可以分离纯化蛋白质。

考点：维持蛋白质颗粒稳定的因素

三、蛋白质的沉淀作用

蛋白质从溶液中析出的现象称为蛋白质的沉淀。蛋白质沉淀的方法主要有以下几种。

（一）盐析

向蛋白质溶液中加入大量的中性盐，使蛋白质从溶液中沉淀析出的现象称为盐析。常用的中性盐有硫酸铵、硫酸钠、氯化钠等。由于它们在水中溶解度更大，亲水性更强，可与蛋白质胶粒争夺水分子，破坏蛋白质胶粒表面的水化膜；同时，这些中性盐又是强电解质，能抑制蛋白质的解离并中和蛋白质分子表面所带电荷。这样蛋白质胶体溶液稳定的两个因素均被破坏，于是蛋白质沉淀析出。各种蛋白质颗粒大小、电荷及亲水程度有差别，因此盐析时所需盐溶液浓度不同，如用半饱和硫酸铵可沉淀出血浆中的球蛋白，而饱和硫酸铵可沉淀出血浆中的清蛋白，这种将混合蛋白质溶液用不同浓度的盐溶液分别沉淀的方法称为分段盐析。盐析法沉淀蛋白质不易引起变性。

（二）有机溶剂沉淀法

有机溶剂如乙醇、甲醇、丙酮等是脱水剂，对水的亲和力很大，能破坏蛋白质颗粒表面的水化膜，使蛋白质沉淀，在等电点沉淀效果更好。此法沉淀蛋白质易发生变性，如乙醇消毒灭菌就是如此。但若在低温条件下（0～4℃）快速操作，则变性进行较缓慢，能保持蛋白质不变性。

（三）重金属盐沉淀法

蛋白质在碱性溶液（pH大于等电点）时带负电荷，易与带正电荷的重金属离子如汞（Hg^{2+}）、铅（Pb^{2+}）、铜（Cu^{2+}）、银（Ag^{+}）等结合成不溶性蛋白盐而沉淀。临床上利用蛋白质能与重金属盐结合的这种性质，抢救误服重金属盐中毒的患者。给患者口服大量牛奶或鸡蛋清，然后用催吐剂将结合的重金属盐呕吐出来解毒。用重金属盐沉淀蛋白质，常引起蛋白质变性。

（四）生物碱试剂沉淀法

在pH小于等电点时，蛋白质颗粒带正电荷，可与某些生物碱试剂，如苦味酸、钨酸、鞣酸、三氯乙酸等的酸根离子结合生成不溶性的蛋白盐沉淀。生物碱试剂沉淀蛋白质，一般都会引起蛋白质变性。

考点：沉淀蛋白质的方法

四、蛋白质的变性、复性与凝固

（一）蛋白质的变性与复性

在某些物理或化学因素作用下，蛋白质特定的空间结构被破坏，从而导致蛋白质理化性质改变和生物学活性丧失的现象，称为蛋白质变性（protein denaturation）。引起蛋白质变性的因素有多种，常见的物理因素有高温、高压、紫外线及X射线照射、超声波、剧烈振荡或搅拌等；常见的化学因素有强酸、强碱、重金属盐、有机溶剂、尿素等。蛋白质变性的实质是次级键包括二硫键断裂，空间结构被破坏，肽键不断裂，一级结构完整。蛋白质变性后性质的改变主要表现为：溶解度降低、黏度增加、易被蛋白酶水解、生物活性丧失。蛋白质变性具有广泛的应用：例如在临床上利用高温、高压、紫外线照射等，使细菌蛋白质变性失去活性而达到消毒、灭菌的效果；低温保存蛋白质制品，如疫苗、酶、血清等，以防止蛋白质变性。

大多数蛋白质变性后不能再恢复其天然状态。少数蛋白质去除变性因素后，可自发地恢复原有的空间结构和生物学活性，称为复性（renaturation）。例如，核糖核酸酶在尿素、β-巯基乙醇的作用下变性，去除以上因素后，酶的空间结构和生物活性均可恢复。

（二）蛋白质的凝固

蛋白质经强酸、强碱作用发生变性后，若将pH调至等电点，则蛋白质立即结成絮状的不溶解物，此絮状物仍可溶解于强酸或强碱中。蛋白质变性后的絮状物加热可变成比较坚固的凝块，此凝块不易再溶于强酸和强碱中，这种现象称为蛋白质的凝固作用（coagulation）。例如，将鸡蛋煮熟后，蛋黄蛋清都凝聚为固体，并且不能恢复成原来的液体状态。凝固是蛋白质变性后进一步发展的不可逆结果。

考点： 蛋白质变性的概念、变性因素、变性的实质及变性的实际应用

五、蛋白质的呈色反应

蛋白质分子中的肽键及侧链上的特殊基团可以和有关试剂反应呈现一定的颜色反应，这些反应常被用于蛋白质的定性、定量分析。

（一）双缩脲反应

分子中含有2个或2个以上肽键的化合物能与双缩脲试剂（硫酸铜的碱性溶液）反应生成紫红色化合物。此反应可用于蛋白质和多肽的定性和定量测定，如临床检验中常用双缩脲反应来测定血清总蛋白、血浆纤维蛋白原的含量。由于氨基酸不呈现此反应，所以此反应也可用于检测蛋白质、多肽的水解程度。

（二）与茚三酮的反应

在pH为5～7的溶液中，蛋白质分子中的游离α-氨基能与茚三酮反应生成紫蓝色化合物。此反应可用于蛋白质的定性、定量分析。

（三）酚试剂反应

蛋白质分子中的酪氨酸残基在碱性条件下能与福林试剂（Folin-酚试剂，一种能与酚羟基呈色的磷钨酸与磷钼酸试剂）反应生成蓝色化合物。临床上常用此反应来测定一些微量蛋白质的含量，如血清黏蛋白、脑脊液中蛋白质等。

六、蛋白质的紫外吸收性质

含有共轭双键的酪氨酸和色氨酸在280nm波长附近具有最大的吸收峰。由于大多数蛋白质含有酪氨酸和色氨酸残基，因此，测定蛋白质溶液280nm波长处的吸光度值可对其进行定量分析，蛋白质溶液的吸光度与其浓度成正比。

考点： 蛋白质的紫外吸收峰波长

链 接　攀登科学高峰 探索生命奥秘——人工合成结晶牛胰岛素

1965年9月17日，中国科学院上海生物化学研究所、上海有机化学研究所、北京大学等单位的科学家们经过六年零九个月的艰苦工作，在世界上第一次用人工的方法合成了具有生物活性的蛋白质——结晶牛胰岛素。主要完成者邹承鲁、王应睐等回忆说人工合成胰岛素“要攀登的‘珠峰’不是一座，也不是几座”。这些“珠峰”，包括多肽的合成问题、天然胰岛素的拆合工作、多肽合成与拆合过程中遇到的二硫键问题、氨基酸的供应问题等。同时科研人员面临的困难还包括简陋而艰苦的实验条件，经常面对毒气、大量易燃、易爆和有毒、有害的化学品等。结晶牛胰岛素的人工全合成充分体现了团队协作的集成优势，展示了我国科学家严谨求实、无私奉献、锐意创新的科学精神和艰苦奋斗、追求卓越、敢为人先的民族气概。

自 测 题

一、名词解释

1. 蛋白质的一级结构
2. 蛋白质的等电点
3. 蛋白质变性
4. 蛋白质复性

二、选择题

1. 测得某一蛋白质样品的含氮量为4g，此样品约含蛋白质多少克（　　）
   A. 20　　B. 25
   C. 64　　D. 30
   E. 16
2. 组成蛋白质的基本单位是（　　）
   A. 核苷酸　　B. α-氨基酸
   C. 亚氨基酸　　D. γ-氨基酸
   E. 半胱氨酸
3. 蛋白质中能形成二硫键的氨基酸是（　　）
   A. 丝氨酸　　B. 赖氨酸
   C. 半胱氨酸　　D. 脯氨酸
   E. 谷氨酸
4. 碱性氨基酸有（　　）
   A. 色氨酸、精氨酸
   B. 精氨酸、赖氨酸、组氨酸
   C. 苯丙氨酸、异亮氨酸
   D. 天冬氨酸、丙氨酸
   E. 谷氨酸、甲硫氨酸
5. 维持蛋白质分子一级结构的主要化学键是（　　）
   A. 范德瓦耳斯力　　B. 肽键
   C. 酯键　　D. 离子键
   E. 氢键
6. 维系蛋白质二级结构的化学键是（　　）
   A. 肽键　　B. 疏水键
   C. 氢键　　D. 离子键
   E. —S—S—
7. 蛋白质最大吸收峰波长是（　　）
   A. 260nm　　B. 280nm
   C. 650nm　　D. 630nm
   E. 230nm
8. 血清清蛋白（pI=4.7）在下列哪一pH溶液中带正电荷（　　）
   A. pH 5.0　　B. pH 3.6
   C. pH 8.6　　D. pH 9.6
   E. pH 4.7
9. 蛋白质溶液稳定存在的因素是（　　）
   A. 布朗运动　　B. 蛋白质溶液黏度大
   C. 水化膜和表面电荷　　D. 丁达尔现象
   E. 蛋白质不能透过半透膜
10. 蛋白质变性是指（　　）
    A. 一级结构与空间构象改变
    B. 辅基脱落
    C. 肽键破坏
    D. 蛋白质水解
    E. 蛋白质空间构象改变

三、简答题

1. 什么是蛋白质的二级结构？主要有哪几种形式？
2. 常用的沉淀蛋白质的方法有哪些？
3. 蛋白质变性理论在临床上有哪些应用？

（马艳华）

第2章 酶

学习目标

1. 素质目标　树立辩证思维能力，认识事物的两面性。认识竞争性抑制中抑制剂和底物之间的相互制约关系。

2. 知识目标　掌握酶的定义、化学本质、结合酶的组成、酶促反应的特点；熟悉酶的活性中心、同工酶、酶原及影响酶促反应速率的因素；了解酶的分类与命名。

3. 能力目标　能运用酶的相关知识解释磺胺类药物作用机制、有机磷农药和重金属中毒的机制等。

第1节　概　　述

新陈代谢是生命活动最重要的特征之一，包含多种错综复杂的化学反应。这些化学反应能有条不紊地进行主要依赖于酶的催化作用。迄今为止，人们在生物体内已发现的大多数酶的化学本质是蛋白质，但核酶的化学本质是RNA。实验室人工合成的脱氧核酶化学本质是DNA。目前生物体内已发现有4000多种酶，并且在研究中还不断有新的酶被发现。

链　接　酵素的发现与研究

古埃及制作面包时用的“面种”可能是最早期发现的酵素，而酵素就是酶。1783年，意大利科学家斯巴兰推断胃液中含有某种能消化肉类的物质，德国科学家施旺于1936年从胃液中提取出了这种物质。1926年美国科学家萨姆纳从刀豆种子中提取了脲酶的结晶，并证实脲酶是一种蛋白质。1833年，佩恩和帕索兹从麦芽水抽提物中提取出淀粉酶。1930～1936年，诺思罗普（Northrop）等先后得到了胃蛋白酶、胰蛋白酶和胰凝乳蛋白酶结晶，并证实酶是一种具有催化活性的蛋白质。1982年美国科学家切赫和奥尔特曼发现少数RNA也具有生物催化作用，提出核酶概念，两位科学家因此获得1989年诺贝尔化学奖。1986年美国的舒尔茨（Schultz）和勒纳（Lerner）两个实验室同时报道他们成功研制出抗体酶。

一、酶的概念及相关概念

酶（enzyme，E）是由活细胞合成，对特异底物具有催化功能的蛋白质，但核酶则是具有催化功能的RNA。有酶参与催化的反应称为酶促反应，酶催化的对象称为底物（substrate，S），底物被酶催化后的生成物称为产物（product，P）。酶的催化能力称为酶活性。酶丧失催化能力称为酶的失活。

考点：酶的定义

二、酶的命名与分类

（一）酶的命名

1. 习惯命名法　①根据酶所催化的底物名称命名，如淀粉酶、蛋白酶等；②根据酶所催化的反应类型命名，如乳酸脱氢酶、谷丙转氨酶等；③根据酶的来源或酶的其他特点命名，如胃蛋白酶及胰蛋白酶、碱性磷酸酶及酸性磷酸酶等。习惯命名法虽然简单好用，但易出现一酶多名现象。

2. 系统命名法 1961年国际酶学委员会根据酶的分类、酶催化的整体反应，提出了系统命名法。该命名法规定每个酶有一个系统名称和编号。系统名称表明了酶的所有底物和反应性质，底物名称之间以"："分隔；编号由4个阿拉伯数字组成，前面冠以EC。例如，葡萄糖激酶的系统命名为ATP：葡萄糖磷酸基转移酶，分类编号为EC2.7.1.1，表示该酶催化从ATP转移一个磷酸基到葡萄糖分子上的化学反应。系统命名法科学而系统，不存在一酶多名，但复杂难记，所以大多数情况下仍使用习惯命名法。

（二）酶的分类

国际酶学委员会根据酶促反应的性质和特点，将酶分为七大类。

1. 氧化还原酶类 催化氧化还原反应的酶类，如乳酸脱氢酶、琥珀酸脱氢酶、细胞色素氧化酶等。

2. 转移酶类 催化底物分子之间某种基团交换或转移的酶类，如氨基转移酶、甲基转移酶等。

3. 水解酶类 催化底物发生水解反应的酶类，如淀粉酶、脂肪酶、蛋白酶、脲酶等。

4. 裂合酶类 催化一种底物非水解地裂解成两种产物或两种底物合成一种产物的酶类，如醛缩酶、碳酸酐酶、柠檬酸合酶等。

5. 异构酶类 催化各种同分异构体之间相互转变的酶，如异构酶、变位酶等。

6. 合成酶（连接酶）类 催化两个底物合成为一种产物，同时伴有ATP消耗的酶类，如谷氨酰胺合成酶、谷胱甘肽合成酶、DNA连接酶等。

7. 易位酶（转位酶）类 催化离子或分子跨膜转运或在膜内移动的酶。这里将易位定义为催化细胞膜内的离子或分子从"面1"到"面2"（side 1 to side 2），如抗坏血酸铁还原酶（跨膜）、ABC型脂肪酰CoA转运体、线粒体蛋白质转运ATP酶等。

第2节 酶的组成、活性部位与存在形式

一、单纯酶与结合酶

1. 单纯酶 完全由氨基酸残基构成的酶称为单纯酶，通常是单链蛋白质，大部分是水解酶类，如脲酶、蛋白酶、淀粉酶、脂肪酶等。单纯酶的催化活性仅仅取决于它的蛋白质结构。

2. 结合酶 又称为全酶，是由蛋白质部分和非蛋白质部分组成，蛋白质部分称为酶蛋白，非蛋白质部分称为辅因子。酶蛋白在结合酶中决定酶的专一性。辅因子的成分大多数是金属离子和小分子有机物（主要是B族维生素或其衍生物），决定酶促反应的类型和性质，起到传递氢、传递电子及某些化学基团的作用。生物体内大部分酶属于结合酶，根据辅因子与酶蛋白结合紧密程度不同，可将辅因子分为辅酶和辅基两类。辅酶与酶蛋白通过非共价键结合，结合疏松，可用透析或超过滤方法去除；辅基与酶蛋白通过共价键结合，结合紧密，不能通过透析或超滤方法去除。酶蛋白和辅因子单独存在时没有活性，只有结合在一起形成全酶时才具有活性。

考点：结合酶的组成成分及其作用

二、酶的活性中心

酶分子中能与底物直接结合并催化底物转化为产物的具有特定三维结构的区域称为酶的活性中心（active center）或活性部位（active site）。在酶分子中并非所有的化学基团都与酶活性有关，其中一些与酶活性密切相关的化学基团称为酶的必需基团。常见的必需基团有丝氨酸残基的羟基、半胱氨酸残基的巯基、组氨酸残基的咪唑基和酸性氨基酸残基的羧基等。酶的活性中心是必需基团集中的区域，

是与酶发挥催化作用的关键部位，它常常位于酶分子表面，或呈裂缝，或呈凹陷，形成疏水“口袋”，它的形成是以酶蛋白分子的特定构象为基础，是与酶催化活性密切相关的结构。

酶活性中心内的必需基团根据其功能分为结合基团和催化基团。前者与底物相结合，形成酶-底物复合物，后者催化酶-底物复合物中的底物转变为产物。有些必需基团虽然不参与酶活性中心的组成，但对维持酶活性中心的构象必不可少，称为活性中心外的必需基团（图2-1）。

考点：酶活性中心的概念及组成

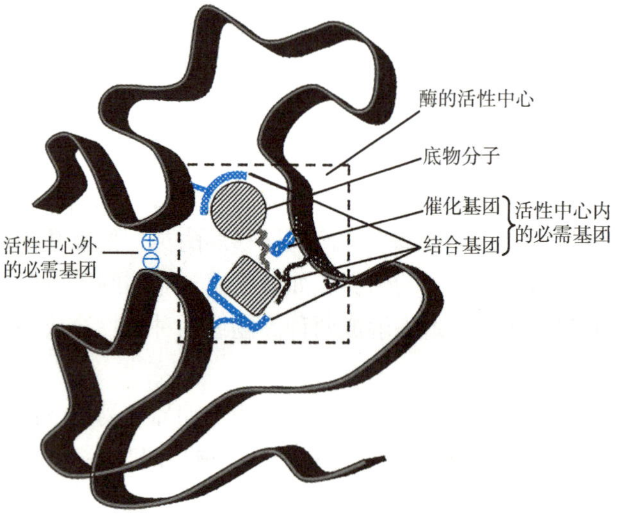

图2-1　酶的活性中心

三、酶原和酶原激活

有些酶在细胞内合成或初分泌时没有催化活性，这种无活性的酶前体称为酶原。在特定条件下，酶原水解掉一个或几个特定肽段，其分子构象发生改变，进而形成酶的活性中心或暴露酶的活性中心，才能表现出酶活性，这种无活性酶原转变成有活性酶的过程称酶原的激活。酶原激活的实质是活性中心形成或暴露的过程。酶原并非所有酶的存在形式，主要见于消化道内的蛋白酶及血液中参与凝血和纤维蛋白溶解的酶，如胃蛋白酶原、胰蛋白酶原、凝血酶原、纤溶酶原等。

酶原激活的主要生理意义是使特定的酶在特定的部位及时间发挥作用，避免分泌细胞产生的蛋白酶对自身进行消化。例如，胰蛋白酶原在胰腺细胞内合成和初分泌时，以酶原形式存在，当它随胰液进入小肠后，受肠激酶或胰蛋白酶本身激活形成胰蛋白酶（图2-2），以消化进入肠内的食物蛋白质。在临床上，急性胰腺炎患者常因为某些原因导致胰蛋白酶原等未进入小肠而在胰腺细胞内被激活生成胰蛋白酶，后者水解自身的胰腺细胞，导致胰腺出血、肿胀，这是急性胰腺炎产生的机制之一。其次酶原可视为酶的储存形式。例如，参与凝血和纤维蛋白溶解的酶类以酶原形式存在血液中，以保证血流畅通，一旦需要便迅速转化为有活性的酶，发挥其对机体的保护作用。

考点：酶原的概念、酶原激活的实质和生理意义

四、同　工　酶

同工酶（isoenzyme）指催化相同的化学反应，而酶蛋白的分子组成、理化性质乃至免疫学性质均不相同的一组酶。同工酶常具有四级结构。

最早发现的同工酶是乳酸脱氢酶（LDH），共5种同工酶，他们均是由M型（骨骼肌型）亚基和H型（心肌型）亚基按不同比例构成的四聚体。根据在电场中电泳的速率由快到慢，LDH的同工酶依次命名为LDH_1（H_4）、LDH_2（H_3M）、LDH_3（H_2M_2）、LDH_4（HM_3）和LDH_5（M_4），其亚基构成见图2-3。

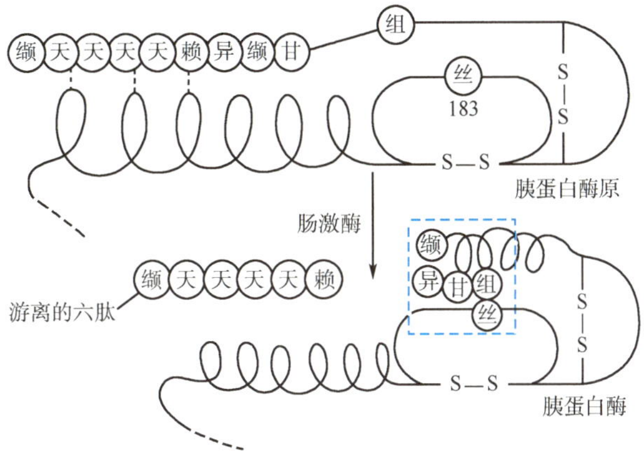

图 2-2 胰蛋白酶原的激活示意图

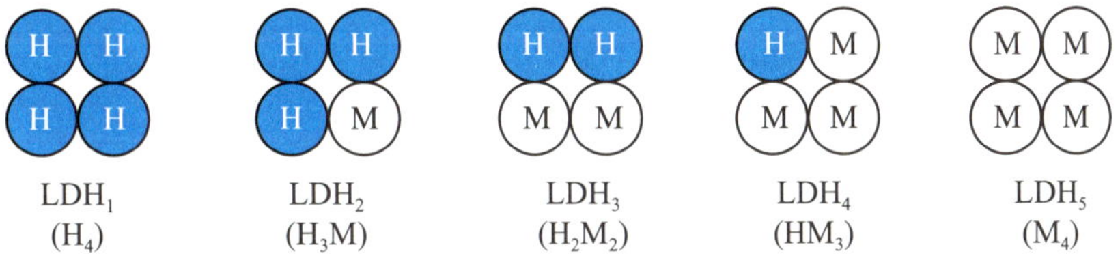

图 2-3 乳酸脱氢酶的5种同工酶的亚基组成

同工酶存在于同一种属或个体的不同组织中，或存在于同一细胞的不同亚细胞结构中，在代谢调节中发挥重要作用。测定血清中某些同工酶的活性对疾病的诊断和预后判断具有重要意义。

例如：正常情况下，LDH_1在心肌细胞内活性最高且高于LDH_2，LDH_5在骨骼肌和肝细胞内活最高，他们在血清中活性均很低。相关组织病变时，存在于这些组织中的特异同工酶会释放入血，使同工酶谱发生改变。心肌梗死时，细胞内LDH_1大量释放到血液，使血清中LDH_1活性显著增高且明显高于LDH_2；严重肝病患者或骨骼肌炎症时，血清中LDH_5活性明显升高，如图2-4所示。

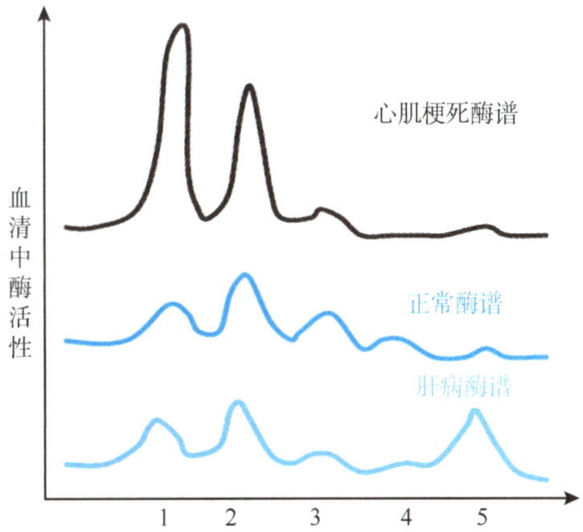

图 2-4 心肌梗死及肝病同工酶谱变化示意图

临床上也常测定肌酸激酶（CK）同工酶谱，作为早期心肌梗死诊断的重要指标。CK是由肌型（M型）和脑型（B型）两种亚基构成的二聚体，有三种同工酶，分别为CK_1（BB，存在于脑）、CK_2（MB，存在于心肌，占CK总量的14%～42%）和CK_3（MM，存在于骨骼肌）。正常人血清中的肌酸激酶主要为CK_3，几乎检测测不到CK_2。心肌梗死3～6h后，血清中CK_2活性增高，12～24h后，血清CK_2活性可增高至正常的6倍（达到峰值），3～4d后血清CK_2活性可恢复到正常水平。

考点：同工酶的概念

第 3 节 酶促反应的特点及机制

一、酶促反应的特点

酶是生物催化剂，具有与化学催化剂相似的特点，即都能降低反应活化能、改变反应速率、缩短反应时间、不改变化学平衡常数等。但酶又具有自己的“个性”，即酶促反应有自身的特点，其特点包括四个方面。

（一）高度的催化效率

酶具有极高的催化效率，对于同一化学反应，酶的催化效率比非催化反应高10^8～10^{20}倍，比一般催化剂高10^7～10^{13}倍。

（二）高度的特异性

酶的特异性又称为酶的专一性，是指酶对所催化的底物具有严格的选择性，酶通常只能催化一种或一类反应，作用于一种或一类物质，生成一定的产物。根据酶对底物选择严格程度的不同分为绝对特异性、相对特异性两种类型。

1. 绝对特异性 是指酶只作用于一种特定结构的底物，生成一种特定结构的产物。例如，脲酶只能催化尿素水解成氨和二氧化碳，而不能催化甲基尿素或其他物质的水解。

有些具有绝对特异性的酶只能催化底物的一种旋光异构体或一种立体异构体进行反应，生成一种特定结构的产物，这种选择性称为立体异构特异性。例如，*L*-乳酸脱氢酶只作用于*L*-乳酸，而对*D*-乳酸不起催化作用。

2. 相对特异性 是指酶可作用于一类底物或含某一种化学键的底物，产生一定的产物。例如，蛋白酶可作用于所有含蛋白质的底物；酯酶可作用于所有含酯键的底物等。

（三）酶活性的不稳定性

酶的化学本质主要是蛋白质，因此强酸、强碱、高温、高压、有机溶剂、重金属、紫外线等理化因素都可以使酶变性，影响酶的催化效率，甚至使酶活性全部丧失。

（四）酶催化活性的可调节性

体内许多酶的活性和含量受体内代谢物或激素的调节，如磷酸果糖激酶-1的活性受腺苷一磷酸（AMP）的别构激活，而受腺苷三磷酸（ATP）的别构抑制。有些酶的合成受物质的诱导或阻遏，从而改变细胞内的酶含量，如胰岛素可诱导*β*-羟基-*β*-甲戊二酸单酰辅酶A（HMG-CoA）还原酶的合成，而胆固醇则可抑制该酶合成。机体通过对酶活性和酶含量的精准调控，以使机体适应内外环境的不断变化。

考点：酶促反应的特点

二、酶催化作用的机制

（一）酶能极大降低反应的活化能

反应体系中，多数底物分子具有较低的自由能，处于基态；少数分子（活化分子）因具有较高的自由能而产生有效碰撞才能进入化学反应过程。如果将基态分子转变为易于发生反应的过渡态分子，化学反应就容易发生。基态转变为过渡态所需要的能量称为活化能。酶和一般化学催化剂作用的机制都是降低反应的活化能，区别在于酶能比化学催化剂更大幅度地降低反应所需的活化能（图2-5），使反应速率呈数量级增加。

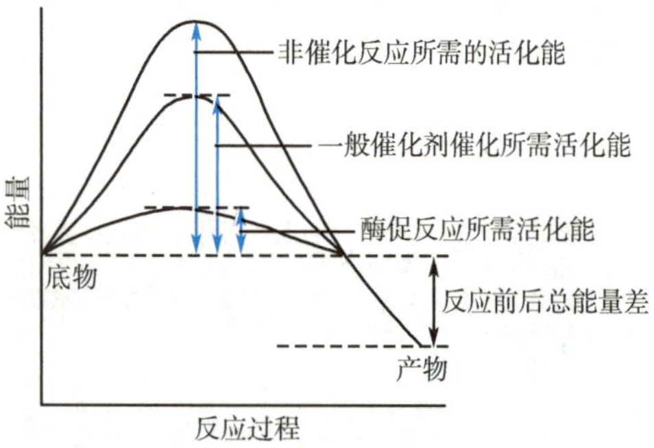

图2-5 酶与化学催化剂降低反应活化能的效果示意图

（二）中间产物学说

在酶催化的反应中，首先是酶（E）与底物（S）形成酶-底物复合物（ES），然后底物分子在酶作用下发生化学变化，中间复合物再分解成产物和酶。这种方式能极大地降低反应活化能，达到加快酶促反应速率的目的。ES形成的速率与酶和底物的性质有关。

$$E + S \rightleftharpoons ES \longrightarrow E + P$$

（三）诱导契合学说

当酶与底物接近时，二者相互影响或诱导，底物分子或活性中心一方或者双方的构象发生改变，从而使底物刚好结合于酶的活性中心形成ES，此即酶的诱导契合学说（图2-6）。

除上述学说解释酶催化反应的机制外，酶活性中心的疏水性“口袋”产生表面效应利于酶与底物的结合、多个底物在酶的活性中心内发生邻近效应和定向排列以提高反应效率以及酶对底物进行酸碱多元催化，均解释了酶降低化学反应活化能的机制。

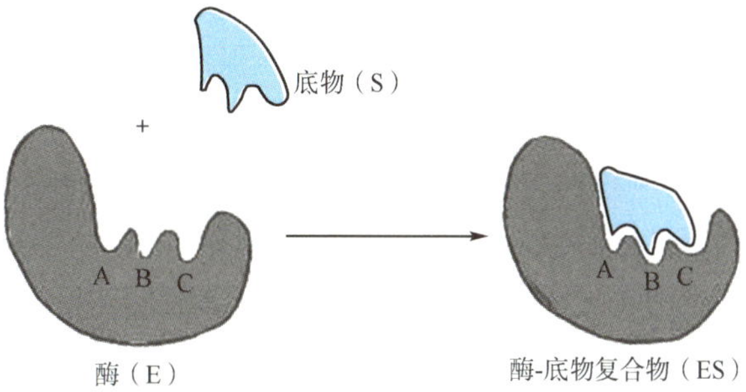

图2-6 酶-底物结合的诱导契合作用示意图

第4节 影响酶促反应速率的因素

一、底物浓度对酶促反应速率的影响

在酶浓度和其他反应条件不变的情况下，反应速率（V）对底物浓度[S]做图呈矩形双曲线。当[S]很低时，V随[S]增加而升高，呈一级反应；随着[S]的不断增加，V上升的幅度不断变缓，呈现出一级反应和零级反应的混合级反应；如果继续加大底物浓度，反应速率将不再增加，而是趋于恒定，此时达到的最大反应速率称为酶促反应的最大反应速率（V_{max}），表现为零级反应，此时酶的活性中心已被底物饱和（图2-7）。

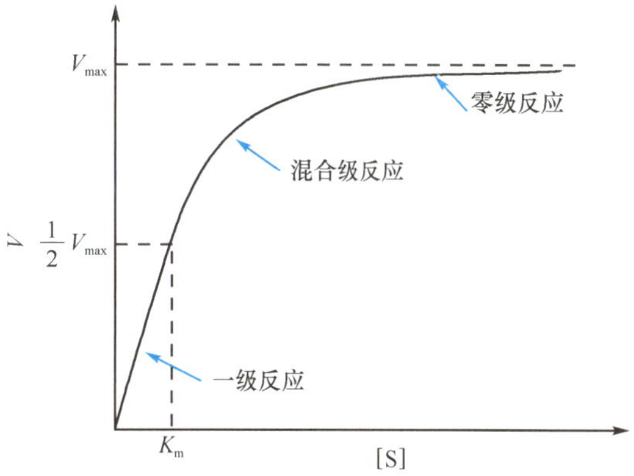

图2-7 底物浓度对酶促反应速率的影响

1913年德国化学家米夏埃利斯（Michaelis）和门滕（Menten）提出著名的米氏方程，比较准确地反映了底物浓度和酶促反应速率之间的关系。

$$V = \frac{V_{max}[S]}{K_m + [S]}$$

K_m称为米氏常数，V_{max}为最大反应速率，[S]为底物浓度，V是在不同[S]时的反应速率。

K_m是酶学研究中很重要的一个特征性常数，具有重要的意义。

（1）K_m等于酶促反应速率达到最大反应速率一半时的底物浓度，单位是mol/L。

（2）K_m可近似地表示酶与底物的亲和力。K_m越小，代表酶与底物的亲和力越大；K_m越大，酶与底物的亲和力越小。

（3）K_m是酶的特征性常数。K_m的大小只与酶的结构、底物结构和反应环境有关，而与酶的浓度无关。

考点：底物浓度对酶促反应速率影响的图像和三种关系

二、酶浓度对酶促反应速率的影响

在酶促反应体系中，当底物浓度远远超过酶浓度时，酶促反应速率（V）与酶的浓度[E]成正比（图2-8）。

三、温度对酶促反应速率的影响

通常将反应速率达到最大时的温度，称为酶促反应的最适温度（opitimum temperature，opt）。低于或高于最适温度，酶促反应速率均降低（图2-9）。哺乳类动物酶的最适温度在35～40℃之间。温度高于最适温度时，一般50～60℃时，酶开始变性；80℃时，多数酶发生不可逆变性，目前尚未发现100℃时还有活性的酶。温度低于最适温度，酶活性降低，但即使温度低于0℃甚至–196℃，酶也不失活。温度不是酶的特征常数，常与底物性质和浓度及反应时间等有关。临床上利用高温达到灭菌的目的；也常进行低温麻醉，降低基础代谢率，减慢细胞代谢速度，减少机体耗氧量，保护机体或器官免受缺血缺氧损害。

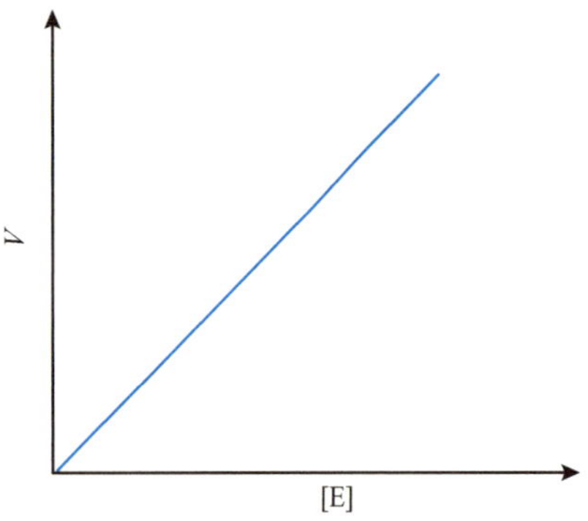

图2-8　酶浓度对酶促反应速率的影响

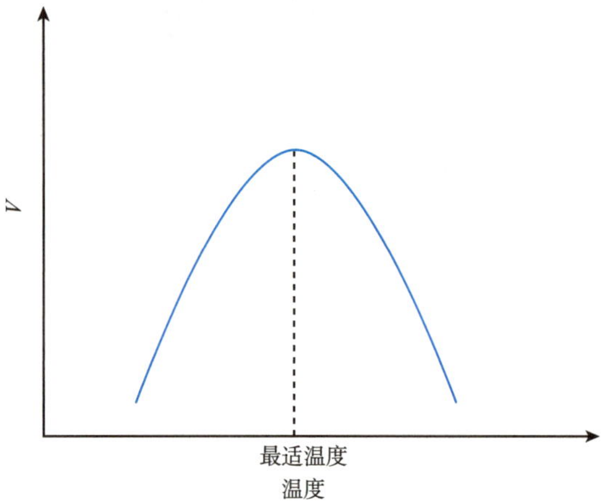

图2-9　温度对酶促反应速率的影响

考点： 最适温度的概念

四、pH对酶促反应速率的影响

pH通过影响酶分子和底物分子的解离状态影响酶促反应速率。在不同pH条件下，酶蛋白、辅因子、底物解离状态不同，从而影响酶ES复合物的形成，进而影响酶促反应速率。酶催化活性最高时，反应体系的pH称为酶的最适pH（图2-10），此时酶与底物的解离状态最利于两者的结合。溶液的pH高于和低于最适pH时都会使酶的活性降低，远离最适pH时甚至会导致酶的变性失活。不同的酶最适pH有差异，人体内多数酶的最适pH接近中性。但也有例外，如胃蛋白酶最适pH是1.8，肝精氨酸酶为9.8。最适pH不是酶的特征性常数，它受底物浓度、缓冲液的种类和浓度及酶的纯度等因素的影响。人体血液pH只有在7.35～7.45范围内波动时，才有利于维持机体的稳态。实验室测定酶的活性时，应选用适宜的缓冲液，以保持酶活性的相对恒定。

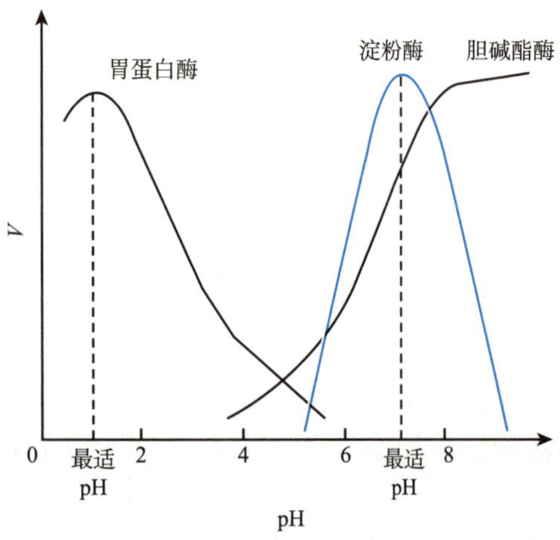

图2-10　pH对酶促反应速率的影响

考点： 胃蛋白酶和肝精氨酸酶的最适pH

五、激活剂对酶促反应速率的影响

使酶由无活性变为有活性或使酶活性增强的物质称为酶的激活剂。激活剂大多为金属离子（Mg^{2+}、K^+等）和小分子有机物（胆汁酸盐等）。有的激活剂是酶的活性必不可少的，如果缺乏，酶将没有活性，此类激活剂称为必需激活剂。需要金属离子激活的酶称为金属激活酶，如Mg^{2+}是多种激酶的必需激活剂。有些酶在无激活剂时，有催化活性，但活性较低，加入激活剂后，酶的催化活性明显提高，此类激活剂称为非必需激活剂，如胆汁酸盐和Cl^-分别是胰脂肪酶和唾液淀粉酶的非必需激活剂。

考点：胰脂肪酶和唾液淀粉酶的激活剂

六、抑制剂对酶促反应速率的影响

凡能降低酶活性而又不引起酶变性的物质统称为酶的抑制剂。抑制剂多数通过与酶活性中心内或外的必需基团相结合而抑制酶的催化活性。根据抑制剂与酶结合方式不同，酶的抑制作用分为不可逆性抑制与可逆性抑制两类。

考点：抑制剂的类型

（一）不可逆性抑制

案例 2-1

患者，女，31岁，因争吵后自服农药，进而出现头晕、恶心，并伴呕吐，被家人发现，急送入院。医生诊断为有机磷农药中毒，立即进行洗胃催吐、硫酸镁导泻，随后给予静脉注射解磷定和阿托品等治疗措施，病情好转后出院。

问题：1. 有机磷农药导致中毒的生化机制是什么？

2. 为何解磷定能用于抢救有机磷农药中毒？

不可逆性抑制剂通常以共价键与酶活性中心的必需基团结合，透析、超过滤或稀释等物理方法不能将它们去除。例如，有机磷化合物中毒和低浓度重金属（或类重金属砷）离子中毒可分别使机体的胆碱酯酶和巯基酶活性受到抑制。

1. 有机磷化合物是胆碱酯酶的抑制剂 有机磷农药（敌百虫、敌敌畏、乐果等）能特异性地与胆碱酯酶活性中心丝氨酸残基上的羟基结合，使胆碱酯酶失活，导致乙酰胆碱堆积，引起胆碱能神经持续兴奋而呈现恶心、呕吐、多汗、心率变慢、瞳孔缩小、肌痉挛、呼吸困难等中毒症状。

考点：有机磷化合物中毒与重金属离子中毒抑制的相关酶及抑制类型

解救有机磷农药中毒时，可给予胆碱酯酶复活剂解磷定（PAM）和乙酰胆碱拮抗剂阿托品（扩瞳剂）。

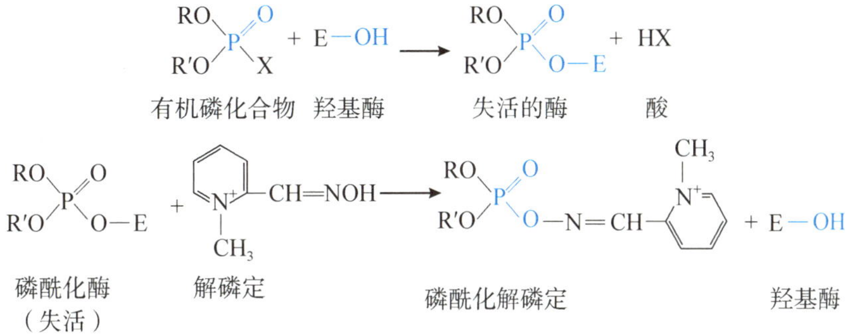

2. 低浓度的重金属离子和砷离子是巯基酶的抑制剂 低浓度的重金属离子（Ag^+、Hg^{2+}、Pb^{2+}等）及As^{3+}等可与巯基酶分子中的巯基（—SH）结合并使其失活。例如，路易氏气为含砷的剧毒化合物，它能抑制体内的巯基酶而使人畜中毒。

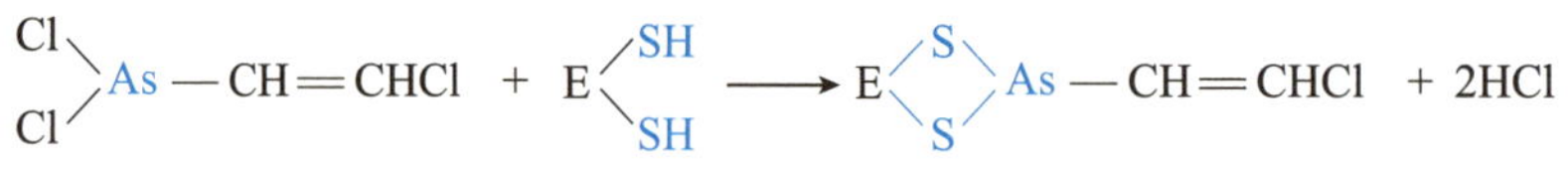

路易氏气　　　　巯基酶　　　　失活的酶

（二）可逆性抑制

案例 2-2

患者，女，76岁，两天前淋雨回家后出现鼻塞咽痛，未引起重视，后出现厌食、精神差、持续性剧烈头痛、高热寒战，喷射性呕吐。经检查确诊为化脓性脑膜炎，立即给予磺胺类药物，首剂加倍。结合降颅内压、降温等治疗措施，痊愈后出院。

问题： 1. 磺胺类药物抑制细菌生长的生化机制是什么？

2. 为什么在使用过程中需要首剂加倍？

可逆性抑制剂通常以非共价键与酶结合，通过透析、超滤等物理方法可以去除。根据结合部位不同，主要分为竞争性抑制和非竞争性抑制。

1. 竞争性抑制　抑制剂与底物结构相似，可与底物共同竞争酶的活性中心，从而阻碍酶与底物的结合，使酶的催化活性降低，这种抑制作用称为竞争性抑制。其特点：①抑制剂与底物两者结构相似；②抑制剂和底物共同竞争酶的活性中心，酶不能与底物和抑制剂同时结合；③抑制程度的强弱取决于抑制剂与酶的相对亲和力及酶浓度与底物浓度的相对比例，增加底物浓度可以使抑制作用减弱甚至消除；④V_{max}不变，K_m升高。

竞争性抑制反应模式如下：

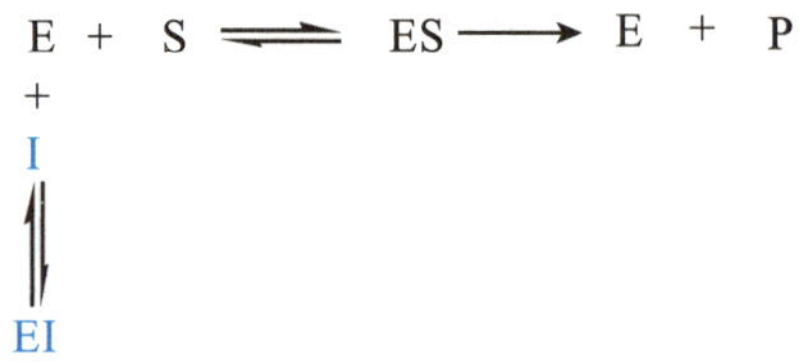

竞争性抑制被广泛应用于药品研发和疾病治疗。临床上磺胺类药物抑制细菌繁殖就是利用了竞争性抑制的原理。磺胺类药物（抑制剂）的结构与细菌二氢叶酸合成所需的原料对氨基苯甲酸（PABA）相似，可竞争性抑制二氢叶酸合成酶，从而抑制二氢叶酸的合成，进而使细菌四氢叶酸合成障碍，DNA复制受阻，细菌生长受到抑制（图2-11）。

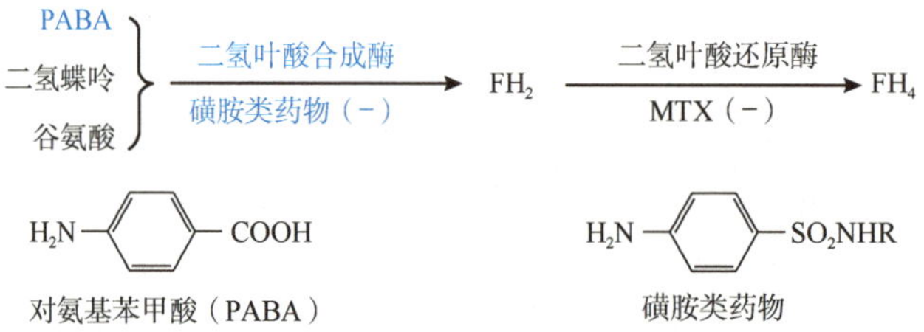

图2-11　磺胺类药物抑制细菌的作用机制

磺胺类药物增强剂甲氧苄啶（MTX）能抑制二氢叶酸还原酶的活性，与磺胺类药物联合使用，抑菌效果更好。

考点： 磺胺类药物的抑菌机制

人体能直接利用食物中的叶酸生成二氢叶酸，故核酸的合成不受磺胺类药物的干扰。根据竞争性抑制的特点，在使用磺胺类药物时，首次加倍可使血液中的药物迅速达到有效浓度，才能较好地发挥竞争性抑菌作用。

临床上许多药物均利用了竞争性抑制原理，如利巴韦林、更昔洛韦、阿卡波糖、6-巯基嘌呤、别嘌醇、氟尿嘧啶、甲氨蝶呤、麻黄碱等。

2. 非竞争性抑制 抑制剂与底物的结构不相似，可与酶的活性中心外的必需基团结合，进而降低酶的活性，这种抑制作用称为非竞争性抑制（图2-12）。非竞争性抑制剂与底物之间无竞争关系，其特点：①抑制剂与底物结构不相似；②抑制剂与酶活性中心外的必需基团结合，不影响酶与底物的结合，形成的ESI复合物不能进一步释放出产物；③抑制作用的强弱仅取决于抑制剂的浓度，增加底物浓度不能解除抑制；④ V_{max} 降低，K_m 不变。

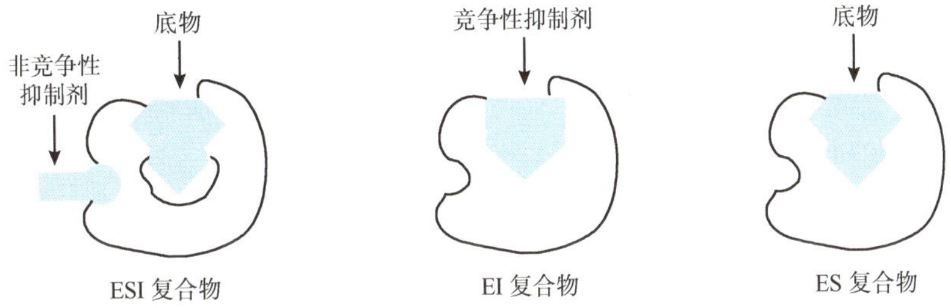

图2-12 竞争性抑制和非竞争性抑制作用机制

反应模式图如下：

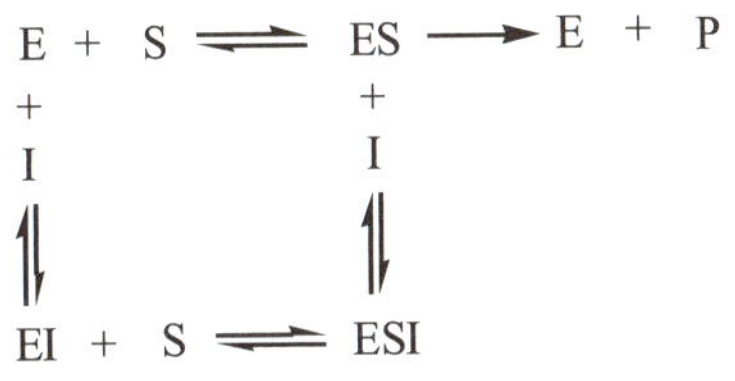

自 测 题

一、名词解释

1. 酶的活性中心
2. 结合酶
3. 同工酶
4. 酶原激活
5. 竞争性抑制

二、选择题

1. 下列哪项不属于酶促反应的特点（ ）
   A. 催化效率高
   B. 胰岛素能诱导HMG-CoA还原酶的合成
   C. *L*-乳酸脱氢酶只能催化*L*-乳酸，不能催化*D*-乳酸
   D. 高温下酶易失活
   E. 降低反应活化能
2. 关于辅酶与辅基叙述错误的是（ ）
   A. 属于结合酶的酶分子组成中才含有辅基或辅酶
   B. B族维生素多参与辅酶或辅基的组成
   C. 单独的辅酶可直接进行酶促反应
   D. 辅酶或辅基与酶蛋白结合后称为全酶
   E. 辅酶不是蛋白质
3. 关于酶活性中心的说法正确的是（ ）
   A. 所有酶的活性中心都有辅酶
   B. 所有酶的活性中心都有金属离子
   C. 酶的必需基团都位于活性中心内
   D. 所有的抑制剂都作用于酶的活性中心
   E. 所有的酶都有活性中心
4. 路易氏气中毒属于（ ）
   A. 可逆性抑制　B. 不可逆性抑制
   C. 竞争性抑制　D. 非竞争性抑制
   E. 反馈抑制
5. 磺胺类药物的作用原理属于（ ）
   A. 反馈抑制　B. 非竞争性抑制
   C. 竞争性抑制　D. 不可逆性抑制
   E. 负反馈抑制
6. 患者，女，35岁，昏迷1h入院。患者1h前因与家人不和，自服农药1瓶，家人发现后5min患者出现腹痛、恶心，并呕吐1次，吐出物有大蒜味，逐渐神志不清，大小便失禁，出汗多。经医生诊断为急性有机磷农药中毒，给予解磷定和阿托品治疗。有机磷农药中毒机制属

于（　　）

A. 负反馈抑制　　B. 不可逆性抑制

C. 竞争性抑制　　D. 非竞争性抑制

E. 反馈抑制

7. 底物对酶促反应速率影响的图形是（　　）

A. 直线　　B. 矩形双曲线

C. 钟形曲线　　D. 波浪线

E. S形曲线

8. 关于同工酶的说法不正确的是（　　）

A. 在代谢调节中起重要的作用

B. 最高结构常为三级结构

C. 发现最早的是乳酸脱氢酶

D. 其分布具有器官、组织和细胞特异性

E. 其活性测定可提高酶学诊断的特异性和敏感性

9. 下列哪项不影响酶促反应速率（　　）

A. 酶原浓度　　B. 底物浓度

C. pH　　D. 温度

E. 抑制剂

10. 竞争性抑制特点不包括（　　）

A. 抑制剂与底物结构相似

B. K_m升高，V_{max}不变

C. 其抑制结果仅取决于抑制剂的浓度

D. 抑制作用可通过加大底物浓度消除

E. 抑制剂与底物共同竞争酶活性中心内的必需基团

11. 关于酶原说法错误的是（　　）

A. 酶原无活性

B. 酶原激活实质是活性中心形成或暴露的过程

C. 胃蛋白酶原不能消化蛋白质

D. 酶原激活的生理意义是避免分泌细胞产生的蛋白酶对自身进行消化

E. 血液中的凝血酶原能直接参与血液凝固

三、简答题

1. 酶促反应有何特点?

2. 简述结合酶的构成及各部分的功能。

3. 什么是酶原？酶原激活有何生理意义?

4. 列表比较竞争性抑制与非竞争性抑制。

5. 简述磺胺类药物的作用机制。

（郭劲霞）

第3章 维生素

学习目标

1. 素质目标　培养学生勇于探索的科学精神，培养膳食多样性、规律性，树立健康中国理念。

2. 知识目标　掌握维生素的概念，维生素A、维生素D、维生素E、维生素B_1、维生素B_2、叶酸、维生素B_{12}、维生素C的生理功能和缺乏症；熟悉维生素的命名和分类；了解维生素缺乏症发生的原因及各种维生素的主要来源。

3. 能力目标　培养学生初步应用维生素知识解释临床上维生素缺乏症的能力。

维生素（vitamin）是维持机体正常生命活动所必需的一类小分子有机物。其在人体内不能合成或合成量甚少，不能满足机体需要，必须依靠食物供给。

维生素按其溶解性不同，可分为脂溶性维生素和水溶性维生素两大类。脂溶性维生素包括维生素A、维生素D、维生素E和维生素K，水溶性维生素包括B族维生素和维生素C。B族维生素又含有维生素B_1、维生素B_2、维生素PP、泛酸、维生素B_6、生物素、叶酸、维生素B_{12}等。

机体每天对维生素的需要量并不多，只需几毫克或几微克，但绝不可缺少；一般来说，人体能从合理膳食中可以得到机体所需的全部维生素，但当某种维生素长期供应不足时，可导致出现相应的缺乏症。维生素缺乏的常见原因主要有以下几方面。

1. 摄入量不足　膳食构成和膳食调配不合理、严重的偏食、食物的烹调方法和储存方法不当，均可造成正常机体某些维生素的摄入不足。例如，食物在加工、烹调、储存时方法不当时，会造成维生素大量破坏与流失，像淘米过度、米面加工过细均可使维生素B_1大量流失。

2. 机体的吸收利用率降低　如长期腹泻、消化道或胆道梗阻、胃酸分泌减少等造成维生素吸收和利用减少。

3. 维生素的需要量增加　不同生理状况下的人群，维生素的需要量不同。例如，处于生长发育期的儿童、青少年、妊娠与哺乳期妇女、重体力劳动者、慢性消耗性疾病患者对维生素的需要量相对增加，应及时补充。

4. 药物等其他因素影响　长期服用抗生素可抑制肠道正常菌群的生长，从而引起由肠道细菌合成的维生素的缺乏，如维生素K、维生素PP、叶酸等。

第1节　脂溶性维生素

脂溶性维生素可溶于脂质及大多数有机溶剂，在食物中常随脂质一同吸收。脂溶性维生素在体内大部分储存在肝及脂肪组织，可通过脂质代谢并排出体外，但若长期摄入过多，可引起中毒。

一、维生素A

1. 化学性质与来源　维生素A又称抗眼干燥症维生素，其化学性质活泼，易被空气氧化。天然维生素A有A_1及A_2两种形式。维生素A_1又称视黄醇，维生素A_2又称3-脱氢视黄醇。视黄醇、视黄醛和视黄酸是维生素A在体内的活性形式。

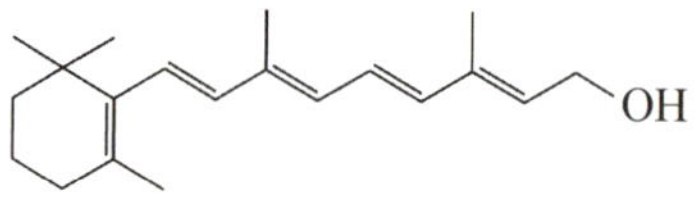

维生素A_1（视黄醇）

动物性食物，如肝、肉类、蛋黄、乳制品、鱼肝油是维生素A的主要来源。植物中虽不含维生素A，但胡萝卜、红辣椒、菠菜、芥菜等含有β-胡萝卜素。β-胡萝卜素在小肠黏膜或肝中可转变为维生素A。

2. 维生素A的生理功能及缺乏症

（1）构成视觉细胞内的感光物质——视紫红质　视紫红质是人体视网膜感受暗光与弱光的物质，维生素A参与视紫红质的合成。当维生素A缺乏时，视紫红质的合成减少，视网膜感受弱光的能力降低，暗适应时间延长，严重时会发生夜盲症。

（2）维持上皮组织结构的完整和功能的健全　维生素A是维持上皮组织结构完整和保证分泌功能健全的重要成分。当维生素A缺乏时，可引起上皮组织干燥、增生和角化等，眼部表现为泪腺的上皮角化、泪液分泌受阻，导致角膜、结膜干燥，临床上称眼干燥症（干眼病）。故维生素A也称抗眼干燥症维生素。

（3）促进生长、发育　维生素A缺乏时，类固醇激素合成减少，影响细胞分化，从而影响儿童的生长发育，出现生长停滞、骨骼生长不良等。

（4）其他作用　维生素A还有抗氧化、抑癌、维持正常免疫功能的作用。

二、维生素D

1. 化学性质与来源　维生素D又称抗佝偻病维生素，是类固醇的衍生物，含环戊烷多氢菲结构。主要形式有维生素D_2（麦角钙化醇）和维生素D_3（胆钙化醇）。维生素D_3在肝和肾内经两次羟化作用，转变成它的活性形式1, 25-（OH）$_2$-D_3。

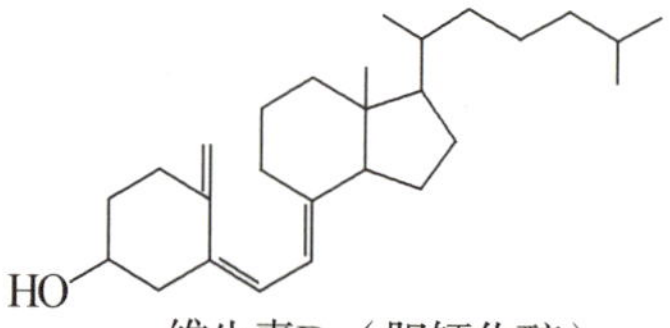

维生素D_3（胆钙化醇）

人体皮肤下储存的7-脱氢胆固醇经紫外线照射后可转化为维生素D_3。

维生素D对光比较敏感，化学性质稳定，不易被氧化破坏。

2. 生理功能及缺乏症　1, 25-（OH）$_2$-D_3可促进小肠对钙、磷的吸收和肾小管对钙、磷的重吸收，升高血钙、血磷。它还能促进成骨细胞的形成和骨盐的沉积，有利于骨的生长和钙化。1, 25-（OH）$_2$-D_3具有抑制肿瘤细胞的增殖和分化、促进胰岛β细胞合成和分泌胰岛素等功能。

婴幼儿若缺乏维生素D，会引起肠道钙、磷的吸收障碍，使血钙、血磷降低，成骨作用出现障碍，临床表现为手足抽搐，严重时会出现佝偻病，因此，要注意小儿头颅、毛发、骨骼发育情况。成年人缺乏维生素D易发生软骨病和骨质疏松。此外，维生素D缺乏也与自身性疾病发生有关。

链 接　维生素D缺乏与佝偻病防治

维生素D缺乏性佝偻病是婴幼儿期常见的营养素缺乏症。维生素D缺乏的常见原因：①食物中含维生素D不足；②某些婴幼儿生长发育过快，维生素D供不应求；③阳光照射不足；④胃、肠、肝、胆、肾等疾病影响维生素D的吸收和利用。

维生素D缺乏的早期表现有烦躁不安、爱哭闹、睡觉易惊醒、汗多；后期有骨骼改变和畸形，如前囟门关闭延缓，出牙晚，肋缘外翻，鸡胸，膝外翻或膝内翻等。预防的方法：补充维生素D，同时给予钙剂；坚持母乳喂养8个月；多吃富含维生素D和钙的食物，如蛋黄、肝、鱼类、奶类、豆类等；多带儿童到户外晒太阳，进行日光浴。

三、维生素E

1. 化学性质与来源 维生素E包括生育酚和生育三烯酚两类。维生素E对氧十分敏感，易被氧化。维生素E广泛存在于植物油中，以麦胚油、大豆油、玉米油和葵花籽油中最为丰富。

维生素E是微带黏性的淡黄色油状物，易发生自身氧化，是体内重要的脂溶性抗氧化剂。

2. 生理功能及缺乏症

（1）抗氧化作用 维生素E是体内最重要的抗氧化剂和自由基清除剂，它可以对抗生物膜上的脂质过氧化所产生的自由基，保护生物膜的结构完整和功能正常。

（2）与生殖功能关系密切 雄性动物缺少维生素E表现为不产生精子，而雌鼠易引起流产。临床上常用维生素E治疗先兆流产及习惯性流产。

（3）其他 维生素E可促进血红素的合成，具有抗炎、维持正常免疫功能和抑制细胞增殖的作用，在预防和治疗冠状动脉粥样硬化性心脏病、肿瘤和延缓衰老等方面具有一定的作用。

维生素E来源广泛，肠道细菌又能合成，所以一般很少发生缺乏，毒性也较低，人类也尚未发现维生素E中毒。

四、维生素K

1. 化学性质与来源 维生素K又称凝血维生素，有维生素K_1、维生素K_2、维生素K_3和维生素K_4四种。维生素K_1和维生素K_2是天然维生素，维生素K_1在深绿色蔬菜（如甘蓝、菠菜、莴苣等）和动物的肝中含量丰富，维生素K_2由肠道细菌合成；维生素K_3、维生素K_4由人工合成，并且能溶于水，可口服和注射。

2. 生理功能及缺乏症 维生素K的最主要作用是促进凝血因子Ⅱ、Ⅶ、Ⅸ、Ⅹ在肝脏中合成。当维生素K缺乏时可导致凝血时间延长，严重时可发生皮下、肌肉和胃肠道出血。但因维生素K在食物中分布广泛，肠道细菌也可以合成，所以一般情况很少发生缺乏。膳食中缺乏绿色蔬菜或长期使用广谱抗生素可导致维生素K缺乏。

第2节 水溶性维生素

水溶性维生素包括B族维生素和维生素C。水溶性维生素的作用主要是参与构成酶的辅因子，从而参与体内代谢。正常情况下，体内储存的水溶性维生素很少，必须经常从食物中摄取。水溶性维生素摄入过多时，可随尿排出，体内很少储存，也不易发生中毒。

几乎所有的B族维生素都以辅酶或辅基的形式参与体内的物质代谢。

一、维生素B_1

（一）化学性质与来源

维生素B_1又称硫胺素（thiamine），主要存在于种子的外皮、胚芽和瘦肉中，在米糠、麦麸、豆类、酵母、瘦肉等食物中含量丰富。维生素B_1在体内磷酸化后转变为硫胺素焦磷酸（thiamine pyrophosphate，TPP^+）。TPP^+是维生素B_1在体内的活性形式。

维生素B_1在碱性溶液中加热易被破坏，在酸性溶液中较稳定。

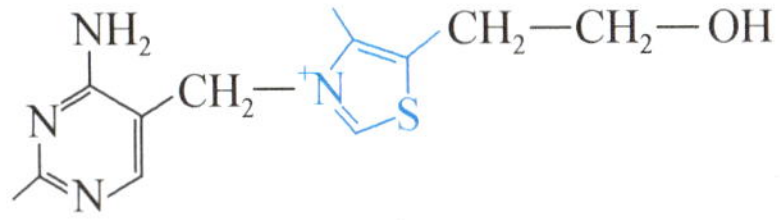

维生素B_1

（二）生理功能及缺乏症

1. TPP可作为α-酮酸氧化脱羧酶和转酮醇酶的辅酶 α-酮酸氧化脱羧酶是糖有氧氧化的关键酶之一，转酮醇酶参与磷酸戊糖途径。当缺乏维生素B_1时，糖有氧氧化过程受阻，丙酮酸和乳酸堆积，尤其是神经组织能量供应不足，导致手足麻木、四肢无力，严重时甚至可发生水肿、心力衰竭等全身性疾病，称为多发性神经炎，又称脚气病。

2. 抑制胆碱酯酶的活性 胆碱酯酶能水解乙酰胆碱生成乙酸和胆碱，当维生素B_1缺乏时，胆碱酯酶活性增强，乙酰胆碱分解增多，胆碱能神经冲动的传导受阻，导致胃肠蠕动减弱和腺体分泌功能减弱，表现为食欲缺乏、消化不良等症状。

链 接 脚气病与足癣的区别

脚气病又称多发性神经炎、维生素B_1缺乏症，是因为食物中维生素B_1摄入不足引起的全身性疾病，临床上主要累及消化、神经和循环系统，随病情加重可出现肌痛、上下楼梯困难、膝腱反射减退或消失、心率加速、肝脾增大、水肿等症状和体征，无传染性。足癣俗称脚气，是由念珠菌感染所引起的一种常见皮肤病，可感染足趾间、足底、足跟、足侧缘，足癣如不及时治疗，有时可传染至其他部位，如引起手癣和甲癣。二者有本质的区别，不可混淆。

二、维生素B_2

1. 化学性质与来源 维生素B_2因呈黄色，又称核黄素（riboflavin）。维生素B_2在体内以黄素单核苷酸（FMN）和黄素腺嘌呤二核苷酸（FAD）两种活性形式存在。维生素B_2在食物中广泛存在，在谷类、黄豆、肝、肉、蛋、奶及奶制品中含量非常丰富，肠道细菌也可合成。维生素B_2在碱性溶液中受光照射时极易被破坏。

2. 生理功能及缺乏症 FMN和FAD是各种黄素酶的辅基，主要起传递氢的作用。广泛参与体内糖、脂肪和蛋白质等多种物质的代谢。当维生素B_2缺乏时，组织细胞呼吸、代谢强度均减弱，可引起口角炎、唇炎、阴囊炎、结膜炎、视物模糊等。

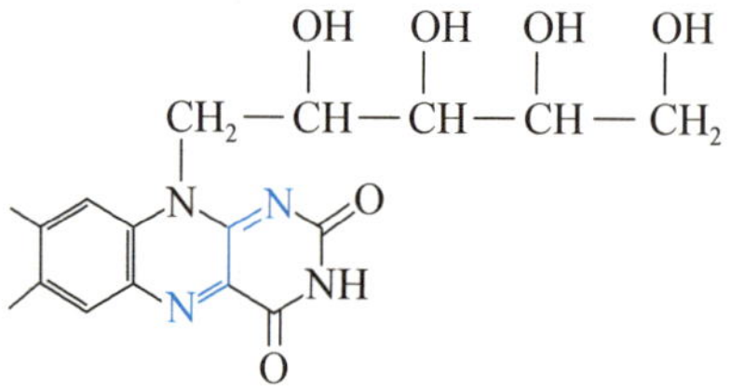

维生素B_2

三、维生素PP

1. 化学性质与来源 维生素PP又称抗糙皮病维生素，包括烟酸（nicotinic acid，又称尼克酸）和烟酰胺。维生素PP来源广泛，酵母、花生、谷类、豆类、肉类和动物肝中都非常丰富。维生素PP性质较稳定，不易被酸、碱及热破坏。维生素PP在体内的活性形式是烟酰胺腺嘌呤二核苷酸（NAD^+，辅酶Ⅰ）或烟酰胺腺嘌呤二核苷酸磷酸（$NADP^+$，辅酶Ⅱ）。

2. 生理功能及缺乏症 NAD^+和$NADP^+$在体内是多种不需氧脱氢酶的辅酶。这两种辅酶结构中的烟酰胺部分具有可逆地加氢和脱氢的特性，在生物氧化过程中起着递氢体的作用。

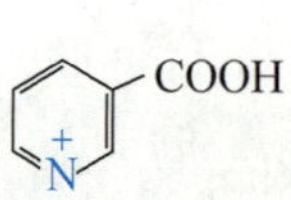

烟酸

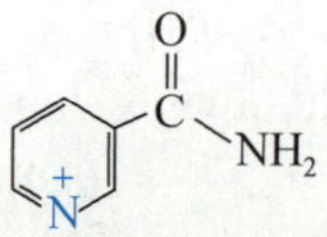

烟酰胺

一般饮食条件下，很少会发生维生素PP缺乏。长期单食玉米者，有可能发生。

当体内维生素PP缺乏时，可出现糙皮病（又称烟酸缺乏症、3D综合征），主要症状有皮炎、腹泻和痴呆，皮炎常对称性出现于肢体暴露部位。

四、维生素B_6

1. 化学性质与来源 维生素B_6包括吡哆醇、吡哆醛和吡哆胺。维生素B_6易溶于水和乙醇，微溶于脂质，在酸性溶液中稳定，在碱性溶液中遇光和紫外线照射易被破坏。维生素B_6广泛存在于动、植物食品中，肝、鱼、肉类、坚果、豆类、蛋黄和酵母中含量丰富；肠道细菌也可以合成供人体需要。

维生素B_6在体内的活性形式是磷酸吡哆醛和磷酸吡哆胺，两者可以相互转变。

2. 生理功能及缺乏症 磷酸吡哆醛是氨基酸氨基转移酶的辅酶，具有传递氨基的作用，磷酸吡哆醛又是谷氨酸脱羧酶的辅酶，促进大脑合成抑制性神经递质γ-氨基丁酸，因此临床上常用维生素B_6治疗小儿惊厥和妊娠呕吐；磷酸吡哆醛是血红素合成的限速酶δ-氨基-γ-酮戊酸（ALA）合酶的辅酶，参与血红素的合成，故缺乏维生素B_6可能导致小细胞低色素性贫血和血清铁升高。

维生素B_6缺乏比较少见。抗结核药异烟肼能与磷酸吡哆醛的醛基结合生成异烟腙，使其失去辅酶作用，所以在服用异烟肼时应同时补充维生素B_6。

五、泛　　酸

1. 化学性质与来源 泛酸（pantothenic acid）又称遍多酸。因其广泛存在于动植物组织而得名。泛酸在体内的活性形式是辅酶A（CoA）和酰基载体蛋白（ACP）。

泛酸在酸、碱溶液中加热易被破坏，在中性溶液中对热稳定，对氧化剂、还原剂也较稳定。

2. 生理功能及缺乏症 CoA和ACP是各种酰基转移酶的辅酶，主要起传递酰基的作用，广泛参与糖、脂肪、蛋白质代谢及肝的生物转化作用。CoA的功能部位主要是其分子上的—SH，故常以HSCoA表示。

膳食富含泛酸，人体肠道细菌也可以合成，因此很少见泛酸缺乏症。

六、生 物 素

1. 化学性质与来源 生物素（biotin）又称维生素H，生物素耐酸不耐碱，高温和氧化剂可使其灭活。

2. 生理功能及缺乏症 生物素作为体内多种羧化酶（丙酮酸羧化酶、乙酰CoA羧化酶等）的辅基，在羧化反应中起CO_2载体的作用。

生物素来源广泛，肠道细菌也能合成，故很少发生缺乏。大量食用生鸡蛋清可引起生物素缺乏。新鲜鸡蛋中有一种抗生物素蛋白，它能与生物素结合妨碍生物的吸收。蛋清加热后，这种蛋白质即被破坏而失去上述作用。

七、叶　　酸

1. 化学性质与来源 叶酸由蝶呤啶、对氨基苯甲酸和谷氨酸三部分组成。最早是从菠菜中分离出来，在绿叶植物中含量丰富，因而得名。酵母、肝、水果和绿叶蔬菜是叶酸的主要来源。肠道细菌也能合成叶酸。

叶酸微溶于水，为微黄色粉末状结晶，在光照、加热及酸性条件下不稳定。结构式如下：

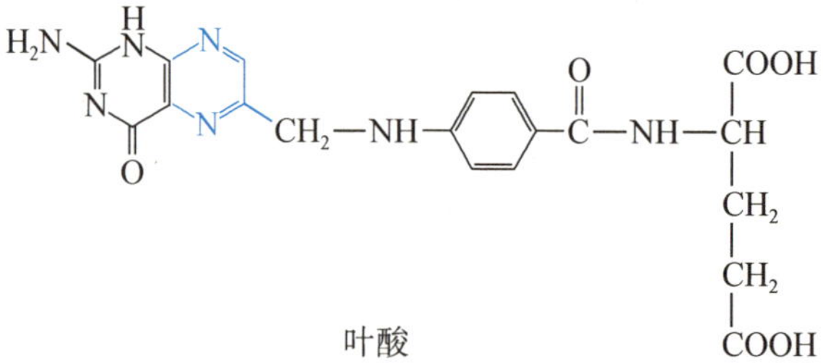

叶酸

2. 生理功能及缺乏症 叶酸在人体小肠、肝等部位被加氢还原为二氢叶酸（FH_2），进一步还原生成四氢叶酸（FH_4）。FH_4是叶酸在体内的活性形式。

FH_4是一碳单位转移酶的辅酶，在体内参与核苷酸合成及甲硫氨酸代谢等。当叶酸缺乏时，骨髓幼红细胞DNA合成减少，细胞分裂速度降低，同时细胞体积变大，造成巨幼细胞贫血。

叶酸还可降低胎儿发生脊柱裂和神经管缺损的危险性。

八、维生素B_{12}

（一）化学性质与来源

维生素B_{12}又称钴胺素（cobalamine），是唯一含金属元素的维生素。维生素B_{12}主要来源于动物性食品，鱼、肉类、牛奶和肝中含量丰富，植物中不含维生素B_{12}，肠道细菌也能合成维生素B_{12}。

维生素B_{12}在体内的活性形式主要是甲基钴胺素和5′-脱氧腺苷钴胺素。

（二）生理功能及缺乏症

1. 甲硫氨酸合成酶的辅酶 当维生素B_{12}缺乏时，甲硫氨酸合成减少，影响四氢叶酸的再生，一碳单位代谢障碍，造成核酸合成障碍，引起巨幼红细胞贫血。

2. *L*-甲基丙二酰CoA变位酶的辅酶 当维生素B_{12}缺乏时，*L*-甲基丙二酰CoA大量堆积，因其与脂肪酸合成的中间产物丙二酰CoA结构相似，因此会影响脂肪酸的正常合成，进而影响神经髓鞘的转换，导致髓鞘质变性退化，引起进行性脱髓鞘。

正常膳食一般不会出现维生素B_{12}缺乏症，严重吸收障碍的患者或长期素食者易出现缺乏症。胃壁细胞分泌的糖蛋白与维生素B_{12}的吸收关系密切，因此，某些疾病如萎缩性胃炎及胃大部分被切除的患者及先天不能合成糖蛋白者易出现维生素B_{12}缺乏。

九、维生素C

（一）化学性质与来源

维生素C是六碳的多羟基酸，又称*L*-抗坏血酸（ascorbic acid），具有强还原性，溶于水，有酸味，易被氧化破坏，对碱和热不稳定。

维生素C存在于新鲜蔬菜和水果中。人类不能合成维生素C，必须由食物供给。

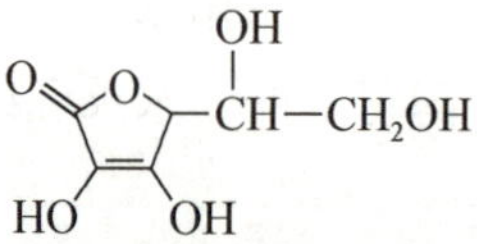

维生素C

（二）生理功能及缺乏症

1. 作为羟化酶的辅酶，参与体内羟化反应，促进胶原蛋白的形成 胶原蛋白是结缔组织、骨、毛细血管壁和骨骼等的重要组成成分。胶原蛋白形成所需要的脯氨酸羟化酶和赖氨酸羟化酶是翻译后分别经羟化酶催化而成，而维生素C作为辅酶参与了此过程。

当维生素C严重缺乏时，胶原蛋白合成障碍，可引起维生素C缺乏症，又称坏血病。表现为牙齿松动、牙龈腐烂、毛细血管脆性增强易破裂、创伤不易愈合等。

2. 作为抗氧化剂参与体内氧化还原反应

（1）保护巯基 体内许多酶的活性依赖巯基，维生素C能使巯基酶的巯基保持还原状态，保持酶活性，发挥抗氧化作用。

（2）其他作用 维生素C可将Fe^{3+}还原成Fe^{2+}，有利于食物中铁的吸收；维生素C能使红细胞中高铁血红蛋白（MHb）还原为亚铁血红蛋白（Hb），使其恢复运氧功能。

3. 具有增强机体免疫力的作用 维生素C能促进淋巴细胞的增殖和趋化作用，提高吞噬细胞的吞噬能力，促进免疫球蛋白的合成，从而提高机体免疫力。

链 接 维生素B_1与诺贝尔奖

维生素是一类小分子有机物，它们虽不提供生命活动所需的能量，却是身体代谢过程中所必需的物质。多位科学家因发现维生素并研究揭示维生素与疾病的关系而获得了诺贝尔奖。其中著名的研究之一是荷兰科学家艾克曼的研究，他经过多年的实践研究，揭示了脚气病的秘密，他最早在米糠中发现维生素B_1，并把糙米煮水当作“药”吃，使得脚气病患者痊愈。艾克曼和英国的科学家霍普金斯因对维生素这类物质的发现一同获得了1929年诺贝尔生理学或医学奖。

自 测 题

一、选择题

1. 下列有关维生素的叙述哪一项是错误的（ ）
   A. 维持正常功能所必需
   B. 是体内能量的来源
   C. 在许多动物体内不能合成
   D. 体内需要量少，但必须由食物供给
   E. 维生素是小分子有机化合物

2. 维生素D的活性形式是（ ）
   A. 1, 24-（OH）$_2$-D_3 B. 1-（OH）-D_3
   C. 1, 25-（OH）$_2$-D_3 D. 1, 26-（OH）$_2$-D_3
   E. （OH）$_2$-D_3

3. 脚气病是由于缺乏下列哪一种物质所致（ ）
   A. 胆碱 B. 乙醇胺
   C. 维生素B_1 D. 丝氨酸
   E. 维生素C

4. 典型的坏血病是由于缺乏下列哪种维生素所引起的（ ）
   A. 维生素B_1 B. 维生素B_2
   C. 泛酸 D. 抗坏血酸
   E. 维生素B_{12}

5. 下列关于维生素D的说法中不正确的是（ ）
   A. 多进行日光浴和户外活动可以补充维生素D
   B. 维生素D需要在肝和肾进行两次活化反应才能变成活性形式发挥作用
   C. 维生素D具有促进钙吸收、促进成骨细胞的形成和骨骼的钙化作用
   D. 正常母乳喂养的婴儿不需补充维生素D
   E. 又称为抗佝偻病维生素

6. 治疗小儿惊厥和妊娠呕吐的维生素为（ ）
   A. 维生素K B. 维生素B_{12}
   C. 叶酸 D. 维生素B_6
   E. 维生素E

7. 成人及儿童缺乏哪种维生素会导致眼干燥症（ ）
   A. 维生素B_1 B. 维生素B_6
   C. 维生素D D. 维生素A
   E. 维生素C

8. 与胎儿神经管畸形发生相关的，怀孕早期需要补充的维生素为（ ）
   A. 维生素K B. 维生素B_{12}
   C. 叶酸 D. 维生素B_6
   E. 生物素

9. 参与凝血因子合成的维生素为（ ）

A. 维生素K　　B. 维生素D
C. 维生素PP　　D. 维生素B_6
E. 维生素C

10. 下列哪一种是脂溶性维生素（　　）
A. 泛酸　　B. 烟酸
C. 胆钙化醇　　D. 叶酸
E. 生物素

二、简答题

1. 简述维生素缺乏症的主要原因。
2. 巨幼细胞贫血可能与哪些维生素的缺乏有关?

（段正秀）

第4章
核酸的结构与功能

学习目标

1. 素质目标　培养严谨求实的科学精神和敬畏生命的人文情怀，提升职业素养。

2. 知识目标　掌握核酸的组成成分，DNA的结构与功能；熟悉三种RNA的结构特点与功能，DNA的变性与复性，核酸分子杂交；了解重要的游离核苷酸、核酸的理化性质及应用。

3. 能力目标　具有运用核酸的元素组成特点解释定磷法进行核酸定量检测的原理，运用DNA变性与复性，解释核酸分子杂交原理及在生活中的应用能力。

核酸（nucleic acid）是生物体内重要的生物大分子，是遗传的物质基础。1868年，瑞士青年科学家米歇尔（F.Miescher）从脓细胞核中提取出一种有机物，称为核素，后发现其呈酸性，改称核酸。

核酸可分为脱氧核糖核酸（deoxyribonucleic acid，DNA）和核糖核酸（ribonucleic acid，RNA）两类。真核细胞中，DNA主要分布于细胞核中，是遗传信息的载体；RNA主要分布于细胞质中，参与遗传信息的传递与表达。原核细胞中，DNA集中在核区，RNA存在于细胞质中。在某些病毒中，RNA也可作为遗传信息的载体。

考点：核酸的分类和主要功能

第1节　核酸的分子组成

一、核酸的元素组成

核酸由碳、氢、氧、氮、磷5种元素组成，其中磷的含量相对恒定，平均为9.5%，这是定磷法进行核酸含量测定的理论基础。

考点：核酸元素组成的特点

二、核酸的组成成分

核酸在酶的作用下水解可得到核苷酸，核苷酸继续水解得到三类组成成分：碱基、戊糖和磷酸（图4-1）。

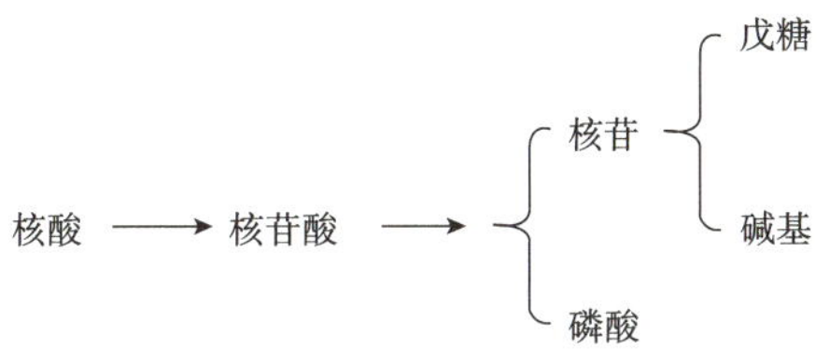

图4-1　核酸的组成成分

（一）碱基

核酸中的碱基可分为嘌呤（purine）和嘧啶（pyrimidine）两类，呈弱碱性，故称为碱基。

常见的嘌呤有腺嘌呤（adenine，A）和鸟嘌呤（guanine，G），嘧啶有胞嘧啶（cytosine，C）、胸腺嘧啶（thymine，T）和尿嘧啶（uracil，U），其结构见图4-2。DNA中一般含A、G、C、T，RNA中一般含A、G、C、U。

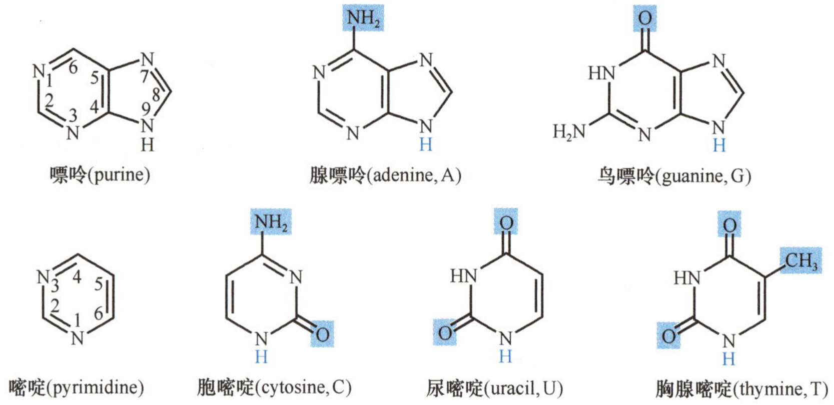

图4-2 常见碱基的结构式

核酸中还有一些含量甚少的碱基，称为稀有碱基。稀有碱基种类很多，是常见碱基的衍生物，如黄嘌呤（X）、次黄嘌呤（I）、二氢尿嘧啶（DHU）、假尿嘧啶（Ψ）等（图4-3），主要存在于RNA中。

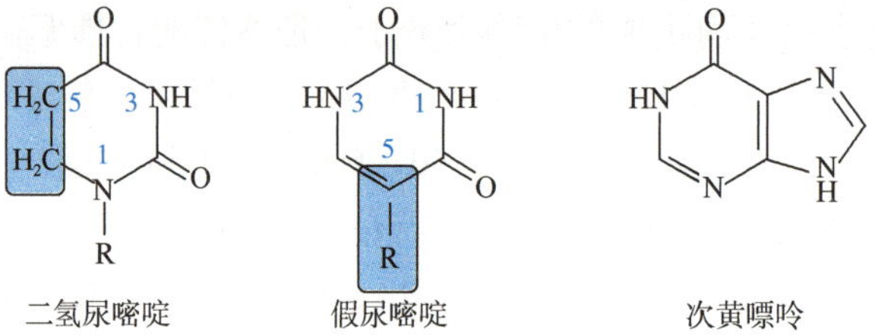

图4-3 常见的稀有碱基的结构式

（二）戊糖

核酸中的戊糖有两种：核糖（ribose）和脱氧核糖（deoxyribose）。

所含戊糖不同是核酸分类的依据，RNA中含有*D*-核糖，DNA中含有*D*-2-脱氧核糖。两者的区别在于C-2′所连接的基团不同，*D*-核糖为羟基，*D*-2-脱氧核糖为氢原子（图4-4）。

为了与碱基中各原子区别，戊糖中各原子编号常带′。

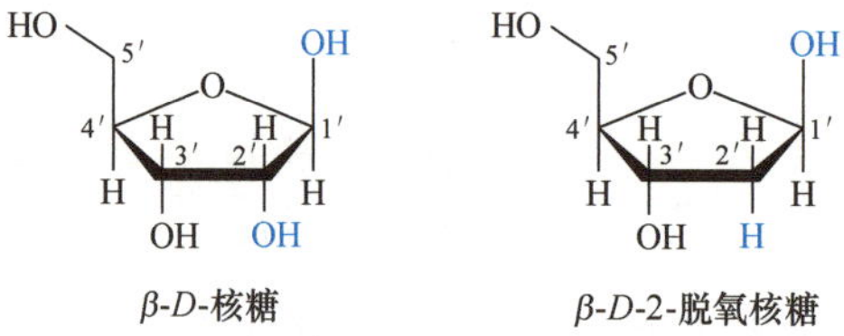

图4-4 戊糖的结构式

（三）磷酸

DNA和RNA中均含有磷酸，磷酸结构式如图4-5所示。

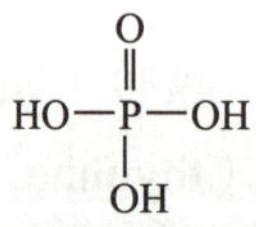

图4-5 磷酸的结构式

考点： 核酸的组成成分

三、核酸的基本结构单位——核苷酸

（一）核苷

核苷是由嘌呤第9位N原子上的H或嘧啶第1位N原子上的H与戊糖C-1′位的羟基脱水缩合形成糖苷键连接而成。按戊糖的不同可分为核糖核苷和脱氧核糖核苷。

RNA中含核糖核苷，主要有腺苷、鸟苷、胞苷和尿苷。DNA中含脱氧核糖核苷，主要有脱氧腺苷、脱氧鸟苷、脱氧胞苷和脱氧胸苷。

（二）核苷酸

核苷酸由核苷分子中戊糖的C-5′羟基与磷酸通过脱水缩合形成的酯键相连形成。一分子碱基、一分子戊糖及一分子磷酸构成的核苷酸称为核苷一磷酸，可分为核糖核苷一磷酸（NMP）和脱氧核苷一磷酸（dNMP）。

NMP是RNA的基本结构单位，包括腺苷一磷酸（AMP）、鸟苷一磷酸（GMP）、胞苷一磷酸（CMP）、尿苷一磷酸（UMP）。

dNMP是DNA的基本结构单位，包括脱氧腺苷一磷酸（dAMP）、脱氧鸟苷一磷酸（dGMP）、脱氧胞苷一磷酸（dCMP）、脱氧胸苷一磷酸（dTMP），dTMP结构如图4-6所示。

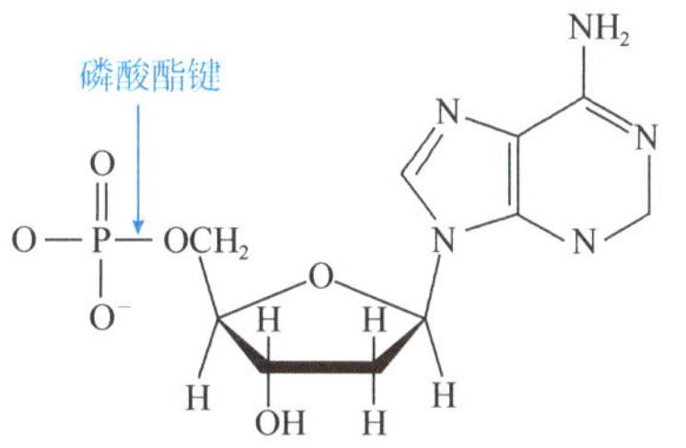

图4-6　dTMP的结构式

DNA与RNA的组成成分及基本组成单位比较见表4-1。

表4-1　DNA和RNA的组成比较

比较项目	DNA	RNA
主要碱基	A、G、C、T	A、G、C、U
戊糖	*D*-2-脱氧核糖	*D*-核糖
是否含有磷酸	是	是
基本结构单位	dAMP、dGMP、dCMP、dTMP	AMP、GMP、CMP、UMP

考点：核酸的基本结构单位

四、体内重要的游离核苷酸

核苷酸在体内除构成核酸外，还存在多种游离的核苷酸及其衍生物，参与物质代谢调节和细胞信号转导。

（一）多磷酸核苷酸

多磷酸核苷酸包括核苷二磷酸（NDP/dNDP）和核苷三磷酸（NTP/dNTP），它们分别含有两个和三个磷酸。磷酸基与磷酸基之间形成酸酐键，酸酐键水解时释放较多的能量，称为高能键，用～表示。核苷二磷酸含1个高能键，核苷三磷酸有2个高能键。多磷酸核苷酸广泛参与人体内物质代谢和能量代谢，其中腺苷三磷酸（ATP）的作用尤为重要，ATP结构式如图4-7所示。

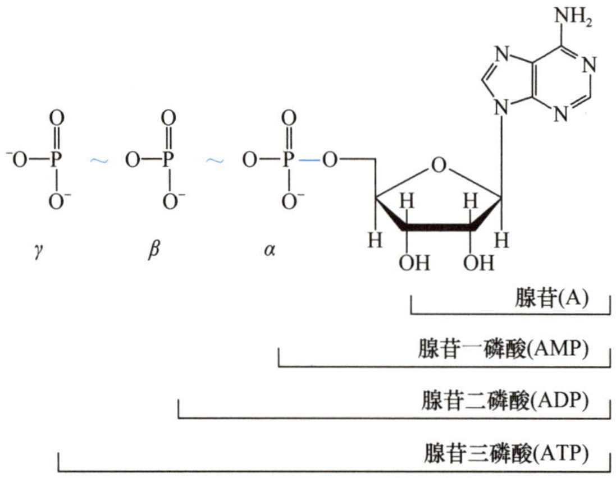

图4-7 ATP的结构式

ATP是体内一切生命活动能量最主要的直接供给体。NTP和dNTP分别是合成RNA和DNA的原料。

（二）环化核苷酸

细胞中普遍存在两种环化核苷酸：3′，5′-环腺苷酸（cAMP）和3′，5′-环鸟苷酸（cGMP），其结构式见图4-8，它们可作为第二信使，在细胞信号转导中发挥重要作用。

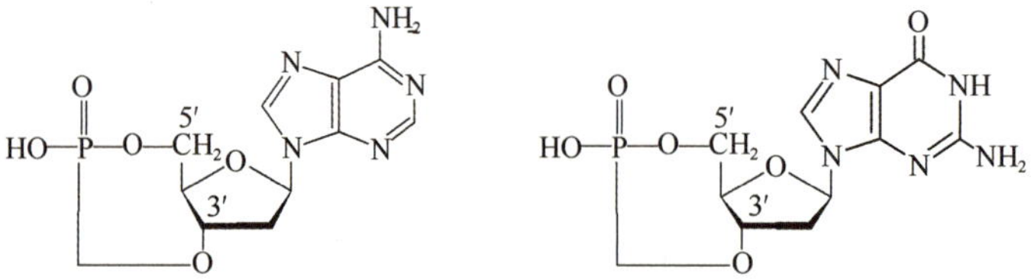

图4-8 cAMP和cGMP的结构式

（三）辅酶类核苷酸

一些核苷酸的衍生物是重要的辅酶或辅基，如AMP参与构成的辅酶Ⅰ（NAD^+）、辅酶Ⅱ（$NADP^+$）和黄素腺嘌呤二核苷酸（FAD），它们是多种脱氢酶的辅酶或辅基，在物质代谢中起着重要的递氢作用。

考点：ATP的结构及功能

五、核酸分子中核苷酸的连接方式

核酸分子中核苷酸是通过3′，5′-磷酸二酯键相互连接的。

一个核苷酸戊糖的C-3′羟基与另一个核苷酸的C-5′磷酸基脱水缩合形成的化学键，称为3′，5′-磷酸二酯键，简称磷酸二酯键。

多个核苷酸通过磷酸二酯键相连，形成的长链状化合物称为多核苷酸链。多核苷酸链中有游离磷酸的一端称为磷酸末端或5′端，有游离羟基的一端称为羟基末端或3′端。书写时，通常将5′端写在左侧，3′端写在右侧。多核苷酸链书写过程中可省略重复出现的戊糖和磷酸，只写出碱基（图4-9）。

考点：3′，5′-磷酸二酯键

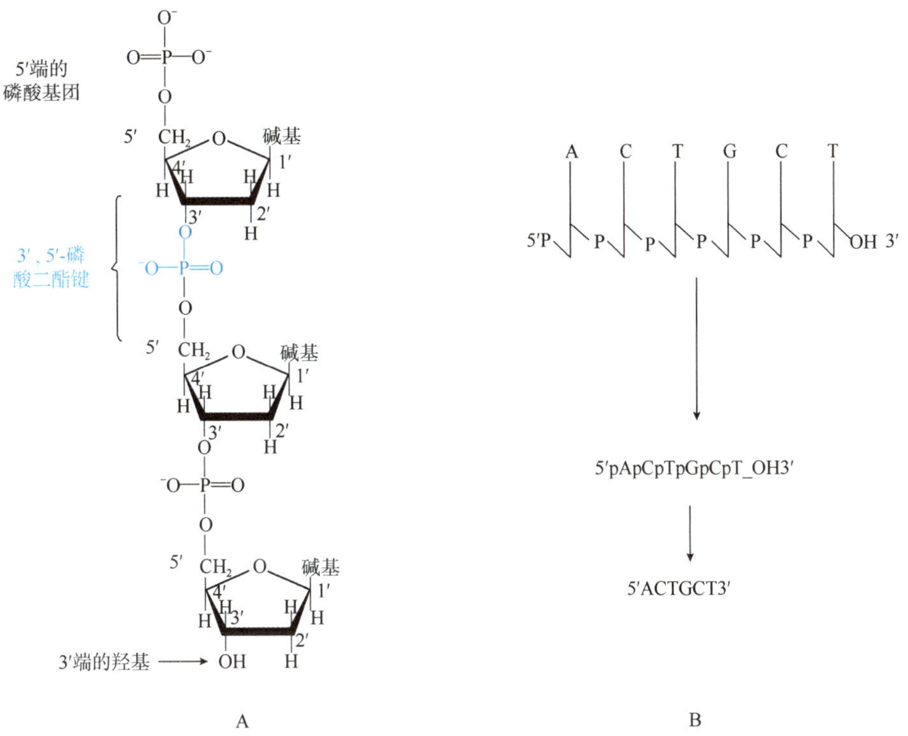

图 4-9 核苷酸的连接方式（A）、核酸一级结构表示法及简写（B）

第 2 节 DNA 的结构及功能

DNA的分子结构分为一级结构和空间结构，空间结构包括二级结构和更高级结构。

一、DNA的一级结构

DNA的一级结构（primary structure）是指DNA分子中脱氧核糖核苷酸的排列顺序，即核苷酸序列。

DNA碱基序列中蕴藏着遗传信息，测定DNA的碱基序列有助于了解DNA分子中的遗传信息，从而揭示生命的奥秘。

考点：DNA的一级结构的概念

链 接 人类基因组计划

人类基因组计划（Human Genome Project，HGP）被誉为生命科学的“登月计划”，于1990年正式启动。美国、英国、法国、德国、日本和我国科学家共同参与了这一规模宏大、跨国跨学科的科学探索工程。HGP的宗旨在于测定人类染色体中所包含的30亿个碱基对组成的核苷酸序列，从而绘制人类基因组图谱，通过辨识其载有的基因及其序列，达到破译人类遗传信息的最终目的。中国所负责区域的测序任务由中国科学院基因组信息学中心、国家人类基因组南方中心、国家人类基因组北方中心共同承担，测定了3.84亿个碱基。2003年4月15日，美、英、日、法、德、中6国领导人联名发表《六国政府首脑关于完成人类基因组序列图的联合声明》，宣告人类基因组计划圆满完成，但此时仍有8%的人类基因组处于缺失状态，包括了一些重复的DNA区域及位于染色体中间和末端的着丝粒和端粒。直到2022年4月1日凌晨，在科学家们长达20年的持续努力下，终于完成了人类基因组100%的测序。

二、DNA的空间结构

（一）二级结构

1953年，沃森（Watson）和克里克（Crick）综合了前人的研究成果，提出了DNA双螺旋结构的模型，这一发现被认为是现代生物学和医学发展史的一个里程碑，他们也因此获得1962年的诺贝尔生理学或医学奖。DNA双螺旋结构模型的要点如下（图4-10）。

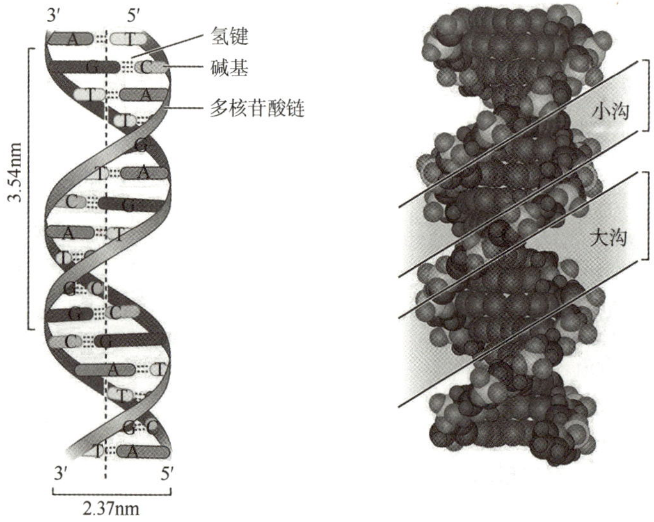

图4-10　DNA双螺旋模型

（1）DNA分子由两条反向平行的多核苷酸链，以右手螺旋方式围绕同一中心轴形成双螺旋结构。磷酸和脱氧核糖交替相连形成了亲水性骨架，位于螺旋外侧，碱基位于螺旋内侧。双螺旋表面有大沟和小沟。

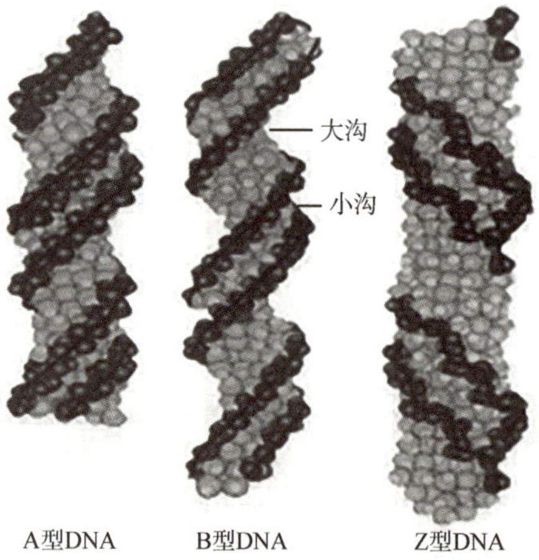

图4-11　三种类型DNA双螺旋结构图

（2）两条链的碱基按照碱基互补规律配对，即A与T配对形成两个氢键，G与C配对形成三个氢键。碱基对平面间相互平行，并与中心轴垂直。两条链彼此称为互补链。

（3）双螺旋的直径为2.37nm，螺距为3.54nm。螺旋每一周平均约有10.5个碱基对，相邻碱基对平面之间的垂直距离为0.34nm。

（4）维持双螺旋结构稳定的因素是氢键和碱基堆积力。碱基堆积力是层叠堆积的碱基平面间的疏水作用形成的一种力。

Watson和Crick提出的DNA双螺旋结构为B型DNA，但其并不是自然界的唯一存在方式。DNA还有另外的结构形式：A型DNA和Z型DNA，其中A、B型为右手螺旋，Z型为左手螺旋，如图4-11所示。

（二）高级结构

原核生物的DNA和真核生物线粒体及叶绿体DNA的二级结构大多是环状双螺旋结构，可进一步盘绕折叠形成超螺旋结构（图4-12），根据旋转的方向不同分为正超螺旋和负超螺旋。

真核生物细胞核DNA呈线状，常与组蛋白结合形成核小体，多个核小体连接形成念珠状，然后再进一步盘绕折叠形成染色单体，在细胞核内组装成染色体（图4-13）。

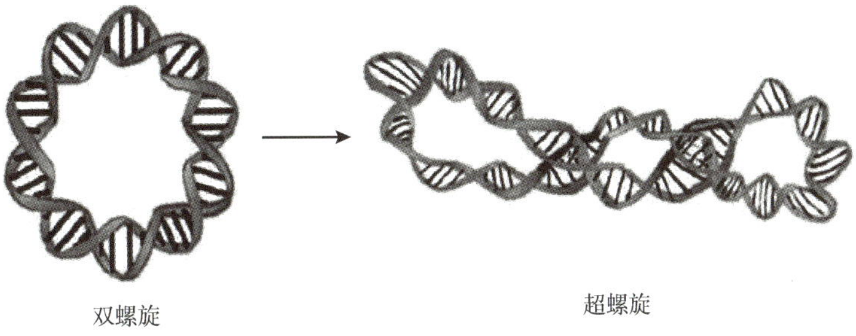

图4-12　环状DNA的双螺旋及超螺旋结构

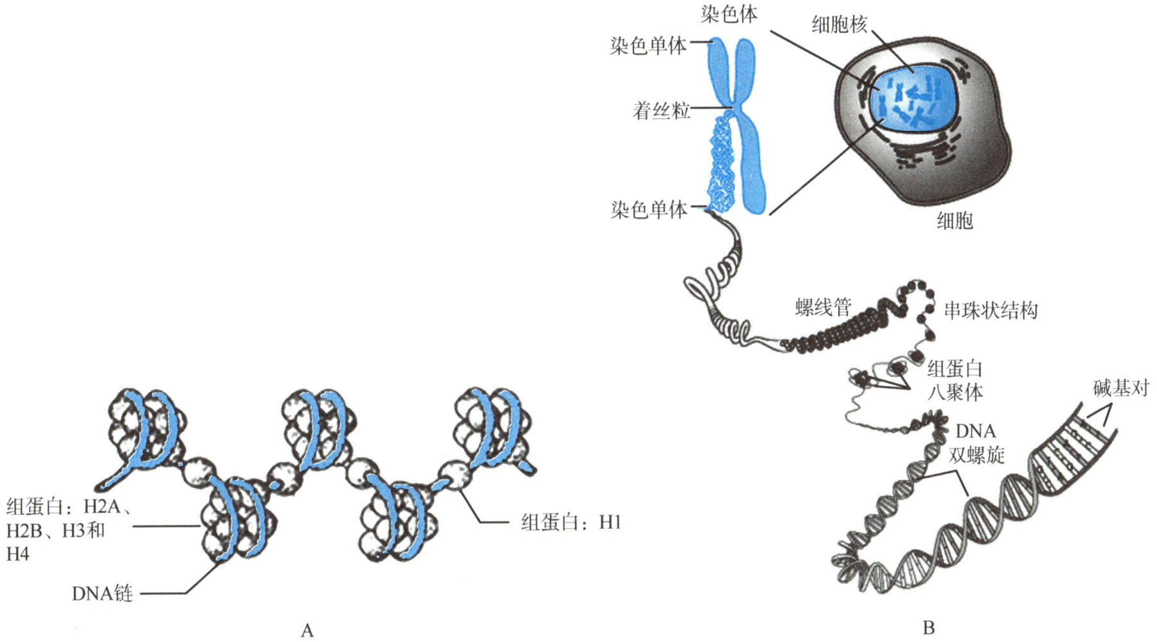

图4-13　真核生物核小体及由DNA到染色体的组装过程
A. 核小体的结构模式图；B. DNA到染色体的组装过程

考点：DNA双螺旋结构模型的要点

第3节　RNA的结构及功能

与DNA相比，RNA分子较小，稳定性差，易被核酸酶水解。RNA通常为单链，链内如有碱基互补的区域可形成局部双螺旋，碱基互补规律是A与U配对，G与C配对，非互补区则形成环状突起，这种结构称为茎环结构或发夹结构。

RNA主要有信使RNA（messenger RNA，mRNA）、转运RNA（transfer RNA，tRNA）和核糖体RNA（ribosomal RNA，rRNA）三种。

一、信使RNA

信使RNA（mRNA）占细胞RNA总量的2%～5%，分子大小差别很大，是细胞内最不稳定的一类RNA。

真核生物成熟的mRNA 5′端具有特殊的“帽结构”，是一个甲基化的鸟苷三磷酸，3′端具有“尾结构”，是由30～200个腺苷酸连接而成的多聚腺苷酸，中间是编码区（图4-14）。编码区的核苷酸序列直接决定蛋白质的氨基酸序列，因此mRNA是蛋白质生物合成的模板。

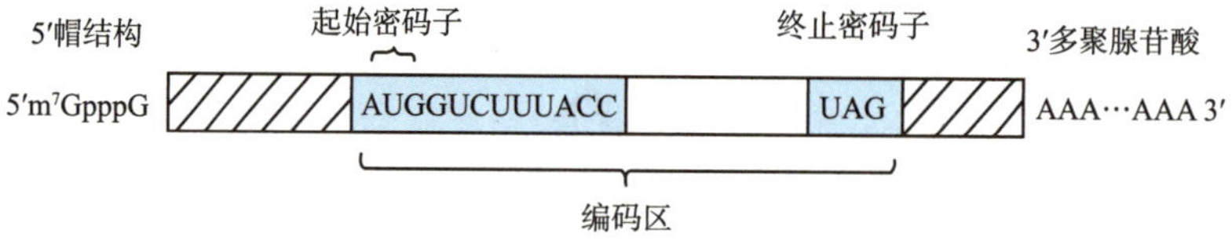

图4-14　真核生物mRNA结构示意图

二、转运RNA

转运RNA（tRNA）约占细胞RNA总量的15%，是3种RNA分子中最小的一种。tRNA一级结构特点为存在多种稀有碱基，如二氢尿嘧啶、次黄嘌呤和甲基化的嘌呤等，且3′端最后3个核苷酸为CCA。

tRNA的二级结构为三叶草形（图4-15A），存在4个局部互补配对的双链区，称为臂；其中最长的一个臂包含5′端和3′端，称为氨基酸臂，3′端可携带氨基酸。非互补区域形成环，分别称为DHU环、TΨC环、反密码环和可变环。反密码环底部由3个核苷酸组成反密码子，可通过碱基互补配对识别mRNA上的密码子。

tRNA的三级结构是在二级结构基础上折叠而成的三维结构，呈倒L形（图4-15B）。

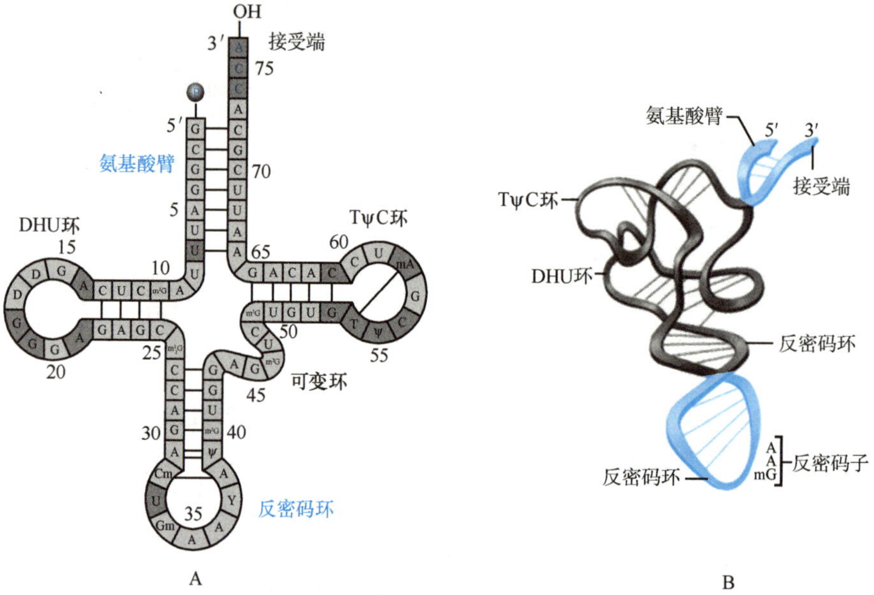

图4-15　tRNA的三叶草形结构（A）和倒L形结构（B）

三、核糖体RNA

核糖体RNA（rRNA）在细胞内含量最多，约占RNA总量的80%以上。rRNA分子也是单链，局部形成双螺旋区域，具有复杂的空间结构。rRNA的二级结构可有多个茎环结构（图4-16），为与蛋白质的结合提供了结构基础。

rRNA的功能是与多种蛋白质组成核蛋白体（或称核糖体），为蛋白质生物合成提供必需的场所。rRNA可与多种蛋白质结合，构成大、小亚基。在蛋白质合成时，大、小亚基结合形成核糖体。原核生物70S的核糖体由30S小亚基和50S大亚基构成；真核生物80S的核糖体由40S小亚基和60S大亚基构成。原核生物与真核生物核糖体结构分别如图4-17所示。

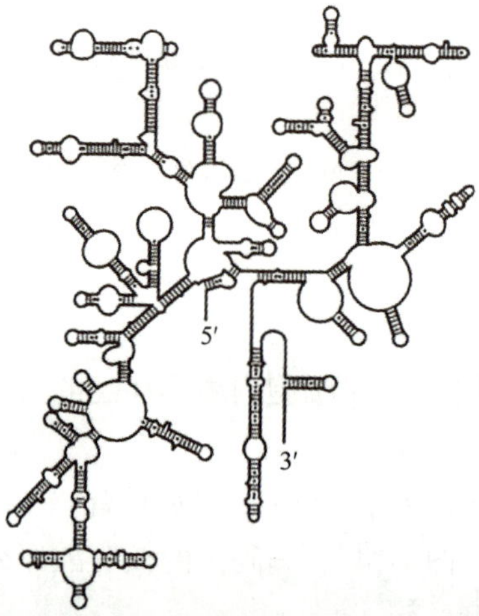

图4-16　原核生物16SrRNA的二级结构

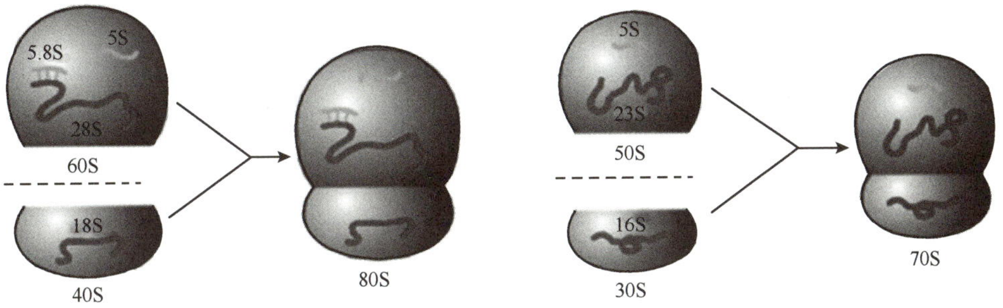

图 4-17 真核生物核糖体（左）和原核生物核糖体（右）结构示意图

考点：三种RNA的结构特点及功能

第 4 节 核酸的理化性质

一、核酸的一般性质

核酸是线性大分子，黏度较大。RNA分子比DNA分子小，因此黏度比DNA小得多。DNA和RNA均属极性化合物，微溶于水，不溶于乙醇、乙醚、氯仿等有机溶剂。核酸是两性电解质，分子中含酸性的磷酸基和碱性的碱基，因磷酸基的酸性较强，故常表现为酸性。

链 接 诺奖风采

弗雷德里克·桑格（Frederick Sanger）是英国生物化学家，被尊为基因学之父，是唯一两次获得诺贝尔化学奖的人。桑格利用自己发明的桑格试剂，完整地测定出胰岛素的氨基酸序列，获得1958 年的诺贝尔化学奖。1975 年，桑格发明一种称为链终止法的技术来测定 DNA 序列，这种方法也称作双脱氧终止法或桑格法，并利用此技术成功测出 O-X174 噬菌体的基因组序列。这项技术是人类基因组计划等研究得以展开的关键之一，使桑格于 1980 年再度获得诺贝尔化学奖。

二、核酸的紫外吸收性质

嘌呤和嘧啶分子中含有共轭双键，因此碱基、核苷、核苷酸和核酸都具有紫外吸收的特征。在中性条件下，核酸的最大吸收峰波长为260nm。利用此特性，可采用紫外分光光度法进行核酸的定性、定量分析。

考点：核酸的紫外吸收波长

三、DNA的变性、复性与分子杂交

（一）DNA的变性

在一定的理化因素作用下，DNA双链互补碱基对之间的氢键断裂，使DNA双链解离成两条单链的现象称为DNA的变性。引起DNA变性的因素很多，如高温、酸、碱、有机溶剂等。实验室常用加热的方法使DNA变性，称为热变性（图4-18）。

DNA变性后，由于双螺旋分子内部的碱基暴露，其紫外吸光度（A_{260}）会大幅增加，称为增色效应。DNA的增色效应与解链程度存在一定的关系，以温度对A_{260}相对值作图，可得到S形DNA解链曲线（图4-19）。通常把热变性时，DNA溶液A_{260}达到最大值一半（即50%DNA变性）时的温度称为该DNA的解链温度（melting temperature，T_m）。T_m与DNA分子大小及所含碱基的G+C比例有关，DNA分子越大，G+C比例越高，T_m也越高。

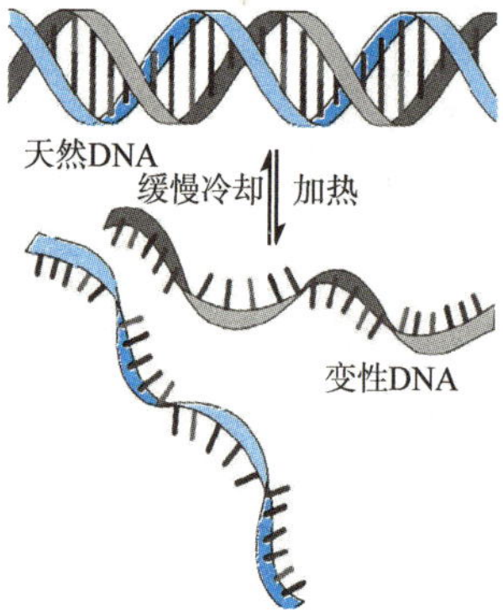

图4-18　DNA变性与复性

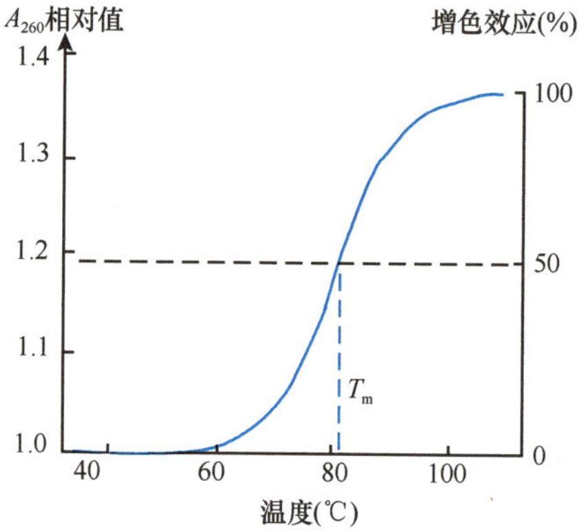

图4-19　DNA解链曲线

（二）DNA的复性

当缓慢去除DNA变性条件时，两条互补单链可重新结合并恢复天然的双螺旋结构，这一现象称为复性。热变性的DNA经缓慢冷却后可复性，称为退火。若加热后迅速冷却至4℃以下，则几乎不可能发生复性，可用这个方法保持DNA的变性状态。

（三）核酸分子杂交与探针技术

核酸分子杂交是指在核酸复性过程中，将不同来源的单链核酸分子结合形成杂化双链的过程。杂交可发生在DNA-DNA、RNA-RNA和DNA-RNA之间。分子杂交技术的基础是利用核酸的变性与复性，具有互补序列的不同来源的核酸分子，按碱基互补规律可结合在一起。例如，探针技术，将一段带有放射标记或化学标记的寡核苷酸链作为探针，与变性的待测DNA一起温浴，若二者存在互补序列，便会形成杂交双链，可通过标记被检测出（图4-20）。

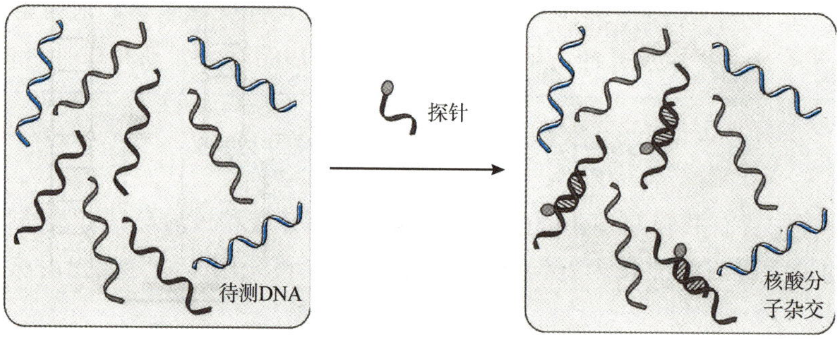

图4-20　核酸分子杂交与探针技术

核酸分子杂交已被广泛应用于分子生物学和医学中，在临床疾病的基因诊断和基因治疗等方面有着广泛的用途。

考点：DNA变性的概念、T_m的概念

链接　DNA指纹技术

人类DNA分子中存在着高度重复的序列，不同个体重复单位的数目不同，差异很大，但重复序列两侧的碱基组成高度保守，且重复单位有共同的核心序列。因此，针对保守序列选择同一种限制性核酸内切酶，针对核心序列设计探针，将人基因组DNA经酶切、电泳、分子杂交及放射自显影等处理，可获得杂交图谱，杂交图谱上的杂交带数目和分子量大小具有个体差异性，如同一个人的指纹图形各不相同。因此，把这种杂交图谱称为DNA指纹。DNA指纹技术被广泛应用于物证检测、亲子鉴定、疾病诊断、肿瘤研究等领域。

自　测　题

一、名词解释

1. DNA的一级结构
2. DNA的变性
3. T_m

二、选择题

1. 核酸分子中含量恒定的元素是（　　）
   A. 碳　　B. 氮
   C. 氧　　D. 磷
   E. 氢
2. 下列哪种碱基只存在于RNA而不存在于DNA（　　）
   A. 腺嘌呤　　B. 胸腺嘧啶
   C. 尿嘧啶　　D. 胞嘧啶
   E. 鸟嘌呤
3. 腺苷三磷酸的符号是（　　）
   A. AMP　　B. ADP
   C. ATP　　D. dAMP
   E. GTP
4. 下列与碱基序列CATG互补的DNA片段是（　　）
   A. GUCA　　B. GTAC
   C. ACUG　　D. CATG
   E. CAGT
5. 已知某DNA分子中C的含量为20%，则A的含量为（　　）
   A. 20%　　B. 30%
   C. 40%　　D. 80%
   E. 10%
6. 核酸分子中核苷酸之间的连接方式是（　　）
   A. 2′，3′-磷酸二酯键　　B. 2′，5′-磷酸二酯键
   C. 3′，5′-磷酸二酯键　　D. 肽键
   E. 氢键
7. tRNA二级结构中的两个重要功能部位是（　　）
   A. 反密码臂和反密码环
   B. TΨC环和可变环
   C. TΨC环和反密码环
   D. 氨基酸臂和DHU环
   E. 氨基酸臂和反密码环
8. 单链DNA5′-CGGTA-3′能与下列哪种RNA单链分子进行杂交（　　）
   A. 5′-UACCG-3′　　B. 5′-GCCAU-3′
   C. 5′-GCCAT-3′　　D. 5′-TACCG-3′
   E. 5′-CGGUA-3′

三、简答题

1. 比较DNA和RNA在组成成分及分子结构上的异同。
2. 简述DNA双螺旋结构模型的要点。
3. 简述真核生物mRNA及tRNA一级和二级结构的特点。

（高　云）

第二篇
遗传信息的传递与表达

自然界绝大多数生物的主要遗传物质是DNA，基因（gene）是DNA上携带遗传信息的基本单位，能编码RNA或蛋白质。一个生物体所有遗传信息的总和称为基因组（genome），人类基因的总数约为21 000个，被夹在大量非编码DNA之间，约占整个基因组的3.5%。

然而基因编码出的蛋白质总数却远不止如此，因为蛋白质合成的直接模板是mRNA而不是DNA，而一个基因最终可编码出多种不同结构的mRNA。DNA通过复制将遗传信息传递给子代；通过转录将遗传信息传递给mRNA；由mRNA指导蛋白质的合成，称为翻译。这种遗传信息的传递规律由弗朗西斯·克里克（F.Crick）在1958年首先提出，称为遗传中心法则。1970年，某些RNA致癌病毒遗传信息可由RNA传递给DNA的逆转录过程被发现，以及RNA复制过程的发现，对遗传中心法则进行了补充完善，如下图所示。

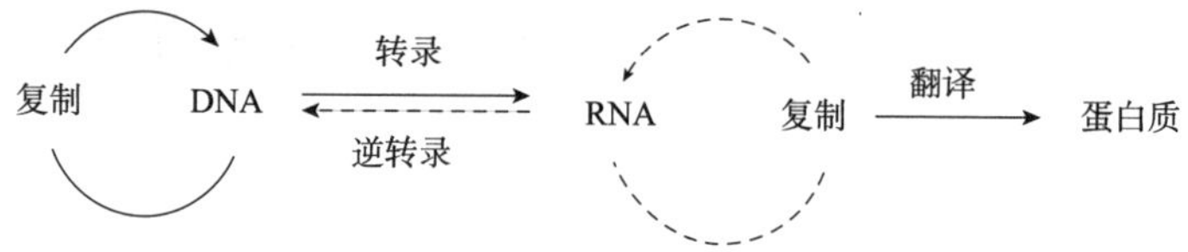

本篇主要介绍以上所述的遗传信息传递规律，大家在学习时重点掌握复制、转录、逆转录和翻译等相关概念、基本规律、原料、产物及特点等。学习过程中请注意它们之间的联系和区别，了解其基本动态过程。

第5章 DNA的生物合成

学习目标

1. 素质目标　通过对DNA生物合成的了解，加强学生对生命本质的认识，树立“敬畏生命”的理念。

2. 知识目标　掌握DNA复制的概念和特点，参与DNA合成的主要物质；熟悉DNA复制的过程；了解逆转录的概念和大体过程。

3. 能力目标　能运用DNA生物合成的相关知识简单解释遗传信息的传递过程，能看懂基因工程领域的一些常规技术。

DNA的生物合成包括DNA的复制、修复及逆转录。DNA的复制是DNA生物合成的主要方式，DNA的修复能使受某些理化因素影响而损伤的DNA恢复正常结构，某些RNA病毒可通过逆转录的方式合成DNA。

一、DNA的复制

DNA的复制（replication）是指以亲代DNA为模板合成相同子代DNA的过程。DNA稳定的自我复制能使DNA的数量成倍增长，是细胞分裂的基础。

（一）DNA复制的体系

DNA的复制是一个相当复杂的过程，需要模板、底物、引物、DNA聚合酶等多种酶类及蛋白质因子的参与，还需要ATP和GTP提供能量。

1. 模板　亲代DNA的两条链。

2. 底物　4种脱氧核糖核苷三磷酸（dATP、dGTP、dCTP、dTTP）。

3. 酶及蛋白质因子　DNA复制过程需要大量酶的参与。

（1）拓扑异构酶　是引起DNA拓扑异构反应的酶。DNA的拓扑结构是指DNA分子的空间结构。拓扑异构酶分Ⅰ型和Ⅱ型。Ⅱ型增加负超螺旋，促进双链解开，有利于复制进行；Ⅰ型减少负超螺旋，复制结束后使DNA缠绕、折叠、压缩。拓扑异构酶的作用贯穿整个复制过程。

（2）解旋酶（helicase）　是将DNA双链解开成单链的酶。解旋酶可辨认复制的起始位点，利用ATP的能量打开DNA双链之间的氢键。

（3）单链DNA结合蛋白（single-stranded DNA binding protein，SSB）　与解开的单链DNA结合，防止其再度螺旋化，维持单链DNA作为模板时的伸展状态，同时避免核酸内切酶对单链DNA的水解。

（4）引物酶　一种RNA聚合酶，可在起始处以DNA链为模板，催化RNA引物的合成。

（5）DNA聚合酶（DNA polymerase，DDDP）　催化4种脱氧核糖核苷三磷酸合成DNA的酶。原核生物有3种，分别为DNA聚合酶Ⅰ、Ⅱ、Ⅲ；真核生物有5种，分别以α、β、γ、δ、ε命名。DNA聚合酶只能催化脱氧核苷酸加到已有核酸链的游离3′-OH上，不能使脱氧核苷酸自身聚合。从引物提供的3′-OH端起始，根据碱基互补原则，逐个催化使合成的DNA链由5′→3′方向延伸。

（6）DNA连接酶　催化相邻的DNA片段以3′，5′-磷酸二酯键连接，连接成完整DNA长链。连接反应需要ATP供给能量，真核生物还需要端粒酶，以补全引物切除后3′-OH端的空缺。

（二）DNA复制的过程

DNA复制的过程可分为起始、延伸、终止三个阶段。下面以大肠埃希菌（大肠杆菌*E. coli*）为例。

1. 起始 DNA的复制从特定部位开始，称为复制起始点。一般情况下，原核生物只有一个复制起始点，真核生物有多个复制起始点，都是双向复制。在复制起始点上，通过解旋酶、拓扑异构酶及其他蛋白质因子等协同作用，先解开一段DNA双链，形成局部的两条DNA单链。解链至一定长度后，单链DNA结合蛋白迅速与作为模板的DNA单链结合，以稳定其分子结构。此时复制起始点的形状像一个叉子，称为复制叉。然后引物酶结合在DNA单链模板的起始处，并催化合成短链RNA引物。引物的生成标志着复制的正式开始，随后DNA聚合酶加入，复制进入延伸阶段。

2. 延伸 从RNA引物的3′-OH端开始，DNA聚合酶Ⅲ逐个将脱氧核糖核苷三磷酸（dNTP）水解成脱氧核糖核苷一磷酸（dNMP），并催化生成3′, 5′-磷酸二酯键，以解开的2条亲代DNA单链为模板，合成2条DNA子链。

由于模板DNA的两条链是反向平行，而DNA聚合酶Ⅲ始终按5′→3′方向进行催化，因此两条子链的走向相反，复制过程也不完全相同。以3′→5′走向的母链为模板的子链，其合成方向与解链方向一致，可连续合成，称为前导链；以5′→3′走向的母链为模板的子链，其合成方向则与解链方向相反，不连续合成，而是合成一些DNA片段，称为冈崎片段。每个冈崎片段的5′起点都要先合成一小段RNA引物，再合成一段DNA（图5-1）。

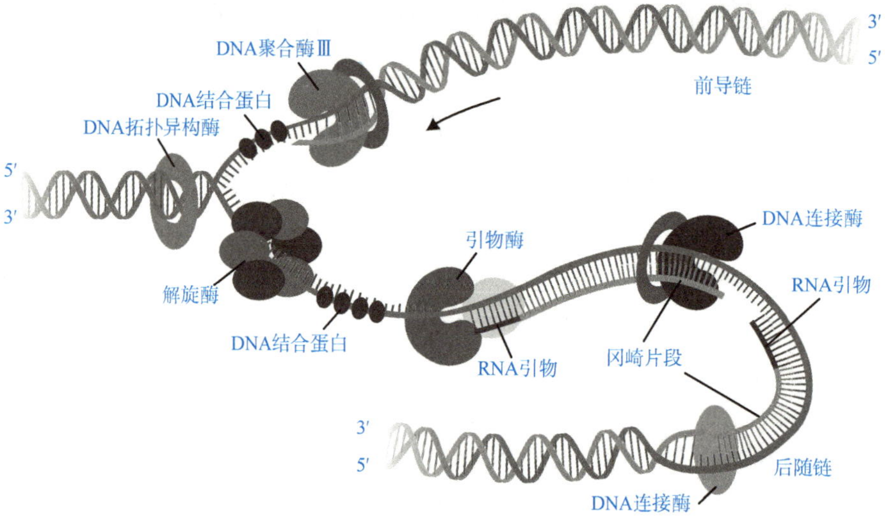

图5-1 DNA复制的过程

3. 终止 DNA聚合酶Ⅰ利用5′→3′外切活性水解除去引物，出现的空缺由前一个冈崎片段提供3′-OH端，继续被DNA聚合酶Ⅰ催化DNA片段延伸至下一个冈崎片段5′-磷酸端；前导链上RNA引物被水解后的空缺由复制到最后的3′-OH端延长填补。最终DNA连接酶将所有片段连接完整，形成连续的子链，那条由冈崎片段连接而成的子链称为后随链。

链 接 聚合酶链反应

在新型冠状病毒感染疫情防控中，不管是全民免费检测，还是对新型冠状病毒感染者的免费治疗，都体现了党和国家对人民群众身体健康和生命安全的重视和关怀。而要从一个小小的咽拭子样本上得到准确的检测结果，最重要的步骤就是聚合酶链反应（polymerase chain reaction, PCR）。PCR是体外特异性扩增一段特定核酸序列的技术，其原理和过程与细胞内DNA复制相似。通过重复进行DNA复制过程，使DNA得以扩增。每次复制包括变性、退火、延伸3个步骤，构成一个循环；每经一个循环，DNA的数量便会增加一倍。送检样本大约做35个循环即扩增2^{35}倍后，辨别所达到的荧光强度阈值，可反推样本中核酸的起始浓度。越早达到阈值的样品病毒浓度最高，以此鉴别其阳性或阴性。

（三）DNA复制的特点

1. 半保留复制 两个新合成的子代DNA分子与亲代DNA分子的碱基顺序完全一样，每个子代DNA中的一条链来自亲代DNA（母链），另一条链是新合成的（子链），这种复制方式称为半保留复制。该复制方式在1958年由Meselson和Stahl利用氮的同位素标记技术在大肠埃希菌中首次证实（图5-2）。

2. 双向复制 DNA复制时在复制起始点的两侧各形成一个复制叉，向两边延伸，随着复制叉的移动最终汇合相连，形成两条DNA链（图5-3）。

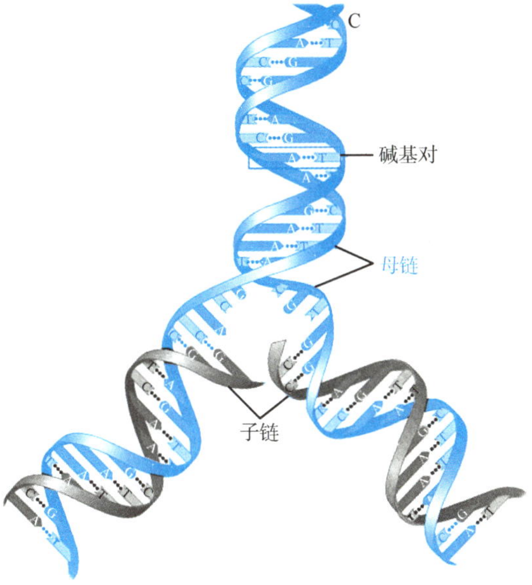

图5-2 DNA半保留复制

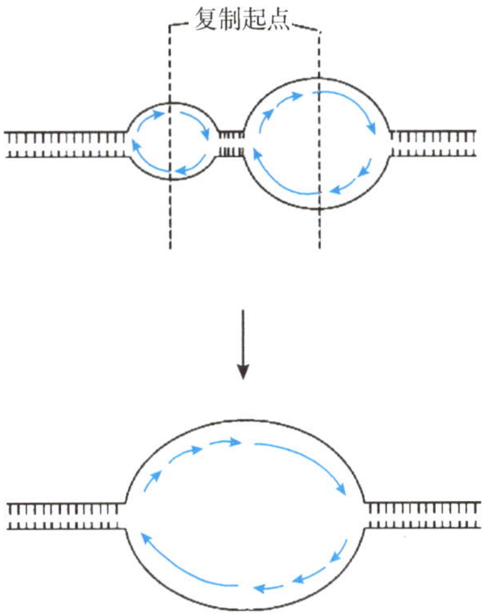

图5-3 DNA双向复制

3. 高保真性 DNA复制的高保真性是遗传信息稳定传递的保证。DNA复制的过程中严格遵循碱基互补配对原则；即使复制出错，DNA聚合酶也可发挥外切酶活性切除错配的碱基。

链 接 DNA复制的真实影像

2017年6月美国加利福尼亚大学通过从大肠埃希菌中提取出单个DNA分子并施加着色剂，成功摄录了单个DNA分子复制的近距离高清无码影像，表明经典的DNA复制模型是不准确的。在真实的DNA复制过程中，每条单链高度独立复制，充满随机性，但最后却能完美与母链相匹配。在镜头中，时而后随链停止运行，但前导链仍继续增长；时而其中一条链突然以数倍正常速度开始复制。此外，DNA甚至可以撇开解旋酶使解链暂停，以便DNA聚合酶赶上进度。这一事实足以引发对生物遗传稳定性的重新思考，其中有太多真相等待我们去探索。

二、逆 转 录

逆转录（reverse transcription）是指以RNA为模板合成DNA的过程，与通常遗传信息流从DNA到RNA的转录过程相反。

逆转录由逆转录酶催化，此酶在逆转录RNA病毒中，具有三种酶的活性。一是具有以病毒RNA为模板，以dNTP为原料，按5′→3′方向合成与模板RNA碱基互补的DNA（互补DNA，cDNA）的活性，cDNA与模板RNA形成RNA-DNA杂交体；二是具有RNA酶的活性，能将RNA-DNA杂交体中RNA水解掉，留下单链cDNA；三是具有以DNA单链为模板合成另一条碱基互补的DNA链，形成双链cDNA分子的活性。新合成的DNA分子最终整合到宿主细胞的染色体中。目前所有已知的致癌RNA病毒都含有逆转录酶（图5-4）。

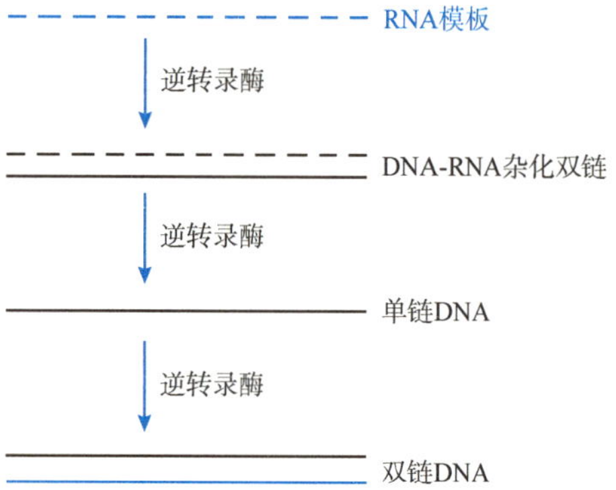

图 5-4 逆转录的过程

链 接 人类免疫缺陷病毒与艾滋病

人类免疫缺陷病毒（human immunodeficiency virus，HIV）是获得性免疫缺陷综合征（AIDS，艾滋病）的病原体，由非洲黑猩猩或其他猿猴所带的猴免疫缺陷病毒（SIV）变异后，传播到人类。HIV 是逆转录 RNA 病毒，通过逆转录生成携带 HIV 遗传信息的 DNA，然后整合到人体的淋巴细胞中，引起人类免疫功能缺陷。艾滋病的传播途径有性接触传播、经血液及血制品传播和母婴传播 3 种，其中性接触传播为主要传播方式。青年学生要养成良好的生活习惯，自觉杜绝 AIDS 传播。

自 测 题

一、名词解释

1. 复制
2. 半保留复制
3. 逆转录

二、选择题

1. 下列关于DNA聚合酶的叙述，错误的是（　　）
   A. 需要模板DNA　　B. 需要引物RNA
   C. 延伸方向为5′→3′　　D. 以NTP为原料
   E. 具有3′→5′外切酶活性
2. 需要以RNA为引物的过程是（　　）
   A. DNA复制　　B. RNA复制
   C. DNA修复　　D. 转录
   E. 逆转录
3. 下列关于DNA复制过程的叙述，正确的是（　　）
   A. 可从模板的起始处直接开始复制
   B. 两条子链的复制过程完全相同
   C. 冈崎片段的合成不需要RNA引物
   D. 从复制起始点单向复制
   E. 前导链的合成是连续的
4. 参与逆转录的酶是（　　）
   A. 拓扑异构酶　　B. RNA聚合酶
   C. DNA聚合酶　　D. DNA连接酶
   E. 引物酶

三、简答题

DNA复制有何特点？

（高　飞）

第6章

RNA的生物合成

学习目标

1. 素质目标　通过对RNA的生物合成的了解，加强学生对遗传信息传递的认识，树立生命至上的理念。

2. 知识目标　掌握转录的概念和特点，参与RNA合成的主要物质；熟悉转录的大体过程；了解真核生物转录后的加工修饰。

3. 能力目标　能清晰比较DNA和RNA生物合成的异同点，能对同一基因出现不同的表达结果做出合理解释。

RNA的生物合成包括转录和RNA的复制。转录（transcription）是以DNA为模板合成RNA的过程。某些RNA病毒也能以自身RNA为模板，通过复制的方式合成新的RNA分子。本章主要介绍转录。

一、转录的体系

1. 模板　DNA双链中的一条链作为模板链，与模板链互补的DNA另一条链称为编码链（图6-1）。某次转录时，只转录DNA的某条链的一个片段，称为转录单位。DNA的两条链不同时作为模板，称为不对称转录。

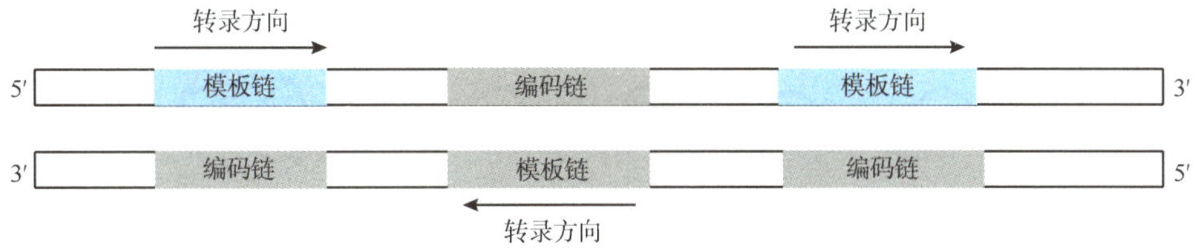

图6-1　模板链与编码链

2. 底物　4种核糖核苷三磷酸（ATP、GTP、CTP、UTP）。

3. 酶及蛋白质因子

（1）RNA聚合酶　又称为依赖DNA的RNA聚合酶。原核生物只有一种RNA聚合酶，负责各种类型RNA的合成。全酶由含5个亚基的核心酶（$\alpha_2\beta\beta'\omega$）和1个σ因子组成。其中σ因子专一性识别转录起始点，核心酶催化核苷酸之间形成磷酸二酯键，使RNA链延伸。

真核生物的RNA聚合酶通常有RNA聚合酶Ⅰ、Ⅱ、Ⅲ3种，转录不同种类的RNA（表6-1）。线粒体和叶绿体内也有RNA聚合酶。

表6-1　真核细胞中3种RNA聚合酶的比较

酶	细胞内定位	转录产物	对α-鹅膏蕈碱的敏感程度
RNA聚合酶Ⅰ	核仁	rRNA前体	不敏感
RNA聚合酶Ⅱ	核质	hnRNA（mRNA前体）	敏感
RNA聚合酶Ⅲ	核质	tRNA前体	存在物种差异

（2）蛋白质因子　真核生物RNA聚合酶启动转录时，不能直接结合DNA，需要先结合一些蛋白质因子，如转录因子（transcription factor，TF），才能辨认和结合转录上游区段的DNA并启动转录。有些原核生物转录终止时，需要一类蛋白质因子ρ的参与。

二、转录的过程

转录的过程可分为起始、延伸和终止3个阶段。下面以大肠埃希菌为例。

1. 起始　转录是从DNA模板的特定部位开始的，RNA聚合酶依靠σ因子识别启动子（promoter）并与之结合。启动子是位于结构基因上游，转录起始点前的一段特殊核苷酸序列，是RNA聚合酶识别、结合并启动转录的部位。随后核心酶与模板结合，形成转录起始复合体，使DNA双链解开约17个碱基对，形成局部单链区域（图6-2A）。新合成的RNA第一个核苷酸多为嘌呤核苷酸GMP或AMP。

2. 延伸　第一个核苷酸结合后，σ因子从全酶上脱落，核心酶沿DNA模板链由3′→5′方向滑动，DNA解链区随之跟进。同时与DNA模板链碱基序列互补的核苷三磷酸逐一加到前一个核苷酸的3′-OH上形成磷酸二酯键，按5′→3′方向合成RNA链（图6-2B）。新合成的RNA链与DNA模板链暂时形成RNA-DNA杂交双链。随着核心酶沿模板不断滑动，前方的DNA双螺旋不断解开，后方的RNA 5′端逐渐与模板分离，模板链与编码链重新形成双螺旋结构，转录泡也随着RNA聚合酶移动至转录终止（图6-3）。

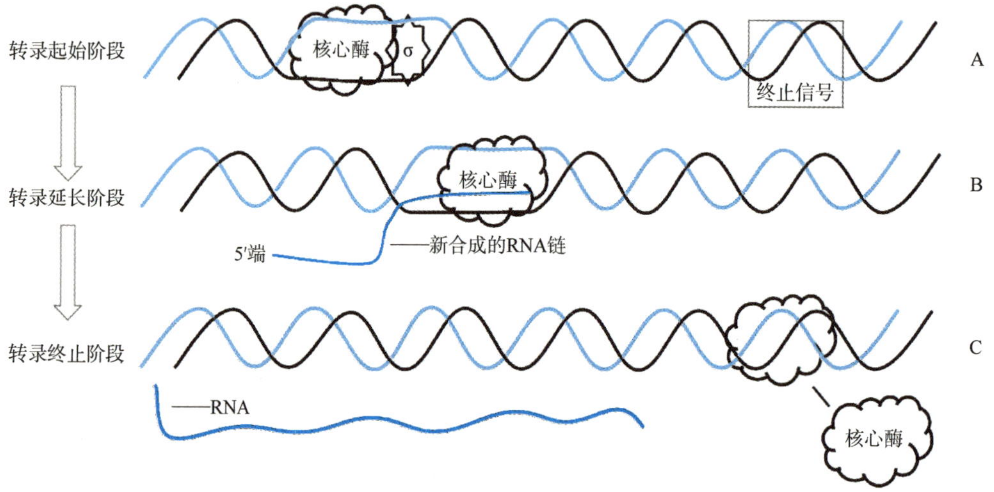

图6-2　转录的过程

A. 起始；B. 延伸；C. 终止

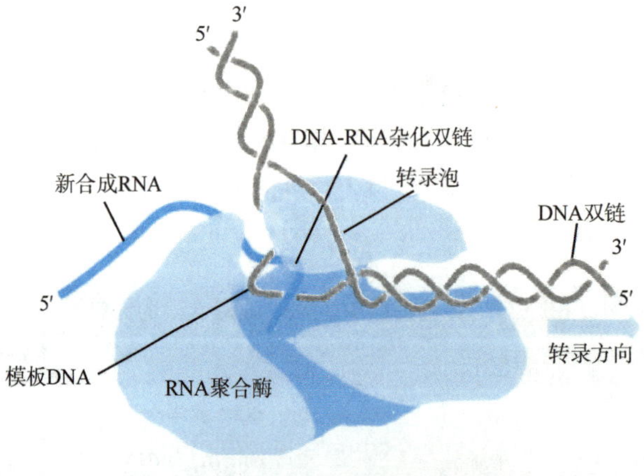

图6-3　转录延伸阶段形成的转录泡

3. 终止 核心酶滑动到DNA模板链的转录终止部位——终止子（terminator），便不再继续前进，聚合反应停止。RNA链与核心酶从转录复合物上脱落，转录过程结束（图6-2C）。脱落的核心酶与σ因子结合重新形成全酶，开始合成新的RNA链。

原核生物转录终止的方式有两种：依赖ρ因子的转录终止和非依赖ρ因子的转录终止。

ρ因子（rho-factor）是由相同亚基组成的六聚体蛋白质，既能帮助RNA聚合酶识别终止子，又能利用ATP提供的能量，使转录完成的RNA链与模板DNA分离，有利于产物从转录复合物中释放。

非依赖ρ因子的终止子结构中常有GC或AT富集区，能阻止RNA聚合酶继续沿模板DNA滑动，促进RNA链与模板DNA分离，终止转录。

4. 加工修饰 真核生物转录后生成的RNA是无生物学活性的初级产物，称为RNA前体，需要经过进一步加工修饰，才能变成具有生物活性的成熟RNA分子。原核生物的mRNA转录后一般不用加工，真核生物的mRNA加工过程较为复杂；而tRNA和rRNA都要经过简单加工。

真核生物的mRNA前体称为核内不均一RNA（hnRNA），其长度与亲本基因的长度大致相等。其中被称为内含子（intron）的没有表达活性的非编码序列被剪切下来，被称为外显子（exon）的具有表达活性的编码序列拼接起来，形成成熟的mRNA（图6-4）。修饰后的最终产物仅是hnRNA的一个小片段，某些成熟mRNA的长度甚至不及其hnRNA的1%。

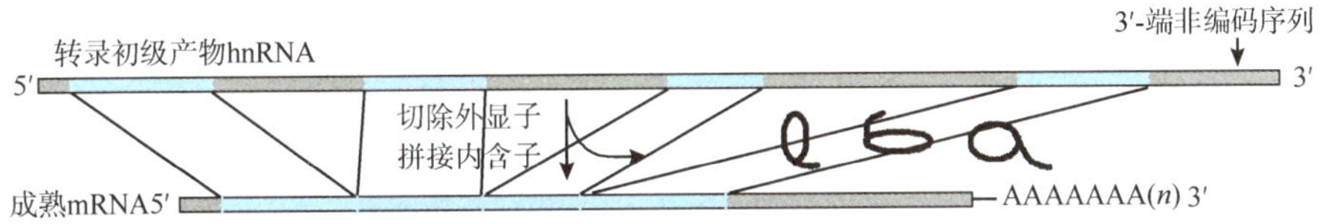

图6-4 内含子的剪切和外显子的拼接

hnRNA可通过选择性剪接，加工成不同外显子组成的mRNA分子，指导产生不同的蛋白质。例如，α-原肌球蛋白hnRNA经不同的选择性剪接之后，其mRNA产物能编码不同蛋白质（图6-5）。基因组中95%以上的基因所产生的hnRNA受选择性剪接的支配。

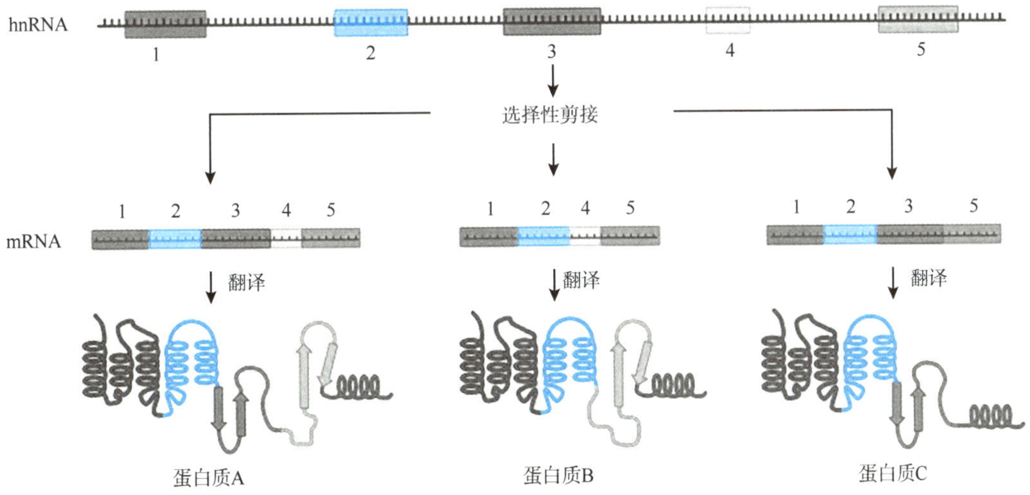

图6-5 hnRNA的选择性剪接

链 接 癌细胞与 hnRNA 的选择性剪接

与正常乳腺细胞相比，乳腺癌细胞中有 41 个 mRNA 显示了不同的选择性剪接形式，这些选择性剪接的 mRNA 可作为这些细胞癌变状态的诊断标志物。在细胞经历上皮 - 间质转化（EMT）的过程中，超过 1000 个 hnRNA 经历了选择性剪接。EMT 是癌细胞用于获得恶性特征的一个重要转分化步骤。此外，小鼠实验表明正常细胞和肿瘤细胞系在外显子和转座子之间存在表达广泛但不同范围的 mRNA 剪接，其中一些具有肿瘤特异性，这为癌症患者的肿瘤靶向和疫苗接种提供了可能性。

自 测 题

一、名词解释

1. 转录
2. hnRNA

二、选择题

1. 下列关于转录的叙述，正确的是（　　）
   A. DNA合成DNA　　B. RNA合成RNA
   C. RNA合成DNA　　D. DNA合成RNA
   E. RNA合成蛋白质
2. 下列不属于转录底物的是（　　）
   A. ATP　　B. GTP
   C. CTP　　D. UTP
   E. TTP
3. 某DNA片段碱基顺序为5′-ACTAGTCAG-3′，其转录生成的RNA碱基顺序为（　　）
   A. 5′-TGATCAGTC-3′
   B. 5′-UGAUCAGUC-3′
   C. 5′-CUGACUAGU-3′
   D. 5′-CTGACTAGT-3′
   E. 5′-CUGACUAGT-3′
4. 参与转录的酶是（　　）
   A. 拓扑异构酶　　B. RNA聚合酶
   C. DNA聚合酶　　D. DNA连接酶
   E. 引物酶

三、简答题

RNA转录有何特点？

（高　飞）

第7章
蛋白质的生物合成

学习目标

1. 素质目标　树立良好的科学思维，培养学生对探索生命现象本质的兴趣，培养学生的科学奋斗精神，增强学生的人文素养，强调伦理认知，加强医学职业道德，厚植家国情怀。

2. 知识目标　掌握翻译、遗传密码的概念及特点，三种 RNA 在蛋白质合成中的作用；熟悉核糖体循环及其意义，蛋白质翻译后加工修饰方式；了解蛋白质合成与医学的关系。

3. 能力目标　学会运用蛋白质的生物合成过程解释生命现象，具有运用理论知识解决临床问题的思维意识。

蛋白质的生物合成过程也称作翻译（translation），是中心法则的最后一个环节。其本质是将mRNA分子中的4种核苷酸序列编码的遗传信息，解读为蛋白质一级结构中20种编码氨基酸的排列顺序。蛋白质的生物合成过程是细胞内最为复杂的活动之一，它是一个涉及数百种分子参与的复杂耗能过程，所消耗的能量占细胞内所有生物合成反应总耗能的90%，生命体的多种生命活动如生长发育、对环境的适应及组织修复等，都与蛋白质的生物合成有关，很多药物就是通过干扰抑制病菌的翻译过程而发挥作用的。

第1节　蛋白质生物合成的体系

蛋白质的生物合成是一种由多种分子参与的复杂过程，除了需要20种基本氨基酸作为原料，mRNA、tRNA、rRNA分别作为模板、“装配机”和“适配器”外，还需要多种蛋白质因子、酶类、功能物质和某些无机离子的参与。

一、蛋白质生物合成的基本原料

蛋白质生物合成的基本原料是20种编码氨基酸。

二、蛋白质生物合成所需的酶和蛋白质因子

1. 酶　主要有3种酶，包括氨酰tRNA合成酶、转肽酶、转位酶等。

（1）氨酰tRNA合成酶　在ATP存在时，催化氨基酸活化及与相对应的tRNA识别结合，形成氨酰tRNA。该酶具有绝对特异性，是保证翻译准确性的关键因素。

（2）转肽酶　是核糖体大亚基的组分，属于核酶，可催化核糖体P位上的肽酰基转移至A位氨酰tRNA的氨基上，使酰基和氨基缩合形成肽键。当其受释放因子作用后发生变构，表现出酯酶水解活性，将P位上的肽链与tRNA分离。

（3）转位酶　存在于延长因子G中，催化核糖体向mRNA的3′端移动一个密码子的距离，下一个密码子进入A位。

2. 蛋白质因子　包括起始因子、延伸因子、释放因子。

（1）起始因子（initiation factor，IF）　是一些与多肽链合成起始有关的蛋白质因子。

（2）延伸因子（elongation factor，EF） 主要促使氨酰tRNA进入核糖体的A位，促进转位过程。

（3）释放因子（releasing factor，RF） 识别mRNA上的终止密码子，诱导转肽酶转变为酯酶，表现出酯酶水解活性，使肽链从核糖体上释放。

三、供能物质及无机离子

蛋白质的生物合成需要ATP和GTP提供能量，还需要Mg^{2+}和K^{+}参与。

四、三类RNA在蛋白质生物合成中的作用

（一）mRNA

mRNA为蛋白质生物合成的直接模板。原核生物mRNA常以多顺反子的形式存在，即几种功能相关的蛋白质编码信息常构成一个转录单位，指导多条多肽链的合成。真核生物mRNA一般以单顺反子的形式存在，每种mRNA一般只携带一种蛋白质的编码信息，指导一种多肽链的合成。mRNA分子中沿着5′→3′方向，每3个相邻核苷酸组成一组，构成三联体，称为遗传密码（genetic code）或密码子（codon）。密码子代表一个氨基酸或蛋白质合成的起始、终止信号（表7-1）。AUG既编码肽链中的甲硫氨酸，同时又作为肽链合成的起始信号，称为起始密码子（initiation codon）。UAA、UAG、UGA代表多肽链合成的终止信号，称为终止密码子（termination codon）。

表7-1 遗传密码表

第一个核苷酸（5′端）	第二个核苷酸				第三个核苷酸（3′端）
	U	C	A	G	
U	UUU苯丙氨酸	UCU丝氨酸	UAU酪氨酸	UGU半胱氨酸	U
	UUC苯丙氨酸	UCC丝氨酸	UAC酪氨酸	UGC半胱氨酸	C
	UUA亮氨酸	UCA丝氨酸	UAA终止密码子	UGA终止密码子	A
	UUG亮氨酸	UCG丝氨酸	UAG终止密码子	UGG色氨酸	G
C	CUU亮氨酸	CCU脯氨酸	CAU组氨酸	CGU精氨酸	U
	CUC亮氨酸	CCC脯氨酸	CAC组氨酸	CGC精氨酸	C
	CUA亮氨酸	CCA脯氨酸	CAA谷氨酰胺	CGA精氨酸	A
	CUG亮氨酸	CCG脯氨酸	CAG谷氨酰胺	CGG精氨酸	G
A	AUU异亮氨酸	ACU苏氨酸	AAU天冬酰胺	AGU丝氨酸	U
	AUC异亮氨酸	ACC苏氨酸	AAC天冬酰胺	AGC丝氨酸	C
	AUA异亮氨酸	ACA苏氨酸	AAA赖氨酸	AGA精氨酸	A
	AUG*甲硫氨酸	ACG苏氨酸	AAG赖氨酸	AGG精氨酸	G
G	GUU缬氨酸	GCU丙氨酸	GAU天冬氨酸	GGU甘氨酸	U
	GUC缬氨酸	GCC丙氨酸	GAC天冬氨酸	GGC甘氨酸	C
	GUA缬氨酸	GCA丙氨酸	GAA谷氨酸	GGA甘氨酸	A
	GUG缬氨酸	GCG丙氨酸	GAG谷氨酸	GGG甘氨酸	G

注：*位于mRNA起始部位的AUG为肽链合成的起始信号。原核生物的mRNA中起始AUG代表甲酰甲硫氨酸，真核生物的起始AUG代表甲硫氨酸。

遗传密码具有5个重要特点。

1. 连续性 两个相邻密码子之间没有任何间隔，翻译时一般从起始密码子开始沿着开放阅读框（open reading frame，ORF），即从起始密码子到终止密码子的阅读框（图7-1），进行连续“阅读”，直到终止密码子为止。

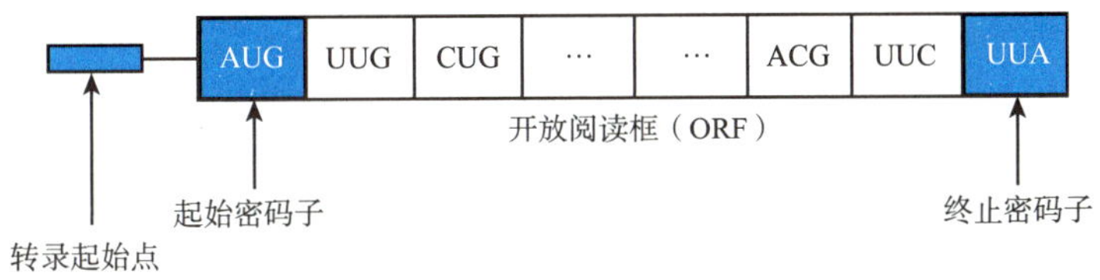

图7-1　开放阅读框

2. 简并性　是指多种密码子编码同一种氨基酸的现象。同一氨基酸的不同密码子互称为简并密码子或同义密码子。密码子的简并性对减少有害突变、保证遗传的稳定性具有一定的意义。

3. 方向性　mRNA具有方向性，翻译时的阅读方向只能是5′→3′，其5′端是起始密码子，连续不断地向3′端阅读，直至终止密码子出现。

4. 通用性　一般而言，生物界的所有物种几乎都使用同一套遗传密码表，称为遗传密码的通用性。有少数例外。

5. 摆动性　翻译时，tRNA反密码子与mRNA上的密码子互补配对（图7-2），但是tRNA第1位碱基与mRNA上密码子的第3位碱基不严格互补，也能互相辨认，称为密码子的摆动性。密码子的摆动性能使一种tRNA识别mRNA的多种简并性密码子。

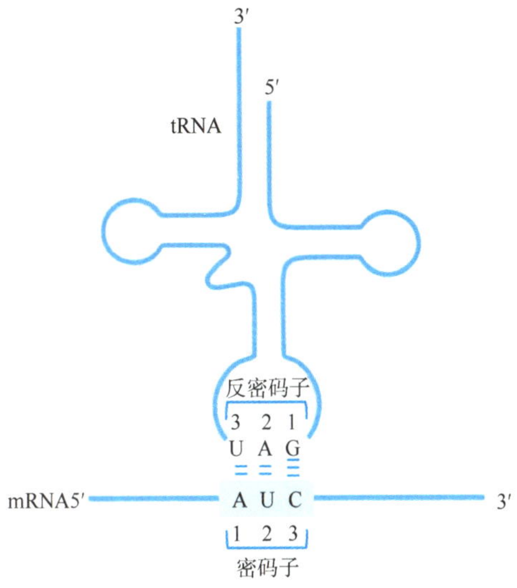

图7-2　密码子的配对

链接　遗传密码的破译

遗传密码的破译是20世纪50年代的一项严密论证。尼伦伯格（M. W. Nirenberg）等推断出64个三联体密码子，并解读出第一个密码子——UUU代表苯丙氨酸。其后，他们又证明CCC、AAA分别代表脯氨酸和赖氨酸。另外，霍拉纳（H. G. Khorana）等确定了半胱氨酸、缬氨酸等密码子。tRNA发现者之一的霍利（R. W. Holley）成功地制备了一种纯的tRNA，标志着有生物学活性的核酸的化学结构的确定。经过多位科学家将近5年的共同努力，于1966年确定了64个密码子的意义。Nirenbreg、Khorana和Holley这三位美国科学家因此获得1968年诺贝尔生理学或医学奖。

（二）tRNA

tRNA是蛋白质生物合成的“适配器”兼转运工具。tRNA结构中有两个关键部位：一个是反密码环（mRNA结合部位），另一个是氨基酸臂上的-CCA-OH-3′（氨基酸结合部位）。tRNA氨基酸臂上CCA-OH通过酯键与氨基酸结合，从而特异性地携带并转运氨基酸；反密码环上的反密码子，可决定该tRNA所携带的特定氨基酸并通过碱基配对识别mRNA上的密码子，使其所携带的氨基酸“对号入座”合成多肽链。

（三）rRNA

rRNA与蛋白质结合构成核糖体，作为多肽链生物合成的场所，起到“装配机”的作用。rRNA分子与多种蛋白质共同构成核糖体（ribosome），核糖体由大、小两个亚基组成，其中小亚基有容纳mRNA的通道，可以结合模板mRNA。原核生物大亚基上有3个tRNA结合位点。第一个是受位（acceptor site）或氨酰位（aminoacyl site），简称A位，是氨酰tRNA进入核糖体后占据的位置；第二个是给位（donor site）或肽酰位（peptidyl site），简称P位，是肽酰tRNA占据的位置；第三个是出位

(exit site)，简称E位，是空载tRNA的出口位。真核生物核糖体大亚基中没有E位，其他结合位点与原核生物核糖体大亚基相同。同时大亚基有转肽酶活性，能催化肽键的形成。核糖体大亚基还能结合参与蛋白质合成的多种可溶性蛋白质因子，如起始因子（IF）、延伸因子（EF）、释放因子（RF）等。

第2节　蛋白质生物合成过程

原核生物的翻译过程包括起始、延伸和终止三个阶段，这三个阶段都在核糖体上完成，又被称为广义的核糖体循环。核糖体循环实质是指活化的氨基酸通过氨酰tRNA的方式被携带到核糖体上，以mRNA为模板合成多肽链的过程，是蛋白质生物合成的中心环节。

一、氨基酸的活化

氨基酸的活化是指由ATP提供能量，氨酰tRNA合成酶催化氨基酸与tRNA结合为氨酰tRNA的过程。氨酰tRNA合成酶的绝对特异性保证了翻译的忠实性。其反应如下：

$$\text{氨基酸} + \text{tRNA} + \text{ATP} \xrightarrow{\text{氨酰tRNA合成酶}} \text{氨酰tRNA} + \text{AMP} + \text{PPi}$$

原核生物中，起始氨酰tRNA携带的甲硫氨酸需要甲基化，即形成甲酰甲硫氨酰tRNA；真核生物起始氨酰tRNA是甲硫氨酰tRNA。

二、原核生物的翻译过程

（一）翻译起始

翻译起始阶段主要是实现模板mRNA和起始氨酰tRNA与核糖体结合，形成翻译起始复合物的过程（图7-3）。这一过程需要mRNA、甲酰甲硫氨酰tRNA（fMet-tRNA）、核糖体大、小亚基，3种起始因子及GTP与Mg^{2+}的参与。

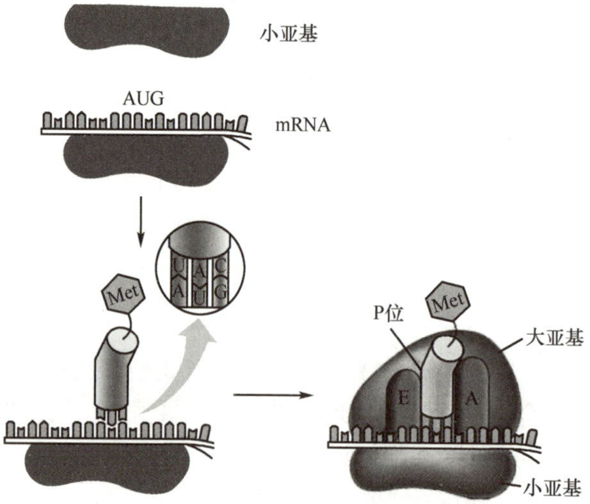

图7-3　原核生物翻译起始复合物的形成

1. 核糖体大小亚基分离　在蛋白质翻译起始时，IF-1、IF-3与核糖体小亚基结合，促进大、小亚基的分离。

2. mRNA在小亚基上定位结合　mRNA连接到核糖体的小亚基上，其5′端的密码子恰好是起始密码AUG。此处AUG除作为甲硫氨酸密码子外，又兼作启动信号，而下游的AUG只代表甲硫氨酸而无启动意义。

3. 起始氨酰tRNA（fMet-tRNA^{fMet}）的结合 在IF-2、GTP、Mg^{2+}参与下，甲酰甲硫氨酰tRNA通过tRNA的反密码子以碱基互补配对关系与小亚基P位的mRNA序列上的起始密码子AUG识别并结合。

4. 核糖体大小亚基结合 核糖体小亚基与mRNA结合后，GTP水解释放能量，使起始因子脱落，加入核糖体的大亚基，形成完整的核糖体、mRNA、fMet-tRNA^{fMet}组成的翻译起始复合物。此时，fMet-tRNA^{fMet}占据大亚基的P位，A位空置，mRNA上的第二组密码恰好对应于A位，以便于第二个氨酰tRNA的进入。

（二）翻译延伸

在翻译起始复合物的基础上，翻译延伸因子参与，按照mRNA上密码子的顺序，各种氨酰tRNA依次进入核糖体上聚合成多肽链的过程，称为翻译延伸。这一过程是3个连续步骤——进位（registration）、成肽（peptide bond formation）、转位（transposition）在核糖体上连续完成的，所以又称为核糖体循环（图7-4）。

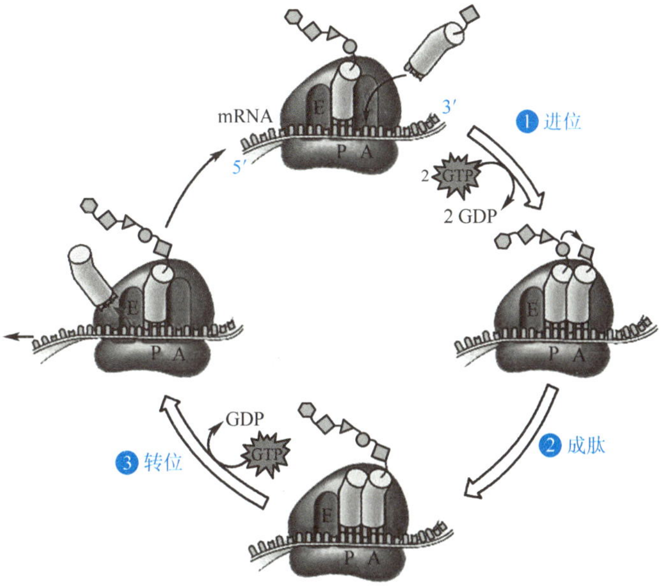

图7-4 核糖体循环

1. 进位（registration） 又称为注册，是按照mRNA链上位于核糖体A位的密码子指导，相应的氨酰tRNA以其反密码子与密码子配对并结合到核糖体A位的过程。

2. 成肽（peptide bond formation） 是在核糖体大亚基上转肽酶的催化下，P位上的肽酰tRNA的肽酰基（第一次延长反应为甲酰甲硫氨酰基）转移到A位上，与A位上氨酰tRNA的氨酰基团的氨基脱水缩合形成肽键的过程。此过程，使新生肽链延长一个氨基酸残基，而原来位于P位的肽酰tRNA失去肽酰基，形成游离的tRNA。

3. 转位（transposition） 在转位酶（主要是EF-G）的催化下，核糖体沿mRNA的5′→3′方向移动一个密码子的距离，使原对应于A位上的密码子连同结合于其上的肽酰tRNA一起移到P位。而与之相邻的下一个密码子对应于A位，A位空出，为另一个氨酰tRNA的进位做好准备。卸载了肽酰基的空载tRNA从E位脱落。

核糖体沿mRNA模板按5′→3′方向移动，连续进行进位、成肽、转位的循环过程。每循环一次，新生肽链由N端向C端增加一个氨基酸，直到终止密码子对应于核糖体的A位为止。

（三）翻译终止

当核糖体沿mRNA移动至终止密码子（UAA、UAG、UGA）对应于A位时，任何氨酰tRNA均不能进位，RF结合于A位，GTP供能，肽链从肽酰tRNA中释放，mRNA、核糖体大小亚基分离，翻译过程终止（图7-5）。

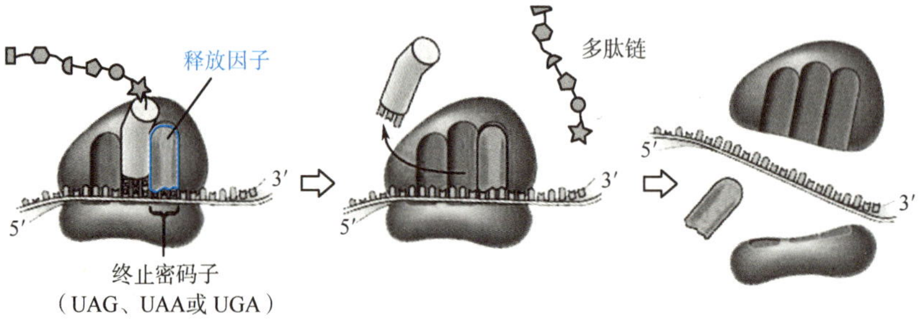

图7-5 翻译终止阶段

三、蛋白质合成后的加工修饰

新合成的多肽链不具备生物学活性，必须经过复杂的加工和修饰过程才能转变成具有天然构象的功能蛋白质，这一过程称为翻译后的加工修饰。常见的蛋白质翻译后加工修饰方式主要包括以下几个方面。

（一）新生肽链的正确折叠

新生肽链在折叠酶（包括蛋白质二硫键异构酶和肽-脯氨酸顺反异构酶）和分子伴侣的作用下正确折叠为天然构象。

（二）一级结构的修饰

1. 肽链N端甲酰甲硫氨酸或甲硫氨酸的切除 由脱甲酰酶或氨基肽酶催化水解切除新生多肽链N端第一个甲硫氨酸或甲酰甲硫氨酸残基，此过程可在肽链延伸过程中或合成后进行。

2. 个别氨基酸的化学修饰 包括二硫键的形成，氨基酸残基的羟基化、甲基化、磷酸化、乙酰化等。

3. 水解修饰 某些肽链合成后只是活性蛋白质的前体，需要在特异性蛋白酶催化下，水解去除部分肽段或氨基酸残基，使分子构象发生改变，才能转变成有活性的蛋白质。例如，酶原的激活、分泌型蛋白质去除N端信号肽，某些肽类激素由无活性的前体转变为有活性的形式等，这些翻译后加工修饰方式都属于多肽链蛋白酶水解修饰的范畴。

（三）空间结构的修饰

1. 亚基聚合 具有多个亚基的蛋白质，在各亚基合成后，还需通过非共价键将亚基聚合成寡聚体，形成蛋白质的四级结构。例如，人血红蛋白分子的$\alpha_2\beta_2$亚基聚合。

2. 辅基的连接 各结合蛋白质及带辅基的酶，在多肽链合成后还需和其他非蛋白质成分连接才能形成完整的活性蛋白质和全酶。例如，脂蛋白、糖蛋白、色蛋白和各种带辅基的酶。

3. 疏水脂链的共价连接 某些膜蛋白质翻译后通过在肽链特定位点将脂链嵌入疏水膜脂双层，定位成为特殊质膜内在蛋白，才能成为有生物活性的蛋白质。

四、蛋白质的生物合成与医药学的关系

蛋白质的生物合成与医药学有密切的关系。蛋白质是构成生物体结构的物质基础，含量大，种类丰富，分布广泛，功能多样，是生物体内多种重要的生命现象和生理活动的直接体现者。当蛋白质合成出现障碍时，将严重影响生物的各项生命活动。同理，利用药物抑制微生物的蛋白质合成，可抑制其生长与繁殖，以达到治疗的目的。

（一）分子病

因基因突变（碱基序列或结构改变）造成蛋白质一级结构改变，进而导致生物体内某些结构和生理功能异常引起的疾病称为分子病。最典型的病症是镰状细胞贫血，患者血红蛋白的β珠蛋白基因中第6位密码子由原来的GAA突变成了GUA（A→U），突变后的密码子翻译合成的血红蛋白β链的N端第6位氨基酸残基由亲水的谷氨酸变成疏水的缬氨酸。谷氨酸是酸性氨基酸，其侧链带负电荷，而缬氨酸的侧链是非极性基团。谷氨酸变为缬氨酸使得血红蛋白分子表面负电荷减少，原来水溶性的血红蛋白容易聚集成丝，导致红细胞变为镰状，极易破碎，造成贫血。而且，镰状细胞缺乏弹性和韧性，进入毛细血管分支容易被弹回，极易导致毛细血管处堵塞，造成血栓。

（二）抗生素和干扰素对蛋白质合成的影响

1. 抗生素（antibiotic） 抗生素中有一类是通过抑制或干扰原核生物蛋白质合成的各个阶段而发挥抑菌作用的。例如，临床常用的氯霉素和红霉素类均能作用于核糖体50S大亚基而影响细菌多肽链合成的成肽阶段；四环素、土霉素、链霉素等则作用于核糖体30S小亚基，干扰进位或导致读码错误而影响蛋白质的合成，起到抑菌作用。

2. 干扰素（interferon，IFN） 是真核细胞被病毒感染后分泌的一类具有抗病毒作用的蛋白质。干扰素能通过调节真核细胞内某些酶的活性，抑制病毒蛋白质合成起始阶段或激活真核细胞内降解病毒mRNA的酶，从而导致病毒蛋白质合成因失去模板而中断。

自　测　题

一、名词解释

1. 遗传密码
2. 翻译
3. 核糖体循环
4. 分子病

二、选择题

1. DNA的遗传信息通过下列何种物质传递到蛋白质（　　）

A. rRNA　　B. tRNA
C. mRNA　　D. DNA
E. 蛋白质

2. 下列哪个选项可作为氨基酸转运工具（　　）

A. rRNA　　B. ssRNA
C. dsRNA　　D. tRNA
E. mRNA

3. 下列哪种密码子既可以作为起始密码子，又可以作为甲硫氨酸密码子（　　）

A. UAA　　B. UAG
C. UGA　　D. AUG
E. AGU

4. 密码子的哪个特性可减少基因突变对蛋白质性状表达的影响（　　）

A. 简并性　　B. 连续性
C. 方向性　　D. 通用性
E. 摆动性

5. 蛋白质生物合成中多肽链的氨基酸排列顺序取决于（　　）

A. 相应tRNA的专一性
B. 相应氨酰tRNA合成酶的专一性
C. 相应mRNA上核苷酸排列顺序
D. 相应tRNA上的核苷酸排列顺序
E. 相应rRNA的专一性

6. 与mRNA中密码子5′-ACG-3′相应的反密码子（5′→3′）是（　　）

A. CGU　　B. CGA
C. UCG　　D. UCC
E. GCU

7. 蛋白质合成过程中识别终止密码子的是（　　）

A. 起始因子　　B. 延伸因子
C. 转肽酶　　D. tRNA
E. 释放因子

三、简答题

1. 简述遗传密码的特点。
2. 简述镰状细胞贫血的病因。
3. 简述蛋白质翻译后加工修饰方式。

（赵玉强）

第三篇
物质代谢与能量转换

物质代谢是生物体内所发生的各种化学变化过程的总称，包括合成代谢和分解代谢。在物质代谢的同时，伴随有能量的变化与转换。人体内的物质代谢是由酶促反应构成的。通常把一系列连续的酶促反应称为一条代谢途径，人体内的代谢就是由众多代谢途径交织而成的复杂酶促反应网络。如下述反应过程所示：

$$A \xrightarrow{E_1} B \xleftrightarrow{E_2} C \xleftrightarrow{E_3} D \xrightarrow{E_{n-1}} \cdots \xleftrightarrow{E_n} Z$$

底物A经过一系列连续的酶促反应生成终产物Z，分别由酶E_1～E_n催化，这就是一条代谢途径。代谢途径中，多数反应是可逆的，少数为不可逆反应。不可逆反应速度一般较慢，决定了整条代谢途径的速度和方向，称为关键步骤（committed step）或限速步骤；催化关键步骤的酶称为关键酶（key enzyme）或限速酶。上述代谢途径的第一步反应A→B是关键步骤，E_1是关键酶。每条代谢途径通常有一个或几个关键步骤，一般来说，代谢途径的第一步反应常为关键步骤。如果调节关键酶的活性，就可能改变代谢途径的进程。因此，关键酶常是药物或毒物的作用位点，也是大家在所有代谢章节学习中应重点掌握的知识点。

本篇主要介绍糖类、脂质、蛋白质及核苷酸四类有机物的代谢及能量的转换机制。其中糖、脂肪、蛋白质是人体的三大能源物质，它们的代谢是生物化学研究的核心内容。掌握各类物质的正常代谢有助于理解各种代谢疾病的发病机制，为疾病的诊断和治疗及新药的研发提供理论依据。

大家在学习本篇内容时，注意轻结构式，重特点；重点掌握各类物质代谢的相关概念、部位、关键酶、产物、ATP生成量、生理意义及相关疾病；关注脱氢部位、耗能部位、产能部位，以便理解能量的计算。

第8章
糖代谢

学习目标

1. 素质目标　培养科学精神、科学素养、团队合作的精神及敬佑生命的情感。

2. 知识目标　掌握糖的主要功能；掌握无氧氧化、有氧氧化及磷酸戊糖途径、糖异生的概念、部位、关键酶及生理意义；掌握血糖的来源和去路；熟悉糖原合成与分解的关键酶及生理意义、血糖水平的调节；了解糖的各代谢反应过程。

3. 能力目标　能将所学知识应用到后续章节及相关专业课程的学习中，学会ATP计算的方法。

糖类（carbohydrates）是指多羟基醛或多羟酮及它们的衍生物或缩聚物组成的一类有机化合物，广泛存在于生物体内。

（一）糖的分类及生理功能

食物中的糖主要来源包括多糖、双糖和单糖等。植物中的多糖主要为淀粉，其次还有纤维素；动物体内的多糖主要为糖原，包括肝糖原和肌糖原。双糖中最常见的为蔗糖、麦芽糖和乳糖等。单糖中的葡萄糖、果糖、半乳糖等对人体最为重要。

糖在人体内有多种重要的生理功能。

1. 氧化供能　是糖的主要功能，人体每日所需能量的50%～70%是由糖氧化提供的。

2. 糖是机体重要的碳源　糖分解代谢的中间产物可在体内转变成多种非糖物质，如非必需氨基酸、脂质和核苷酸等，糖为这些物质提供了碳源。

3. 糖是构成人体细胞结构的重要成分　例如，糖与蛋白质结合形成的糖蛋白或蛋白聚糖是构成结缔组织的成分；糖与脂质结合形成的糖脂是构成神经组织和细胞膜的成分。

4. 糖复合物在体内具有特殊生理功能　例如，免疫球蛋白、补体、某些血型物质和凝血因子等，其化学本质为糖蛋白或蛋白多糖，在体内均发挥其特殊重要的功能。

考点：糖的主要功能

（二）糖的消化吸收

1. 糖的消化　食物中的糖以淀粉为主，在口腔中唾液淀粉酶及肠道中胰淀粉酶催化下，淀粉水解生成麦芽糖、麦芽三糖及临界糊精（4～9个葡萄糖残基构成的寡糖），这三者分别在葡萄糖苷酶及临界糊精酶的作用下生成葡萄糖。在小肠黏膜细胞有蔗糖酶和乳糖酶可分别水解蔗糖和乳糖形成单糖。

2. 糖的吸收　只有单糖能被肠壁吸收。多糖在小肠消化后产生的单糖，包括葡萄糖、半乳糖、果糖等，以葡萄糖最多。葡萄糖首先随血液循环通过门静脉入肝，再随血液循环进入各组织细胞进行代谢。

第1节　葡萄糖的分解代谢

一、糖的无氧氧化

在无氧或缺氧条件下，葡萄糖或糖原分解生成乳酸的过程称为无氧氧化（anaerobic oxidation），也称无氧分解。

无氧氧化全过程在各组织细胞的细胞质中进行，尤其在红细胞和肌肉组织中最为活跃。

（一）无氧氧化的反应过程

无氧氧化由十几步连续的化学反应构成，可分为两个阶段：第一阶段是由6碳（6C）的葡萄糖或糖原分解生成3C的丙酮酸，称为糖酵解（glycolysis）；第二阶段是乳酸生成（图8-1）。

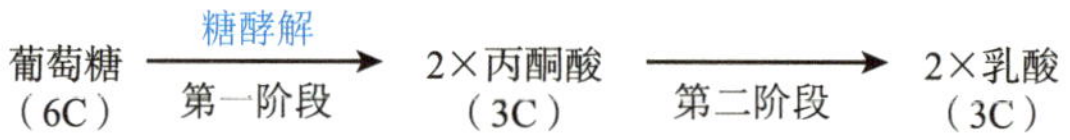

图8-1 无氧氧化的两个阶段

1. 第一阶段——糖酵解 由10步反应构成。

（1）葡萄糖（G）→葡糖-6-磷酸（6-磷酸葡萄糖，G-6-P） 由己糖激酶（肝细胞内为葡糖激酶）催化，消耗1分子ATP，Mg^{2+}是酶的激活剂。此反应为糖酵解的第一个关键步骤，己糖激酶（肝细胞内为葡萄糖激酶）为第一个关键酶。

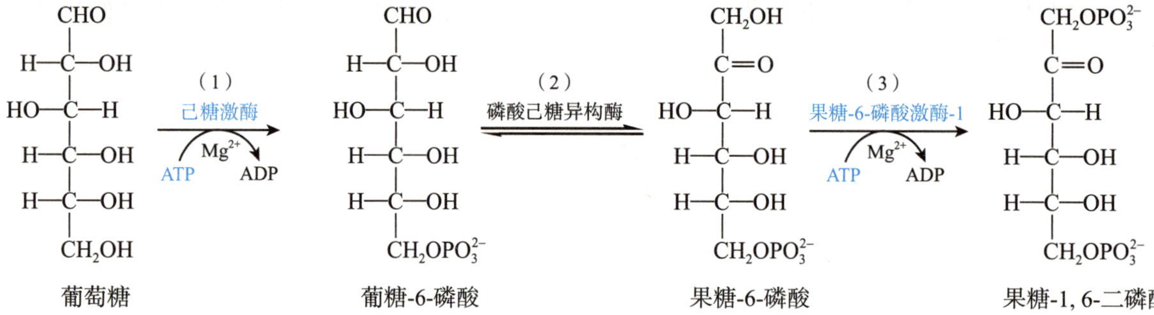

（2）葡糖-6-磷酸→果糖-6-磷酸（6-磷酸果糖，F-6-P） G-6-P在磷酸葡萄糖异构酶（磷酸己糖异构酶）催化下，生成F-6-P，Mg^{2+}是激活剂，反应可逆。

（3）果糖-6-磷酸→果糖-1, 6-二磷酸（1, 6-二磷酸果糖，1, 6-F2P或写成1, 6-FBP） 由果糖-6-磷酸激酶-1（磷酸果糖激酶-1）催化下，消耗1分子ATP，Mg^{2+}是该反应的激活剂。

（4）果糖-1, 6-二磷酸裂解成2个三碳化合物——磷酸二羟丙酮和3-磷酸甘油醛（甘油醛-3-磷酸）此反应由醛缩酶催化。

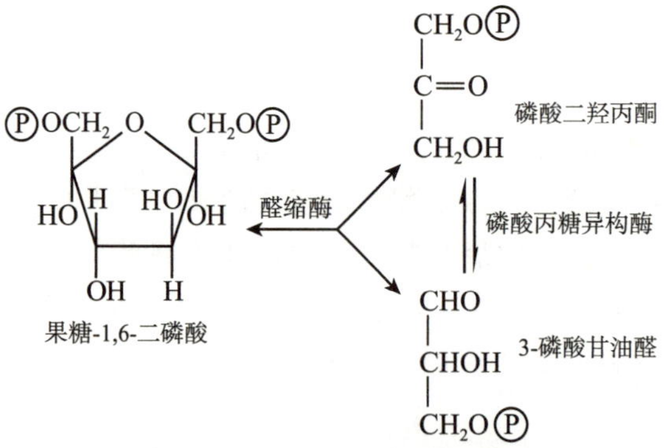

（5）磷酸二羟丙酮与3-磷酸甘油醛异构 二者为同分异构体，在异构酶的催化下可以相互转变。

（6）3-磷酸甘油醛→1, 3-二磷酸甘油酸（1, 3-BPG） 由3-磷酸甘油醛脱氢酶（甘油醛-3-磷酸脱氢酶）催化，3-磷酸甘油醛加磷酸并脱氢氧化生成高能化合物1, 3-二磷酸甘油酸。反应脱下的氢由NAD^+接受生成其还原型$NADH+H^+$，这是糖酵解过程中唯一的一次氧化反应。由于3-磷酸甘油醛不断反应，浓度降低，使得磷酸二羟丙酮不断转变为3-磷酸甘油醛。相当于1分子果糖-1, 6-二磷酸生成了两分子的3-磷酸甘油醛。

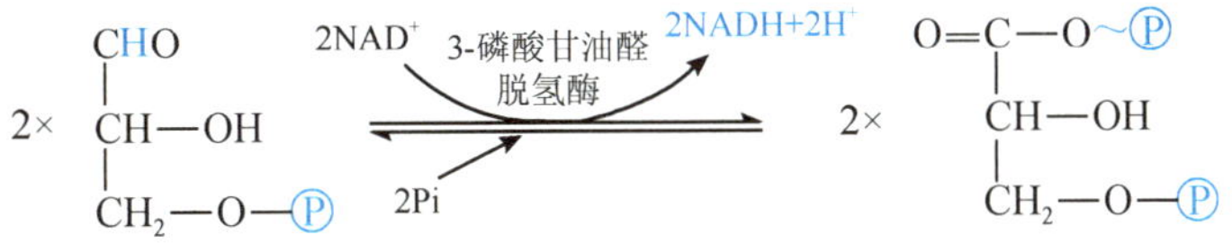

3-磷酸甘油醛　　1, 3-二磷酸甘油酸

（7）1, 3-二磷酸甘油酸→3-磷酸甘油酸（甘油酸-3-磷酸，3-PG） 在磷酸甘油酸激酶催化下，1, 3-BPG转变为3-PG，高能磷酸键转移给ADP生成ATP。这种由底物分子在酶的作用下，将高能磷酸键直接转移给ADP生成ATP的方式，称为底物水平磷酸化。这是生物体内产生ATP的方式之一。

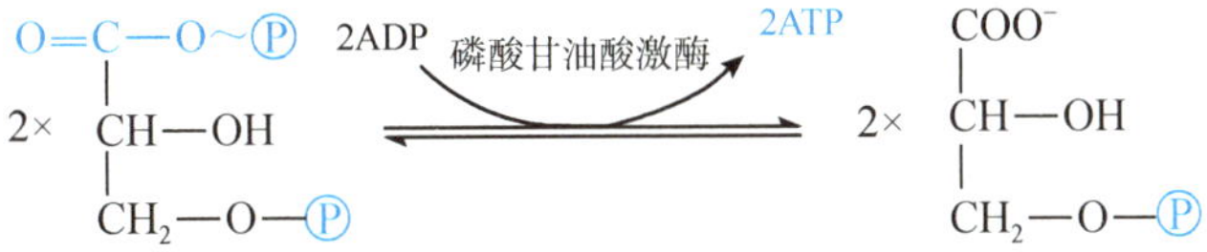

1,3-二磷酸甘油酸　　3-磷酸甘油酸

在红细胞内，存在一个特殊的途径——2, 3-BPG支路：即由1, 3-BPG变位酶催化使1, 3-BPG转变为2, 3-BPG，因1, 3-BPG变位酶为双功能酶，还具有磷酸酶的活性，可继续催化2, 3-BPG转变为3-BPG。正常情况下，2, 3-BPG磷酸酶的活性较低，且2, 3-BPG对1, 3-BPG变位酶具有负反馈作用，由这条支路供能较少。2, 3-BPG支路最重要的意义是调节血红蛋白（Hb）的供氧功能，当血液流经氧分压较低的组织细胞时，2, 3-BPG能降低血红蛋白跟O_2的亲和力，促使氧合血红蛋白（HbO_2）释放O_2到组织细胞。

（8）3-磷酸甘油酸→2-磷酸甘油酸（2-PG） 此反应由磷酸甘油酸变位酶催化，需要Mg^{2+}激活。

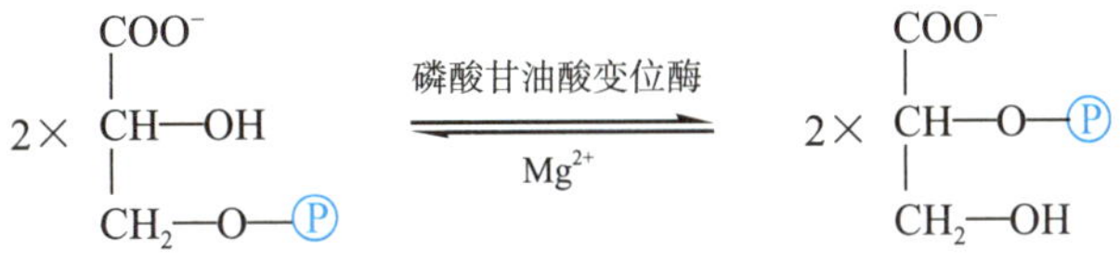

3-磷酸甘油酸　　2-磷酸甘油酸

（9）2-磷酸甘油酸→磷酸烯醇式丙酮酸（PEP） 由烯醇化酶催化，2-磷酸甘油酸脱水生成磷酸烯醇式丙酮酸，同时分子内部的能量重新分配，形成高能磷酸键，磷酸烯醇式丙酮酸为高能化合物。

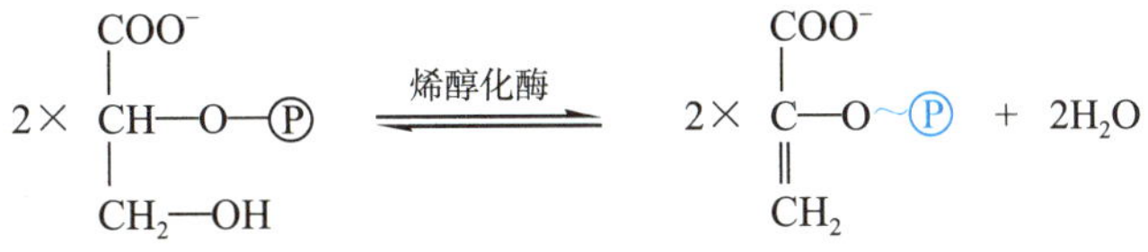

2-磷酸甘油酸　　磷酸烯醇式丙酮酸

（10）磷酸烯醇式丙酮酸→丙酮酸 在丙酮酸激酶催化下，磷酸烯醇式丙酮酸转变为丙酮酸，分子中高能磷酸键转移给ADP生成ATP，这是无氧氧化过程中的第二次底物水平磷酸化反应。

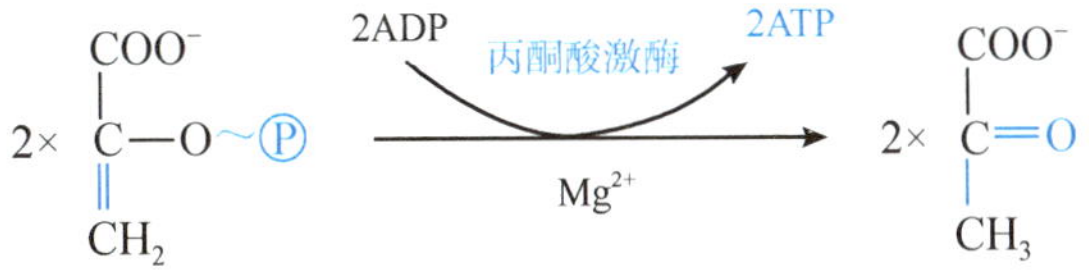

磷酸烯醇式丙酮酸　　丙酮酸

2. 第二阶段——乳酸生成 这是第11步反应，在氧供应不足或机体缺氧时，乳酸脱氢酶（LDH）

催化丙酮酸加氢还原生成乳酸，由NADH+H$^+$提供氢。

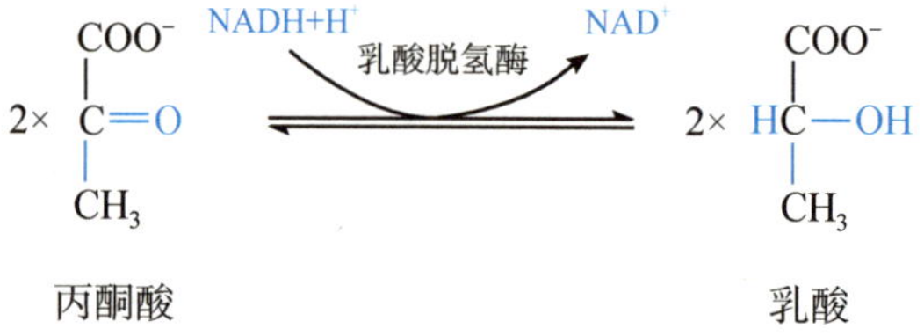

若从糖原开始氧化，则糖原首先在磷酸化酶作用下生成葡糖-1-磷酸（1-磷酸葡萄糖），后者在变位酶作用下生成葡糖-6-磷酸继续反应。糖原的每个葡萄糖单位在分解时，比游离的葡萄糖少消耗1分子ATP。无氧氧化简明过程总结于图8-2中。

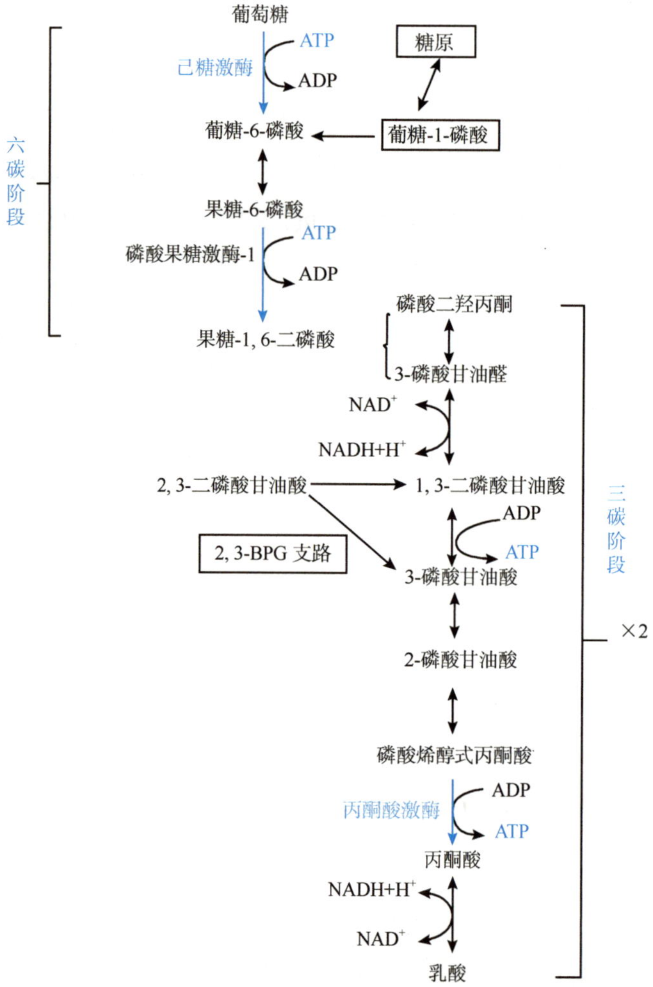

图8-2 无氧氧化简明过程

（二）无氧氧化的特点

1. 无氧氧化的全过程在各组织细胞的细胞质中进行。

2. 无氧氧化全过程仅有1次氧化反应。此反应为3-磷酸甘油醛→1, 3-二磷酸甘油酸的脱氢反应，无氧氧化反应全程无O_2参与。

3. 无氧氧化过程有3个关键步骤和3个关键酶。3个关键步骤依次为：葡萄糖→葡糖-6-磷酸，果糖-6-磷酸→果糖-1, 6-二磷酸和磷酸烯醇式丙酮酸→丙酮酸；催化以上3个关键步骤的3个关键酶依次为：己糖激酶、磷酸果糖激酶-1和丙酮酸激酶。

4. 无氧氧化的终产物是乳酸和ATP 1分子6碳的葡萄糖经无氧氧化后，生成2分子3碳的乳酸，同时净生成2分子ATP。1分子葡萄糖经无氧氧化生成和消耗ATP的部位和数目如表8-1所示，即整个过程中净产生ATP数目为2×2–2=2。若从糖原开始分解，则糖原中1个葡萄糖残基经无氧氧化可净生成3分子ATP。

表8-1 1分子葡萄糖经无氧氧化产生ATP的部位及数目

	生成和消耗ATP的部位	生成ATP数
6碳阶段	葡萄糖→葡糖-6-磷酸	–1
	果糖-6-磷酸→果糖-1, 6-二磷酸	–1
3碳阶段	2×（1, 3-二磷酸甘油酸→3-磷酸甘油酸）	2×1
	2×（磷酸烯醇式丙酮酸→丙酮酸）	2×1
	净生成	2

注：负数为消耗的ATP数，正数为产生的ATP数。

（三）无氧氧化的生理意义

无氧氧化产生的能量虽少，对人体却具有非常重要的生理意义。

1. 无氧氧化能迅速为机体供能，是机体在缺氧条件下获得能量的主要方式 无氧氧化对肌肉组织尤其重要，肌肉组织中的ATP含量较低，肌肉收缩几秒钟就可全部耗尽，即使不缺氧，但葡萄糖进行有氧氧化的过程比无氧氧化长得多，不能及时满足肌细胞需要，最终还要通过无氧氧化供能。

2. 氧供充足时，某些组织和细胞主要依赖无氧氧化供能 正常细胞获得能量的主要方式是有氧氧化，但其主要过程在线粒体内进行。成熟的红细胞无线粒体，即使氧供充足，也完全依靠无氧氧化供能。除此之外，肿瘤细胞、神经元、白细胞、视网膜、肾髓质、皮肤、睾丸等细胞和组织，在正常情况下也依赖无氧氧化供能。

3. 为其他物质的合成提供原料 无氧氧化过程中的中间产物可作为体内其他化合物合成的原料。例如，磷酸二羟丙酮可生成磷酸甘油，参与脂肪合成；乳酸可异生为糖；丙酮酸可以转变为丙氨酸等。

考点：无氧氧化的定义、部位、关键酶、产物和生理意义

二、葡萄糖的有氧氧化

葡萄糖的有氧氧化（aerobic oxidation）是指在有氧条件下，葡萄糖或糖原彻底氧化分解生成CO_2和H_2O并释放大量能量的过程。有氧氧化是葡萄糖氧化分解的主要方式，反应过程在细胞质和线粒体内进行。

医者仁心

不畏挫折的克雷布斯

汉斯·阿道夫·克雷布斯（Krebs）是英籍德裔生物化学家。1932年，他与同事共同发现了尿素合成的过程——鸟氨酸循环。1937年他用鸽子胸肌做实验又提出了三羧酸循环学说，投稿*Nature*却被拒稿。后改投荷兰一杂志后被迅速采用。三羧酸循环学说是糖、蛋白质、脂肪等代谢联系的重要环节，被公认为代谢研究的里程碑，克雷布斯也因此获得了1953年诺贝尔生理学或医学奖。此后，克雷布斯常用被拒稿的故事激励年轻学者专注于自己的研究兴趣，坚持自己的学术观点，不盲从，不轻言放弃。

（一）葡萄糖有氧氧化的反应过程

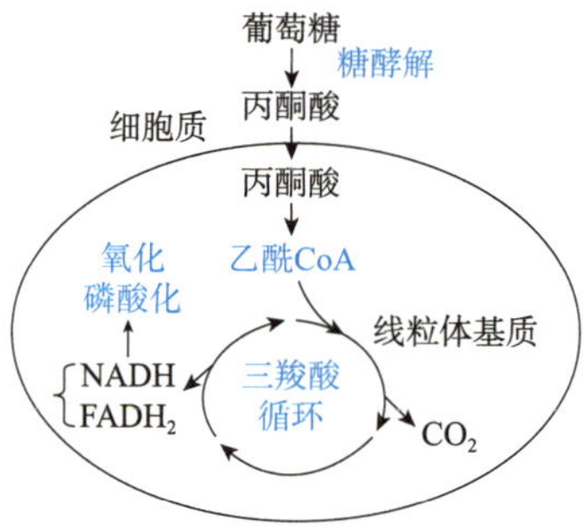

图8-3　有氧氧化的阶段及部位

有氧氧化由二十多步连续的化学反应构成，常划分为四个阶段，第一阶段在细胞质，其余3个阶段均在线粒体内进行（图8-3）。

1. 第一阶段——糖酵解　与无氧氧化的第一阶段相同，1分子葡萄糖分解为2分子丙酮酸。

2. 第二阶段——丙酮酸氧化脱羧生成乙酰CoA　丙酮酸由细胞质进入线粒体内，在丙酮酸脱氢酶复合体的催化下，经过5步连续的化学反应，脱氢又脱羧生成乙酰CoA。脱掉的羧基生成CO_2，脱下的2H最终由NAD^+接受成为$NADH+H^+$，整个反应过程是不可逆的，丙酮酸脱氢酶复合体是关键酶。

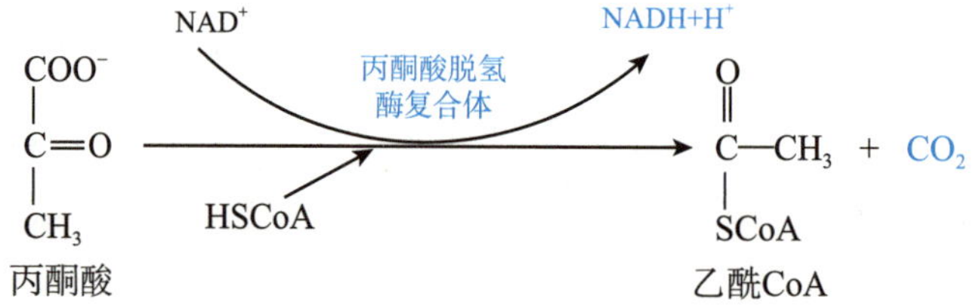

考点：三羧酸循环的部位、关键酶、特点、生理意义

3. 第三阶段——三羧酸循环（TCA）　是由8步反应构成的一个循环过程，在线粒体基质中进行。由于循环的第一步反应生成了含有三个羧基的化合物柠檬酸，故称为三羧酸循环（tricarboxylic acid cycle，TAC或称为TCA循环）或柠檬酸循环，也称克雷布斯（Krebs）循环。

（1）三羧酸循环的过程

1）乙酰CoA与草酰乙酸合成柠檬酸：此反应由柠檬酸合酶催化，反应不可逆，柠檬酸合酶为TCA循环的第一个关键酶。

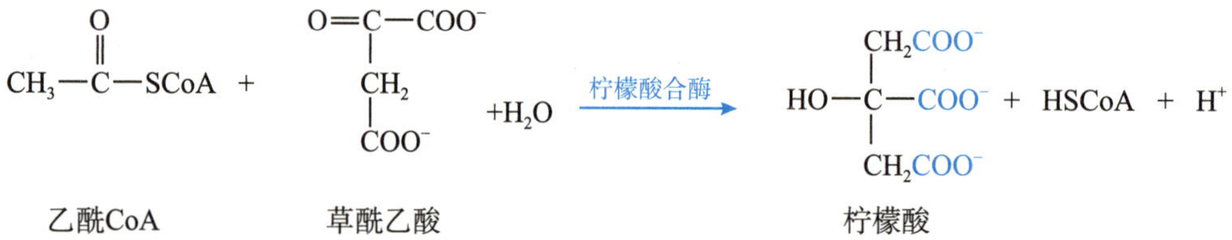

2）柠檬酸异构生成异柠檬酸：在顺乌头酸酶的催化下，柠檬酸先脱水生成不稳定的中间产物顺乌头酸，再加水异构成异柠檬酸，反应过程可逆。

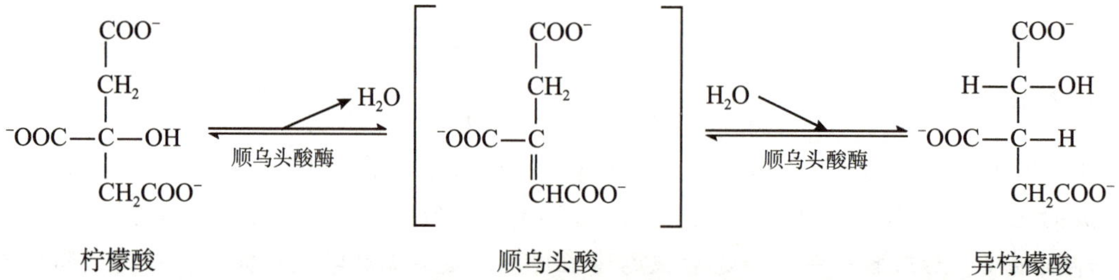

3）异柠檬酸氧化脱羧生成*α*-酮戊二酸：在异柠檬酸脱氢酶催化下，异柠檬酸脱氢又脱羧生成*α*-酮戊二酸，NAD^+接受脱下的2H成为$NADH+H^+$。这是TCA循环中的第一次脱羧，属于*β*-氧化脱羧，即*β*-C原子上既脱氢又脱羧基。脱下的羧基生成1分子CO_2。这步反应不可逆，为TCA循环中反应速度最慢的一步，是限速步骤。异柠檬酸脱氢酶是TCA循环过程中的第二个关键酶。

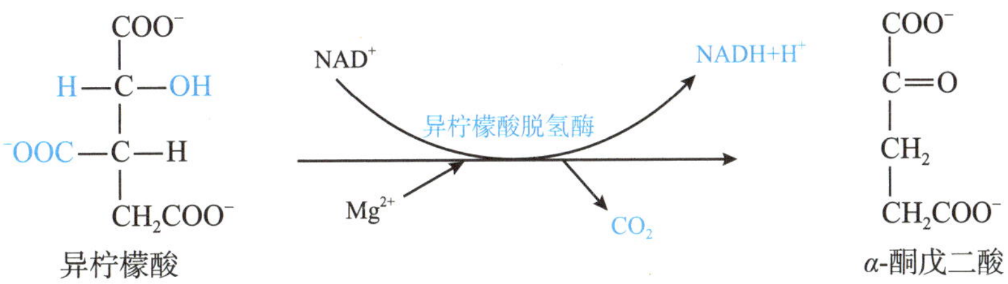

4）α-酮戊二酸氧化脱羧生成琥珀酰CoA：α-酮戊二酸脱氢酶复合体催化α-酮戊二酸氧化脱羧生成高能化合物琥珀酰CoA。反应中脱下的2H由NAD^+接受成为$NADH+H^+$。这是TCA循环中的第二次脱羧，脱下的羧基生成1分子CO_2。α-酮戊二酸脱氢酶复合体是TCA循环的第三个关键酶。

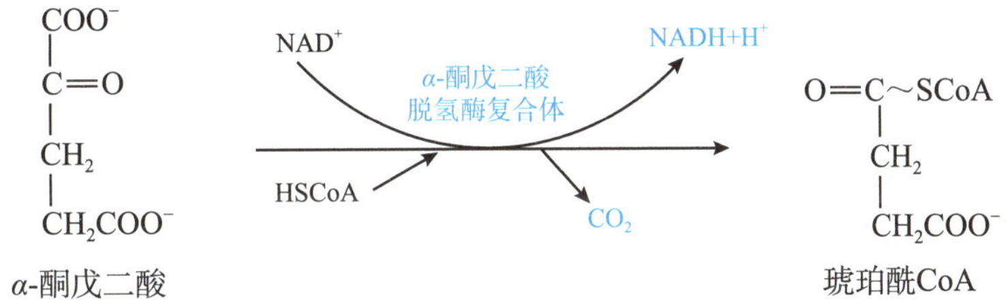

5）琥珀酰CoA转变为琥珀酸：由琥珀酰CoA合成酶（又称琥珀酸硫激酶）催化，琥珀酰CoA将高能键转移给GDP生成GTP，GTP继续将高能键转移给ADP生成ATP。这是三羧酸循环中唯一的一次底物水平磷酸化反应。

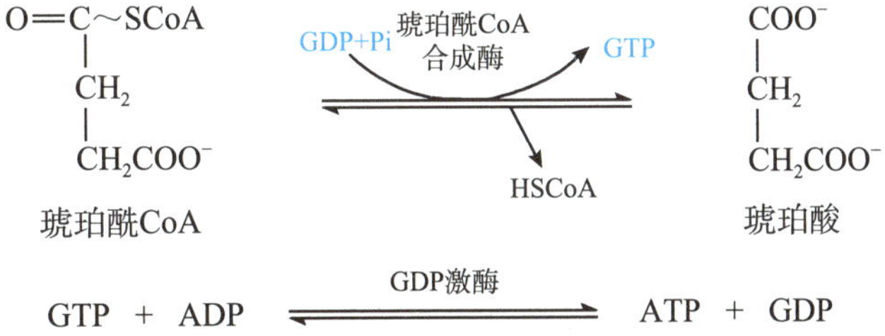

6）琥珀酸脱氢生成延胡索酸：在琥珀酸脱氢酶催化下，琥珀酸脱氢生成延胡索酸。FAD是琥珀酸脱氢酶的辅基，接受脱下的2H生成$FADH_2$。

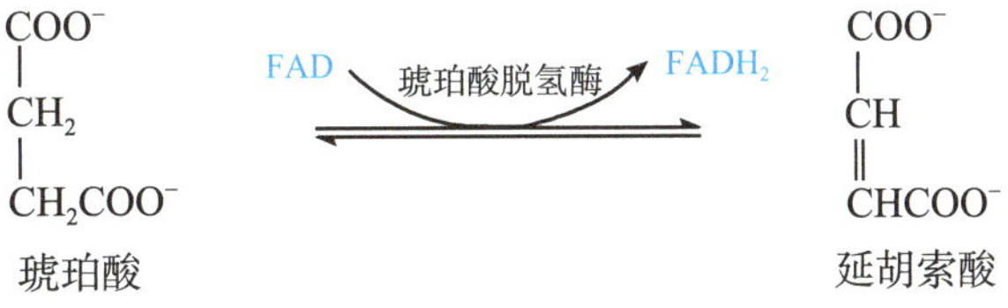

7）延胡索酸加水生成苹果酸：此反应由延胡索酸酶催化，为可逆反应。

8）苹果酸脱氢生成草酰乙酸：这是TCA循环的最后一步反应，由苹果酸脱氢酶催化，苹果酸生成草酰乙酸脱下的2H由NAD^+接受，后者成为$NADH+H^+$，一次TCA循环结束。

三羧酸循环简明过程如图8-4所示。

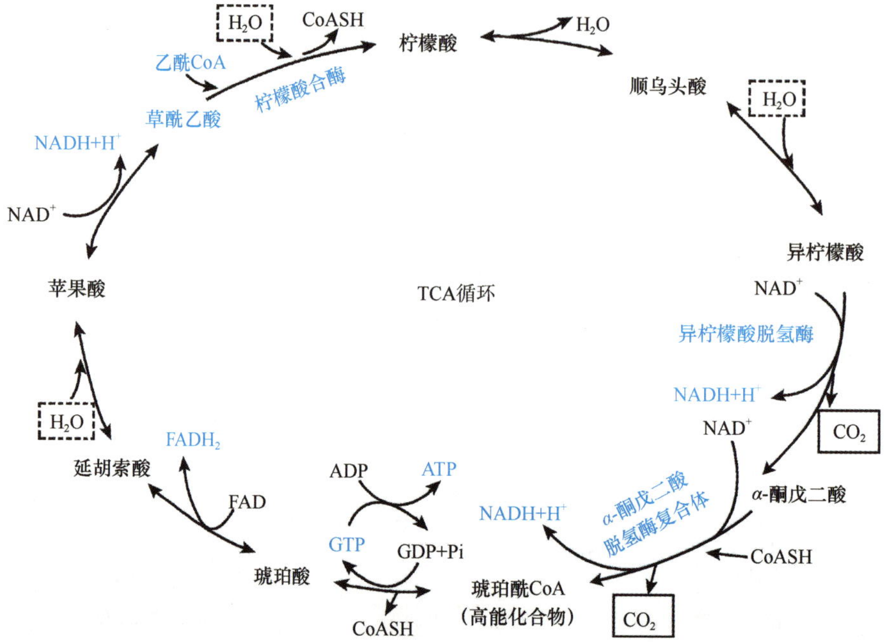

图8-4　三羧酸循环简明过程

（2）三羧酸循环的特点

1）一次底物水平磷酸化生成1分子ATP：一次TCA循环过程有一次产能反应，属于底物水平磷酸化，发生在琥珀酰CoA→琥珀酸，直接产生GTP，然后由GTP将高能键转移给ADP生成1分子ATP。

2）两次脱羧生成2分子CO_2：一次循环有两次脱羧反应，共产生2分子CO_2。

3）三个关键酶催化三个不可逆反应：柠檬酸合酶、异柠檬酸脱氢酶、α-酮戊二酸脱氢酶复合体是三羧酸循环的三个关键酶，它们所催化的反应在生理条件下是不可逆的，所以整个循环是不可逆的。

4）四次脱氢生成3分子$NADH+H^+$和1分子$FADH_2$：一次三羧酸循环共有4次脱氢反应，其中三步反应由NAD^+作辅酶，接受氢后生成$NADH+H^+$，一步反应由FAD作辅基，接受氢后生成$FADH_2$；分别进入呼吸链产生H_2O并进行氧化磷酸化产生ATP。

4. 第四阶段——氧化磷酸化　代谢物脱下的氢经过呼吸链传递给氧生成水，并在此过程中将产生的能量转给ADP，同时偶联ADP磷酸化形成ATP的过程称为氧化磷酸化。这是体内ATP生成的第二种方式，也是最重要的方式（详见第9章 生物氧化）。

（二）葡萄糖有氧氧化的产物及生理意义

1. 有氧氧化的产物　1分子葡萄糖生成两分子丙酮酸，再进行两次三羧酸循环后，有机酸脱羧生成CO_2、脱下的氢在线粒体内进入呼吸链产生H_2O的同时，进行氧化磷酸化生成ATP。1分子葡萄糖经有氧氧化生成6 CO_2、6 H_2O、32ATP或30ATP，总反应式如下：

$$G(C_6H_{12}O_6) + 6\ O_2 \longrightarrow 6\ CO_2 + 6\ H_2O + 32\text{或}30ATP$$

计算ATP时，找到脱氢部位、辅酶及次数，底物磷酸化部位及次数、耗能部位及次数，然后进行计算，如表8-2所示。

表8-2　有氧氧化中ATP的计算

项目	第1阶段	第2阶段	第3阶段（三羧酸循环）
底物水平磷酸化次数	2×2	0	1×2
氧化磷酸化次数及辅酶	1×2（NADH）	1×2（NADH）	2×（3×NADH + 1$FADH_2$）
产生ATP数目	2×2.5（或1.5）+2	2×2.5	2×10

续表

项目	第1阶段	第2阶段	第3阶段（三羧酸循环）
消耗ATP数目	2	0	0
净生成ATP数目	7或5	5	20

注：糖酵解在细胞质中产生的NADH+H^+如果经苹果酸穿梭作用进入线粒体，产生2.5分子ATP，若经磷酸甘油穿梭作用进入线粒体，则产生1.5分子ATP。

2. 有氧氧化的生理意义 有氧氧化是葡萄糖在体内分解代谢的主要途径，具有重要的生理意义。

1）有氧氧化是体内葡萄糖氧化分解的主要途径，也是机体在正常情况下多数组织细胞获得能量的主要方式。1分子葡萄糖经有氧氧化净生成32或30分子ATP，产生的能量比无氧氧化多得多。

2）三羧酸循环是体内糖、脂肪、蛋白质彻底氧化的共同途径：糖、脂肪、蛋白质经代谢后都能生成乙酰CoA或三羧酸循环中的中间产物，进入三羧酸循环彻底氧化分解。

3）三羧酸循环是糖、脂肪、蛋白质代谢联系的枢纽：糖分解代谢产生的丙酮酸、α-酮戊二酸、草酰乙酸等均可构成氨基酸的骨架，氨基酸也可脱氨基转变成相应的α-酮酸进入三羧酸循环彻底氧化或经草酰乙酸转变为糖。脂肪酸和甘油均可转变为乙酰CoA，进入三羧酸循环彻底氧化等。

考点：有氧氧化的概念、反应部位、阶段、关键酶、产物、生成ATP数目及生理意义

链 接 巴斯德效应

路易斯·巴斯德（L.Pasteur，1822—1895年），法国微生物学家、化学家，近代微生物学的奠基人。他在实验中发现，在氧充足的条件下，细胞优先进行有氧氧化而使无氧氧化受抑制，后人把这种现象称为巴斯德效应。

三、磷酸戊糖途径

磷酸戊糖途径是伴随葡糖-6-磷酸脱氢酶和6-磷酸葡糖酸脱氢酶这两种酶的发现而发现的，是葡萄糖氧化分解的另一条途径，因在此过程中生成了多种具有重要生理作用的磷酸戊糖而得名。该途径由葡糖-6-磷酸开始，经过多步反应后生成果糖-6-磷酸和3-磷酸甘油醛，再进入有氧和无氧氧化途径代谢。

（一）反应过程

磷酸戊糖途径主要在肝脏、脂肪组织、哺乳期的乳腺、肾上腺皮质、性腺、骨髓等组织和红细胞的细胞质中进行。反应过程可分为两个阶段：第一阶段是氧化反应阶段，生成磷酸戊糖和NADPH+H^+；第二阶段是基团转移反应。

1. 第一阶段——氧化反应阶段 葡糖-6-磷酸经两次脱氢，生成2分子NADPH+H^+，一次脱羧反应生成1分子CO_2，自身则转变成核糖-5-磷酸（R-5-P）。葡糖-6-磷酸脱氢酶（G6PD）是此途径的关键酶，NADPH+H^+（还原型辅酶Ⅱ）是该途径生成的第一种重要的中间产物。

2. 第二阶段——基团转移反应 第一阶段生成的核糖-5-磷酸（R-5-P）是合成核苷酸的原料，部分磷酸核糖通过一系列基团转移反应，进行酮基和醛基的转换，产生含有3碳、4碳、5碳、6碳及7碳的多种糖的中间产物，最终经过一系列反应均转变为果糖-6-磷酸和3-磷酸甘油醛。果糖-6-磷酸和3-磷酸甘油醛继续可转变为葡糖-6-磷酸继续进行磷酸戊糖途径，也可以进入糖的有氧氧化或无氧氧化途径继续氧化分解。磷酸戊糖途径基本反应过程如图8-5所示。

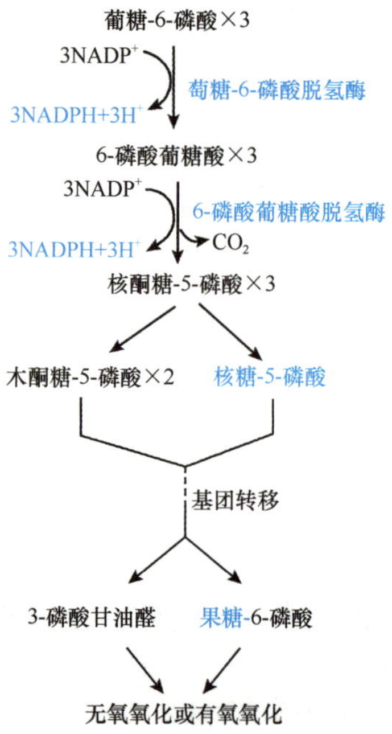

图8-5 磷酸戊糖途径主要反应过程

（二）生理意义

磷酸戊糖途径生成了两种重要的中间产物核糖-5-磷酸和 $NADPH+H^+$。

1. 生成的核糖-5-磷酸（R-5-P）为体内核苷酸的合成提供原料 核苷酸是核酸的基本组成单位，核糖-5-磷酸是合成核苷酸的原料，而此途径是体内生成核糖-5-磷酸的唯一途径。

2. 生成的 $NADPH+H^+$ 作为供氢体为许多反应提供氢。

（1）$NADPH+H^+$ 是谷胱甘肽还原酶的辅酶，对维持还原型谷胱甘肽（G—SH）的正常含量有很重要的作用 还原型谷胱甘肽是体内重要的抗氧化剂，能保护一些含巯基（—SH）的蛋白质和酶类免受氧化剂的破坏，在红细胞中还原型谷胱甘肽可以保护红细胞膜蛋白的完整性起到重要作用。

当体内有过多氧化剂产生时，还原型谷胱甘肽（G—SH）转化为氧化型谷胱甘肽（G—S—S—G），则会失去对红细胞的保护作用，易导致溶血。但红细胞内有谷胱甘肽还原酶，可将氧化型谷胱甘肽（G—S—S—G）还原为还原型谷胱甘肽（G—SH），上述反应需要 $NADPH+H^+$ 作为供氢体，而人体内 $NADPH+H^+$ 主要来自磷酸戊糖途径（图8-6）。

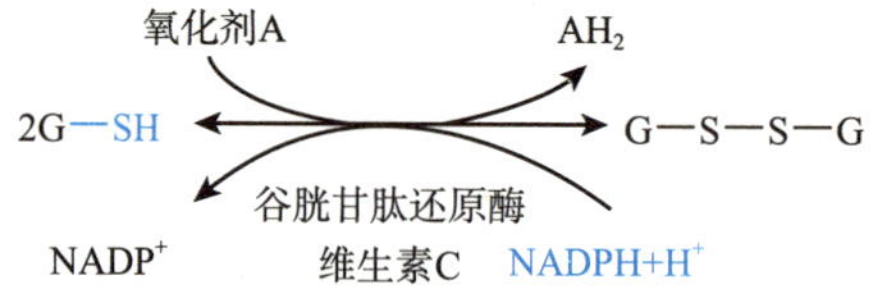

图8-6 G—SH的再生

由于遗传缺陷，有些人先天缺乏葡糖-6-磷酸脱氢酶，红细胞内磷酸戊糖途径不能正常进行，$NADPH+H^+$ 生成量不足，在过量食用氧化性强的食物（如蚕豆）或某些药物（如抗疟疾药物）后，易导致红细胞膜破坏而产生溶血性贫血，称为葡糖-6-磷酸脱氢酶缺乏症（也称蚕豆病）。

（2）$NADPH+H^+$ 作为供氢体参与脂肪酸、胆固醇和类固醇激素的生物合成 脂肪酸、胆固醇和类固醇激素合成时，都需要大量的氢，来自磷酸戊糖途径。

（3）$NADPH+H^+$ 参与肝脏生物转化反应 $NADPH+H^+$ 提供氢参与激素、药物、毒物等的生物转化作用。

考点：磷酸戊糖途径的关键酶、重要中间产物、生理意义、蚕豆病发生机制

第2节 糖 异 生

糖异生（gluconeogenesis）是指在生物体内非糖物质转变为葡萄糖或糖原的过程。糖异生的原料包括乳酸、丙酮酸、生糖氨基酸、甘油及三羧酸循环中的各酸等。正常情况下，肝是糖异生的主要器官，长期饥饿及酸中毒时，肾皮质细胞也可进行糖异生。

一、糖异生的途径

糖异生途径基本上是沿糖酵解的逆过程进行的，但是不完全是糖酵解的逆过程。糖酵解中的3个不可逆反应是无法由原来的酶催化完成的，它们是糖异生途径的3个“能障”。糖异生与糖酵解过程的比较如图8-7所示。

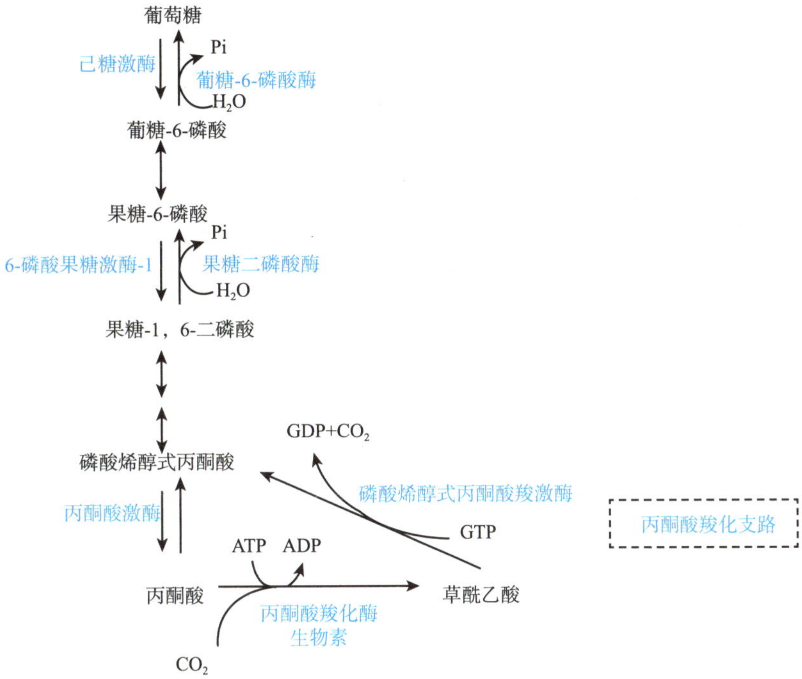

图8-7 糖酵解与糖异生比较

下面以丙酮酸为原料进行的糖异生为例，说明需要克服的3个“能障”。

（一）第1个能障：丙酮酸 ⟶ 磷酸烯醇式丙酮酸

丙酮酸在丙酮酸羧化酶催化下生成草酰乙酸，反应由ATP供能；草酰乙酸继续由磷酸烯醇式丙酮酸羧激酶催化生成磷酸烯醇式丙酮酸，需GTP供能。以上两步反应过程称为丙酮酸羧化支路。

丙酮酸羧化酶仅存在于线粒体内，其辅酶是生物素。磷酸烯醇式丙酮酸羧激酶在细胞质及线粒体均存在，所以草酰乙酸可直接在线粒体内或穿梭到细胞质中脱羧生成磷酸烯醇式丙酮酸。克服第1个“能障”相当于消耗2分子ATP。

（二）第2个能障：果糖-1, 6-二磷酸 ⟶ 果糖-6-磷酸

在果糖二磷酸酶催化下，果糖-1, 6-二磷酸水解掉第1位上的磷酸，生成果糖-6-磷酸。

（三）第3个能障：葡糖-6-磷酸 ⟶ 葡萄糖

由葡糖-6-磷酸酶催化，G-6-P水解掉磷酸成为葡萄糖（G）。葡糖-6-磷酸酶主要存在于肝、肾皮质细胞内，肌肉细胞中无此酶。

丙酮酸为3碳化合物，故每生成1分子葡萄糖，需要2分子丙酮酸，同时消耗6分子ATP。丙酮酸羧化酶、磷酸烯醇式丙酮酸羧激酶、果糖二磷酸酶和葡糖-6-磷酸酶是糖异生途径的关键酶。

二、糖异生的生理意义

1. 维持血糖水平的相对恒定 是糖异生最主要的生理功能。饥饿时，肌肉产生的乳酸量较少，糖异生的原料主要为生糖氨基酸和甘油，它们经糖异生转变为葡萄糖，维持血糖水平恒定，保证脑等重要组织器官的能量供应。

2. 糖异生是补充或恢复肝糖原储备的重要途径 肝糖原不完全是由葡萄糖直接合成，尤其在饥饿

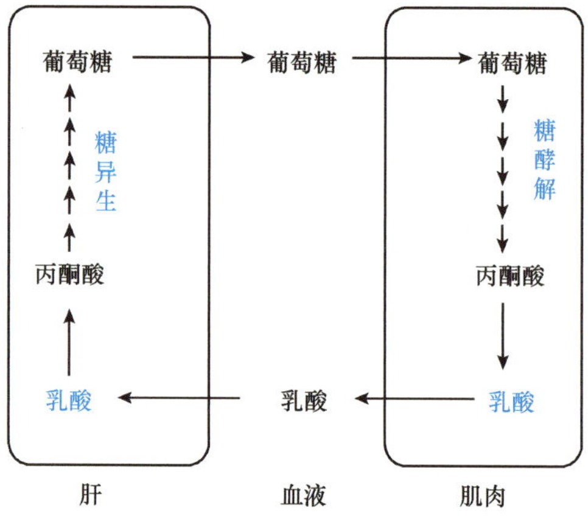

图8-8　乳酸循环

时，甘油、生糖氨基酸等经糖异生合成肝糖原成为补充或恢复肝糖原储备的重要来源。

3. 有利于维持酸碱平衡　在长期饥饿的情况下，肾脏的糖异生作用加强，可促进肾小管细胞的泌氨作用。NH_3与原尿中H^+结合成NH_4^+，随尿排出体外，降低原尿中H^+的浓度，加速排H^+保Na^+作用，有利于维持酸碱平衡。

4. 有利于乳酸的再利用　剧烈运动时，肌肉组织细胞内的葡萄糖经无氧氧化生成大量乳酸，后者进入血液中经血液循环运到肝；在肝内，乳酸经糖异生作用合成葡萄糖。肝内糖异生产生的葡萄糖再随血液循环运送到肌细胞氧化利用，这样就构成了乳酸循环（图8-8）。通过此循环，回收了乳酸中的能量，又防止了乳酸堆积造成的酸中毒。

考点：糖异生的概念、部位、原料、生理意义、关键酶、乳酸循环及意义

第3节　糖原的合成与分解

糖原（glycogen）是多个葡萄糖通过糖苷键相连所形成的带分支的大分子多糖，是动物体内糖的储存形式，以肝糖原和肌糖原为主。正常人体内肝糖原的总量为70～100g；肌糖原的总量为180～300g。

糖原中的葡萄糖主要以α-1, 4-糖苷键相连形成直链，只有分支处以α-1, 6-糖苷键形成支链（图8-9）。

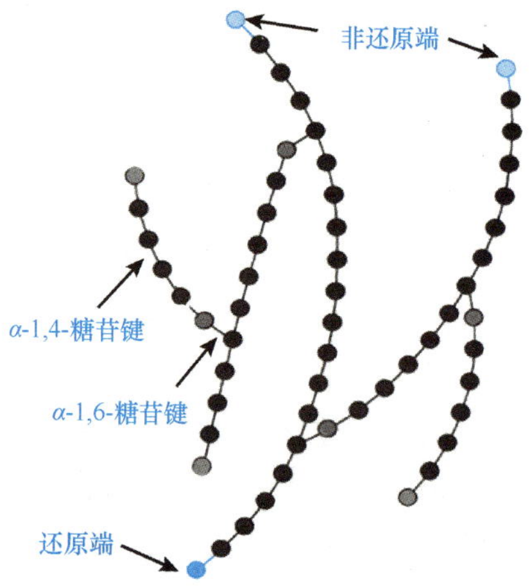

图8-9　糖原结构

一、糖原的合成

体内由葡萄糖合成糖原的过程称为糖原合成。肝糖原和肌糖原分别在肝细胞和肌细胞的细胞质中合成。

（一）糖原的合成过程

糖原合成过程如图8-10所示。

1. 葡萄糖→葡糖-6-磷酸（G-6-P）　此反应与糖酵解的第一步反应相同。

2. 葡糖-6-磷酸→葡糖-1-磷酸（G-1-P）　此反应可逆，由变位酶催化。

3. 葡糖-1-磷酸→尿苷二磷酸葡萄糖（UDPG）　在UDPG焦磷酸化酶的催化下，G-1-P与尿苷三磷酸（UTP）反应生成UDPG和焦磷酸（PPi）。UDPG是葡萄糖的活性形式，也称为活性葡萄糖。

4. 糖原生成　糖原合成时需要引物，糖原引物是指细胞内原有的较小的糖原（G_n）。若糖原已耗尽，需糖原蛋白作为引物。在糖原合酶催化下，UDPG与糖原引物反应，将UDPG上的葡萄糖基转移到引物上，以α-1, 4-糖苷键相连，形成比原来多了一个碳原子的糖原G_{n+1}。反应不可逆，糖原合酶是糖原合成过程的关键酶。糖原合成时，每增加一个葡萄糖残基，消耗1分子ATP和1分子UTP。上述反应可在糖原合酶作用下反复进行，使糖链不断地延长，但不能形成分支。当链长增至12～18个葡萄糖残基时，分支酶就将长6～7个葡萄糖残基的寡糖链转移至另一段糖链上，以α-1, 6-糖苷键相连形成糖原分子的分支（图8-11）。

（二）糖原合成的生理意义

糖原合成是机体储存葡萄糖的方式，也是储存能量的一种方式。糖原合成对维持血糖浓度的恒定

有重要意义，如进食后机体可将摄入的糖合成糖原储存起来，以免血糖浓度过度升高。

考点：糖原合成的部位、关键酶、生理意义

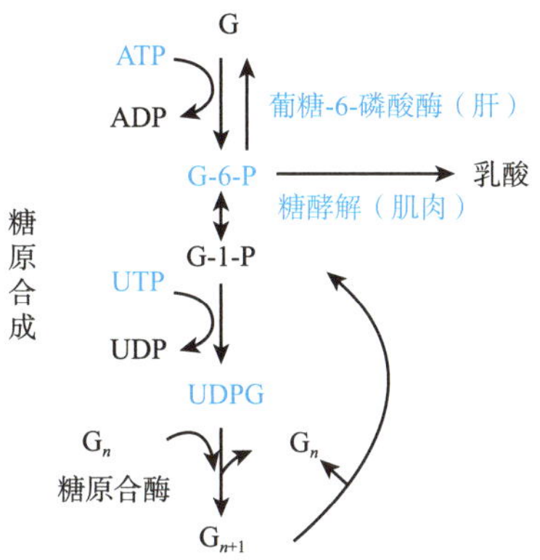

图8-10 糖原合成与分解

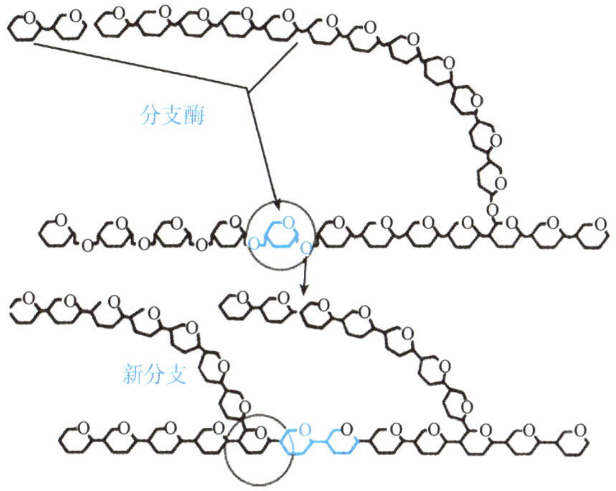

图8-11 糖原合成时分支的形成

二、糖原的分解

糖原的分解习惯上指肝糖原分解产生葡萄糖的过程。糖原分解在细胞质中进行，肝糖原和肌糖原分解产物不同。

（一）糖原分解的过程

如图8-10所示，大分子的糖原（G_{n+1}）在糖原磷酸化酶作用下，从糖原非还原端葡萄糖基开始磷酸化，生成G-1-P和比原来少了一个葡萄糖残基的糖原G_n，此反应为糖原分解的关键步骤，糖原磷酸化酶是关键酶。以上反应重复进行，糖原分子中葡萄糖残基不断被转变为G-1-P。G-1-P由变位酶催化生成G-6-P。肝及肾中存在葡糖-6-磷酸酶，能水解G-6-P生成葡萄糖。肌肉中缺乏葡糖-6-磷酸酶，生成的G-6-P只能经糖酵解生成丙酮酸后再转变成乳酸，并同时为肌肉收缩提供能量。

糖原变得越来越小，当距离分支点有4个葡萄糖残基时，由转移酶将3个葡萄糖残基转移到邻近糖链的末端。分支点处的葡萄糖残基由α-1, 6-糖苷酶水解生成葡萄糖（图8-12）。

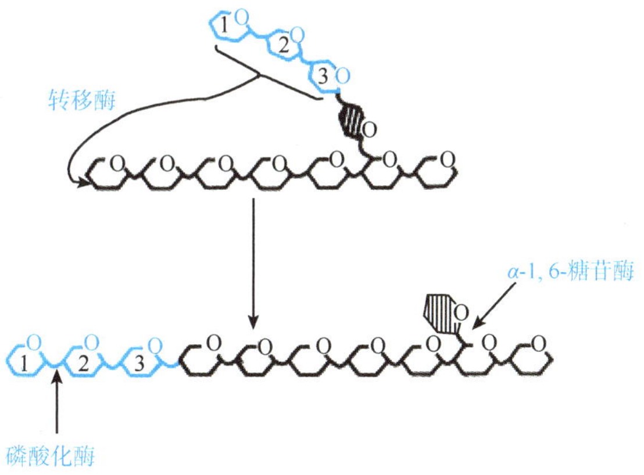

图8-12 糖原合成时分支的去除

（二）糖原分解的生理意义

肝糖原分解能提供葡萄糖，既可在不进食期间维持血糖浓度的恒定，又可持续满足脑组织等对能量的需求。肌糖原分解则为肌肉自身收缩提供能量。

考点：糖原分解的部位、关键酶、肝糖原和肌糖原分解产物不同的原因、生理意义

第4节 血糖及其调节

血液中的葡萄糖，称为血糖（glucose，glu）。血糖浓度随进食、活动等变化而有所波动。正常人空腹血糖正常范围为3.9～6.1mmol/L。血糖浓度的相对稳定对保证组织器官，特别是脑组织的正常生理活动具有重要意义。

血糖浓度的相对恒定依赖于体内血糖来源和去路的动态平衡。

一、血糖的来源和去路

（一）血糖的来源

血糖的来源主要有三方面：①食物中的糖类消化生成葡萄糖进入血液，这是血糖的主要来源。②肝糖原分解产生的葡萄糖，为空腹时血糖的来源。③非糖物质在肝、肾中经糖异生作用转变为葡萄糖，是饥饿时血糖的来源。

（二）血糖的去路

一般情况下，血糖的去路主要有三方面：①在组织细胞中氧化分解供能，这是血糖的主要去路。②在肝、肌肉等组织合成糖原储存。③转变成脂肪及其他物质，如核糖、脱氧核糖、有机酸、非必需氨基酸等。

血糖浓度若高于肾糖阈（8.9mmol/L）时，尿中可出现葡萄糖，称为尿糖，这是葡萄糖的非正常去路。血糖的来源与去路如图8-13所示。

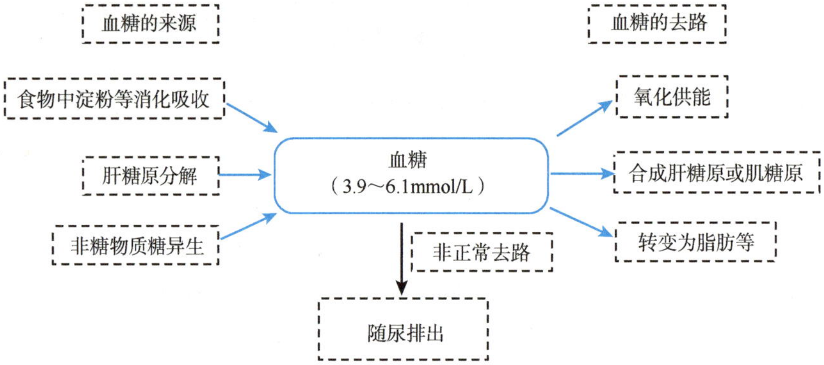

图8-13　血糖的来源和去路

二、血糖浓度的调节

正常情况下，血糖浓度的相对恒定依赖于血糖来源与去路的平衡，这种平衡需要体内多种因素的协同调节，主要有神经、组织器官和激素等层次的调节。其中肝脏是调节血糖最重要的器官，激素在调节血糖中起主要作用。

（一）调节血糖的激素

目前发现的调节血糖浓度的激素有两大类。

1. 降低血糖浓度的激素　胰岛素是体内唯一降血糖的激素，可通过调节糖代谢的各途径以增加血糖去路、减少血糖来源，从而起到降低血糖的作用。

2. 升高血糖浓度的激素　胰高血糖素、肾上腺素、糖皮质激素等，主要通过调节各代谢途径的强弱起到增加血糖来源、减少血糖去路的效果，从而增高血糖。

各激素对血糖调节作用的机制如表8-3所示。

表8-3　某些激素调节血糖的作用机制

激素的分类	激素名称	作用机制
降低血糖的激素	胰岛素	①促进组织细胞摄取葡萄糖；②促进葡萄糖的氧化分解；③促进糖原合成，抑制糖原分解；④抑制糖异生；⑤促进糖转变成脂肪

续表

激素的分类	激素名称	作用机制
升高血糖的激素	胰高血糖素	①促进肝糖原分解；②抑制糖酵解，促进糖异生；③激活激素敏感脂肪酶，加速脂肪动员
	糖皮质激素	①抑制组织细胞摄取葡萄糖；②促进糖异生
	肾上腺素	①促进肝糖原和肌糖原分解；②促进肌糖原酵解；③促进糖异生

（二）高血糖与低血糖

1. 高血糖 临床上将空腹血糖浓度高于7.0mmol/L称为高血糖。如果血糖值超过肾糖阈会出现糖尿。

引起高血糖和糖尿的原因有生理性和病理性两种。生理性高血糖见于摄入过多糖，使血糖升高甚至超过肾糖阈，出现糖尿，为饮食性高血糖或糖尿；人在情绪激动时，交感神经兴奋，肾上腺素分泌增加导致的高血糖或糖尿称为情感性高血糖或糖尿。生理性高血糖常是暂时的，空腹或心情平静时，血糖依旧可以恢复正常。

病理性高血糖和糖尿多见于糖尿病患者。糖尿病患者由于其自身胰岛素分泌不足或利用障碍，导致机体利用和转化葡萄糖的能力下降，血中葡萄糖增高甚至从尿中排出。糖尿病患者常有“三多一少”的症状，即多饮、多食、多尿、体重减少。

2. 低血糖 在临床上，空腹血糖浓度低于2.8mmol/L时称为低血糖。人在低血糖时常出现头晕、出汗、心悸（心率加快）、面色苍白、视物不清、神志不清、血压下降等症状。

低血糖也有生理性和病理性之分。生理性低血糖主要见于长时间饥饿、持续长时间的体力活动或体育运动等；病理性低血糖如胰岛素分泌过多、升高血糖浓度的激素分泌不足、严重肝脏疾病或临床治疗时使用降糖药物过量等。

当血糖低于2.48mmol/L时可严重影响脑功能，会出现低血糖昏迷。

考点：血糖的概念、正常值、来源和去路、升高和降低血糖的激素

案例 8-1

患者，男，53岁，近1个月来常感口渴，饮水量增至每天4000ml。尿量增加，每日10余次。食量比以前稍增加，体重较前减轻约10kg。检查空腹血糖10.0mmol/L，尿糖（+）。

问题：1. 此患者可能为什么病？

2. 在案例中找出此患者存在哪“三多”和哪“一少”？

自 测 题

一、名词解释

1. 糖酵解
2. 无氧氧化
3. 有氧氧化
4. 糖异生
5. 血糖

二、选择题

1. 糖的主要功能是（　　）

A. 构成组织细胞　B. 保温
C. 传递遗传信息　D. 氧化供能
E. 储存能量

2. 人体内葡萄糖氧化分解的主要途径是（　　）

A. 无氧氧化　B. 有氧氧化
C. 磷酸戊糖途径　D. 糖异生
E. 糖原合成

3. 葡萄糖无氧氧化的产物为（　　）

A. 丙酮酸　B. CO_2+H_2O+ATP
C. 磷酸二羟丙酮　D. 苹果酸
E. 乳酸+ATP

4. 下列哪个属于糖酵解的关键酶（　　）

A. 苹果酸脱氢酶 B. 丙酮酸脱氢酶复合体
C. 乳酸脱氢酶 D. 磷酸果糖激酶
E. 柠檬酸合酶

5. 成熟红细胞获得能量的主要方式为（ ）
A. 有氧氧化 B. 无氧氧化
C. 磷酸戊糖途径 D. 糖异生
E. 三羧酸循环

6. 三羧酸循环在下列哪个亚细胞结构中进行（ ）
A. 线粒体 B. 内质网
C. 细胞质 D. 细胞核
E. 溶酶体

7. 糖、脂肪、蛋白质三大营养物质代谢联系的枢纽是（ ）
A. 乳酸循环 B. 有氧氧化
C. 三羧酸循环 D. 糖异生
E. 丙酮酸羧化支路

8. 一分子葡萄糖经有氧氧化彻底分解成CO_2和H_2O，可净生成多少分子的ATP（ ）
A. 2 B. 7
C. 10 D. 20
E. 30或32

9. 磷酸戊糖途径最重要的意义是生成了（ ）
A. $FADH_2$ B. $NADP^+$
C. $NADH+H^+$ D. $NADPH+H^+$
E. NAD^+

10. 蚕豆病是由于先天性缺乏哪种酶（ ）
A. 己糖激酶 B. 葡糖-6-磷酸酶
C. 葡糖-6-磷酸脱氢酶 D. 磷酸果糖激酶
E. 乳酸脱氢酶

11. 下列物质中不能发生糖异生的是（ ）
A. 丙酮酸 B. 乙酰辅酶A
C. 甘油 D. 乳酸
E. 生糖氨基酸

12. 糖原合成的关键酶是（ ）
A. 糖原合酶 B. 分支酶
C. 磷酸葡萄糖变位酶 D. UDPG焦磷酸化酶
E. 磷酸化酶

13. 肌糖原不能分解为葡萄糖，是因为肌肉中缺乏（ ）
A. 己糖激酶 B. 葡糖-6-磷酸酶
C. 葡糖-6-磷酸脱氢酶 D. 磷酸果糖激酶
E. 乳酸脱氢酶

14. 人体内唯一能降低血糖浓度的激素是（ ）
A. 胰高血糖素 B. 肾上腺素
C. 胰岛素 D. 糖皮质激素
E. 抗利尿素

15. 血糖的非正常去路是（ ）
A. 氧化供能 B. 合成肝糖原
C. 合成肌糖原 D. 随尿排出
E. 转变为脂肪

三、简答题

1. 试比较无氧氧化和有氧氧化进行的部位、产物、ATP生成的数目及生理意义。
2. 磷酸戊糖途径有何生理意义？
3. 简述其糖异生的原料、反应部位及生理意义。
4. 肝糖原和肌糖原分解的产物各是什么？为什么肌糖原分解的产物不是葡萄糖？
5. 血糖正常参考范围是多少？简述人体内血糖的正常来源和去路。

（晁相蓉）

第9章 生物氧化

学习目标

1. 素质目标　通过学习能量代谢过程，与相关章节的营养物质代谢过程相联系，培养整体观念和知识整合能力；同时激发创新思维和探索精神。

2. 知识目标　掌握两条呼吸链的组成和产生 ATP 的数目，生物氧化的特点，体内 H_2O 的生成，抑制剂的作用原理；熟悉体内 ATP 的生成机制和储存、利用；了解两种穿梭机制。

3. 能力目标　通过熟练掌握呼吸链的组成和抑制剂的作用原理，理解并增强对 CO 中毒、氰化物中毒的及时处理能力。

第1节　概　　述

一、生物氧化的概念

化学物质在生物体内进行氧化分解的过程称为生物氧化，主要指糖、脂肪、蛋白质等营养物质在线粒体内氧化分解，生成H_2O和CO_2并释放能量的过程。

在化学本质上，生物氧化与物质在体外的氧化相同，其氧化方式遵循氧化反应的一般规律，即加氧、脱氢、失电子反应，但生物体内的氧化又有独特之处。

二、生物氧化的特点

1. 生物氧化在细胞内进行，反应条件温和（37℃，pH近中性），经酶催化逐步进行。

2. 生物体内氧化以脱氢氧化为主。

3. H_2O是由代谢物脱下的氢经呼吸链传递与氧结合而生成。

4. CO_2是由有机酸脱羧生成。

5. 能量逐步释放。一部分以化学能的形式使ADP磷酸化生成ATP，作为机体生理活动需要的能源；其余能量主要以热能形式散发，以维持体温。

6. 生物氧化的速率由细胞自动调控。

三、生物氧化中CO_2的生成方式

生物体内CO_2的生成并不是代谢物的碳原子与氧原子的直接化合，而是来源于糖、蛋白质、脂肪等在体内代谢过程中产生的有机酸的脱羧反应。

根据脱去CO_2的羧基在有机酸中的位置，可将脱羧反应分为α-脱羧与β-脱羧两种类型；又根据脱羧是否伴有脱氢，可分为α-单纯脱羧和α-氧化脱羧。

1. α-单纯脱羧　如氨基酸在氨基酸脱羧酶作用下脱去α-位上的羧基，生成胺和CO_2。

$$\underset{\text{α-氨基酸}}{R-\underset{NH_2}{\overset{\alpha}{CH}}-COOH} \xrightarrow{\text{氨基酸脱羧酶}} \underset{\text{胺}}{R-CH_2-NH_2} + CO_2$$

2. α-氧化脱羧 如丙酮酸脱氢的同时脱去α-位上的羧基，生成乙酰CoA。

3. β-单纯脱羧 如草酰乙酸脱去β-位羧基，生成丙酮酸。

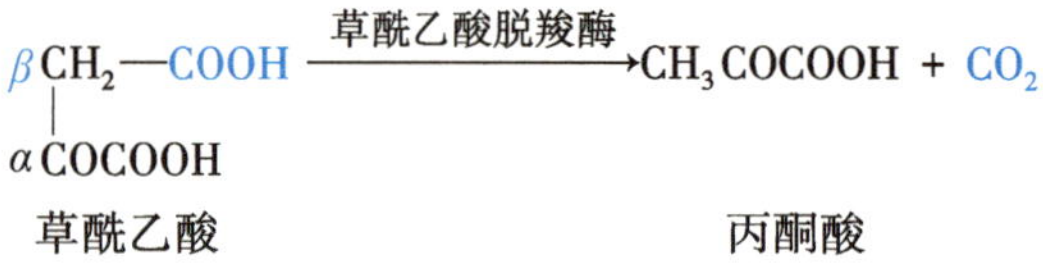

4. β-氧化脱羧 如苹果酸脱氢的同时脱去β-位羧基，生成丙酮酸。

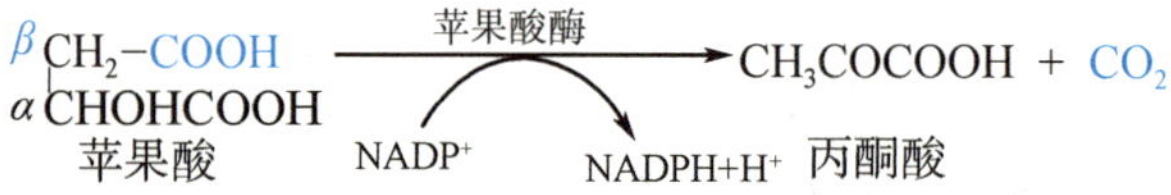

第2节 呼 吸 链

细胞内，在线粒体内膜上，由一系列酶和辅酶按一定顺序排列所组成的氢和电子的传递体系，称为呼吸链，又称为电子传递链。

一、呼吸链的组成成分

（一）NAD^+和$NADP^+$

烟酰胺腺嘌呤二核苷酸（NAD^+，辅酶Ⅰ或CoⅠ）和烟酰胺腺嘌呤二核苷酸磷酸（$NADP^+$，辅酶Ⅱ或CoⅡ）是多种不需氧脱氢酶的辅酶，分子中的烟酰胺在加氢反应时能接受1个H（$H \rightleftharpoons H^+ + e$）和1个电子。代谢物分子脱下的成对氢原子（$2H \rightleftharpoons 2H^+ + 2e$）中，1个$H^+$会游离在基质中。因此，$NAD^+$和$NADP^+$既具有传递氢又具有传递电子的功能，其还原形式为$NADH+H^+$（简写为NADH）和$NADPH+H^+$（简写为NADPH）。

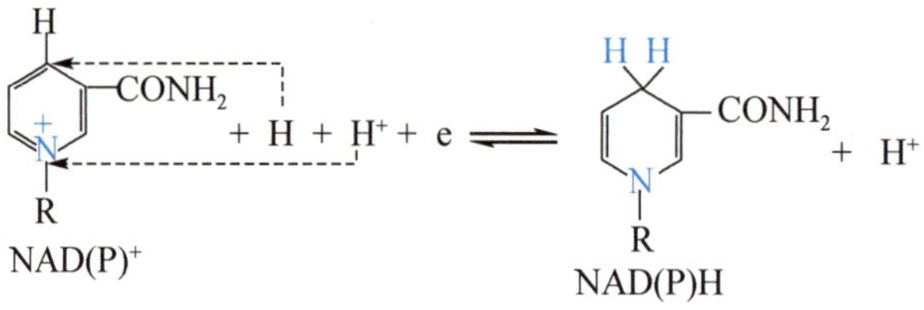

$$NAD(P)^+ \underset{-2e}{\overset{+2e}{\rightleftharpoons}} NAD(P)H+H^+$$

（二）以FMN或FAD为辅基的黄素酶

黄素酶的辅基是黄素单核苷酸还原酶（FMN）和黄素腺嘌呤二核苷酸（FAD）。FMN和FAD分子中维生素B_2（核黄素）的异咯嗪环是其功能部位。氧化型的FMN或FAD可接受1个质子和1个电子形成不稳定的FMNH或FADH，再接受另1个质子和1个电子转变为还原型$FMNH_2$或$FADH_2$。因此，FMN和FAD既具有传递氢又具有传递电子的功能。

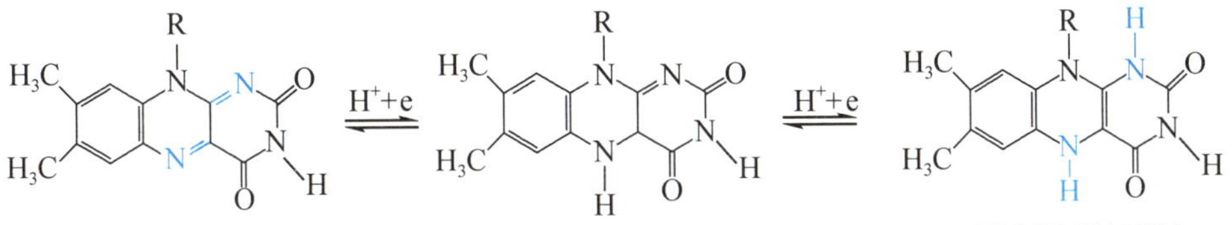

FMN(FAD)　　FMNH(FADH)　　$FMNH_2(FADH_2)$

$$FMN(FAD) \underset{-2H}{\overset{+2H}{\rightleftharpoons}} FMNH_2(FADH_2)$$

（三）铁硫蛋白

铁硫蛋白（Fe-S）是存在于线粒体内膜上的一类与传递电子有关的蛋白质，含有等量的铁离子和硫原子（Fe_2S_2、Fe_4S_4）。其分子中的铁离子能进行可逆的得失电子反应（$Fe^{2+} \rightleftharpoons Fe^{3+}+e$），且每次传递1个电子。因此，铁硫蛋白的功能是传递电子。

（四）泛醌

泛醌（辅酶Q或CoQ）是一种脂溶性醌类化合物，可在线粒体内膜中自由扩散。泛醌接受1个电子和1个质子还原成半醌，再接受1个电子和1个质子还原成二氢泛醌，后者又可脱去电子和质子而被氧化为泛醌。因此，泛醌既具有传递氢又具有传递电子的功能。

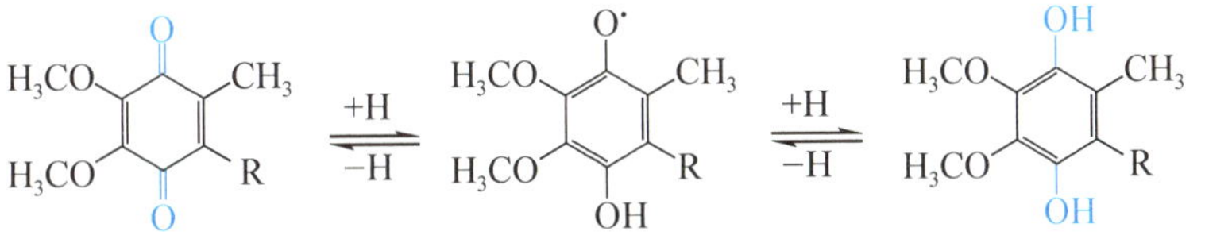

泛醌（醌型或氧化型）　　泛醌H·（半醌型）　　二氢泛醌（氢醌型或还原型）

$$CoQ \underset{-2H}{\overset{+2H}{\rightleftharpoons}} CoQH_2$$

（五）细胞色素

细胞色素（cytochrome，Cyt）是一类以铁卟啉为辅基的催化电子传递的酶类，因广泛存在于生物细胞内且具有颜色，故名为细胞色素。按吸收光谱的不同，可分为Cyt a、Cyt b、Cyt c三类，每一类中又因最大吸收峰的微小差别再分为几种亚类。

参与线粒体生物氧化体系的细胞色素有Cyt a、Cyt a_3、Cyt b、Cyt c和Cyt c_1，其传递电子的顺序是：Cyt b→Cyt c_1→Cyt c→Cyt aa_3→O_2。因Cyt a和Cyt a_3结合紧密，迄今尚未分开，故写成Cyt aa_3。Cyt aa_3是呼吸链中最后一个递电子体，可以将电子直接传递给氧，使氧被激活成氧离子，故又称为细胞色素c氧化酶。因此，细胞色素的功能是传递电子。

二、人体内H_2O的生成

生物氧化过程中，代谢物分子经脱氢酶催化，脱下的成对氢原子（$2H \rightleftharpoons 2H^{+}+2e$）在线粒体内膜上最终可传递给氧生成$H_2O$，并释放能量。

实验证实：在呼吸链组成成分中，除CoQ与Cyt c以游离形式存在线粒体内膜上，其余成分均以复合体形式存在，四种复合体Ⅰ、Ⅱ、Ⅲ、Ⅳ的组成，见表9-1。

表9-1　线粒体呼吸链复合体及其作用

复合体	酶名称	辅基
复合体Ⅰ	NADH-泛醌还原酶	FMN，Fe-S

续表

复合体	酶名称	辅基
复合体Ⅱ	琥珀酸-泛醌还原酶	FAD，Fe-S
复合体Ⅲ	泛醌-细胞色素c还原酶	Fe-S，铁卟啉
复合体Ⅳ	细胞色素c氧化酶	铁卟啉，Cu

四种复合体及CoQ、Cyt c按一定顺序排列在线粒体内膜上，构成NADH氧化呼吸链和$FADH_2$氧化呼吸链（也称琥珀酸氧化呼吸链），两条呼吸链组成成分在线粒体内的位置及排列，见图9-1。

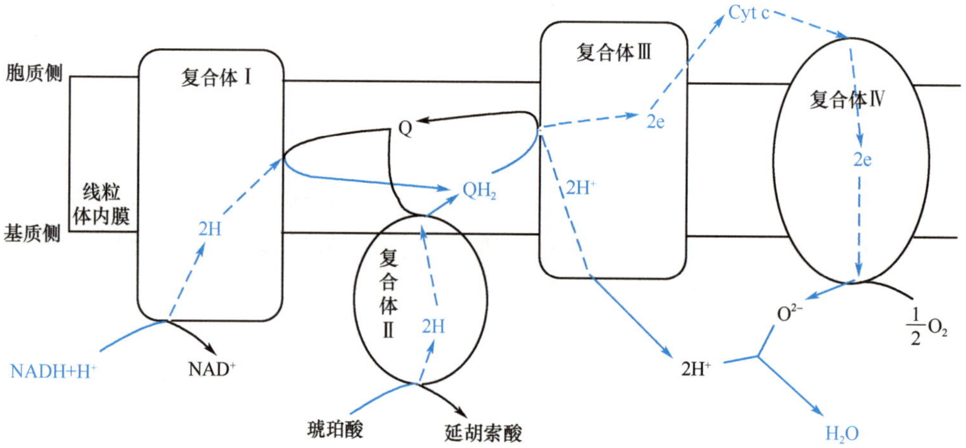

图9-1　两条呼吸链成分在线粒体内的位置及排列顺序示意图

（一）NADH氧化呼吸链

NADH氧化呼吸链由复合体Ⅰ、复合体Ⅲ、复合体Ⅳ、CoQ和Cyt c组成。

生物氧化中大多数脱氢酶都以NAD^+为辅酶，多种代谢物在相应的脱氢酶催化下脱氢，脱下的氢由NAD^+接受生成$NADH+H^+$。$NADH+H^+$脱下的2H经复合体Ⅰ（FMN，Fe-S）传给CoQ生成$CoQH_2$，后者将$2H^+$释放至线粒体基质中，而2e经复合体Ⅲ（Cyt b，Fe-S，Cyt c_1）传给Cyt c，再由复合体Ⅳ（Cyt aa_3）将2e交给氧（O）使之活化，活化的氧（O^{2-}）与线粒体基质中的$2H^+$结合生成水。

$$NADH\rightarrow 复合体Ⅰ\rightarrow CoQ\rightarrow 复合体Ⅲ\rightarrow Cyt\ c\rightarrow 复合体Ⅳ\rightarrow O_2$$

（二）琥珀酸氧化呼吸链（$FADH_2$氧化呼吸链）

琥珀酸氧化呼吸链由复合体Ⅱ、复合体Ⅲ、复合体Ⅳ、CoQ和Cyt c组成。

有些代谢物，如琥珀酸、脂酰CoA等脱下的氢经复合体Ⅱ（FAD，Fe-S，Cyt b-560）传给CoQ形成$CoQH_2$，然后与NADH氧化呼吸链的递电子顺序相同，最后使2H氧化生成水。

$$FADH_2\rightarrow 复合体Ⅱ\rightarrow CoQ\rightarrow 复合体Ⅲ\rightarrow Cyt\ c\rightarrow 复合体Ⅳ\rightarrow O_2$$

三、人体内ATP的生成及利用

生物氧化不仅消耗O_2，产生CO_2和H_2O，更重要的是有能量的释放。所释放的能量大约40%以化学能形式储存于ATP及其他高能化合物中。

高能化合物中含有高能键（水解时释放出的能量大于21kJ/mol），包括高能磷酸酯键和高能硫酯键等，一般用符号"～"表示。ATP含高能磷酸键，是体内最重要的高能化合物，水解时释放出的能量约为30.5kJ/mol。

人体内ATP的生成方式有底物水平磷酸化和氧化磷酸化两种。

（一）底物水平磷酸化

底物水平磷酸化是指在分解代谢过程中，代谢物因脱氢、脱水等作用而使能量在分子内部重新分布，形成高能键，然后将高能键的能量转移给ADP生成ATP的过程。

糖代谢中的三个底物水平磷酸化反应如下：

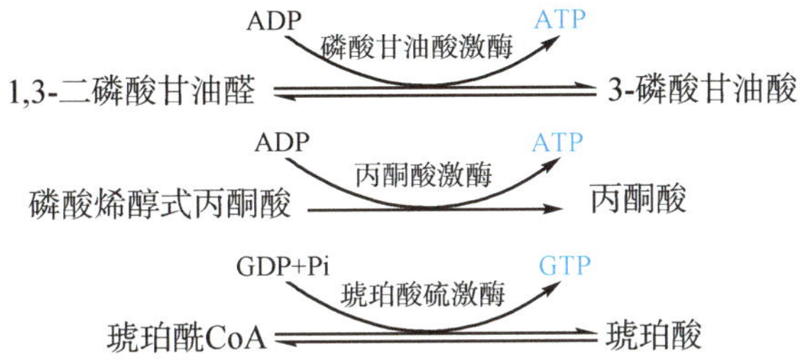

（二）氧化磷酸化

代谢物脱下的2H经呼吸链传递给氧生成水并释放能量的同时，使ADP磷酸化生成ATP的过程称为氧化磷酸化。氧化磷酸化是体内ATP的主要生成方式。

氧化磷酸化过程中，ATP的生成量可通过P/O值试验来推断。P/O值是指物质氧化时每消耗1mol氧原子所消耗的无机磷酸的摩尔数，它反映的是氧化磷酸化过程中，每生成1mol水分子所生成的ATP数目。

代谢物脱下的2H经NADH氧化呼吸链氧化，P/O值约为2.5；若经琥珀酸氧化呼吸链氧化，P/O值约为1.5。即代谢物脱下的2H若经NADH氧化呼吸链氧化，生成2.5分子ATP；经琥珀酸氧化呼吸链氧化，则生成1.5分子ATP。

（三）影响氧化磷酸化的因素

机体内氧化磷酸化的速率受多种因素的影响。

1. ADP浓度及ADP/ATP 正常机体氧化磷酸化的速率主要受ADP浓度及ADP/ATP的调节。当机体利用ATP时，ADP增多，ADP/ATP增高，氧化磷酸化速度加快；反之，ADP不足，ADP/ATP降低，使氧化磷酸化速度减慢。这种调节作用可使ATP的生成速度适应生理需要。

2. 甲状腺激素的调节 机体的甲状腺激素能诱导细胞膜上Na^+，K^+-ATP酶的生成，使ATP加速分解为ADP和Pi；由于ADP浓度增高，氧化磷酸化速度加快，ATP合成增多。由于ATP的分解和合成都增加，机体耗氧量和产热量均增加。故甲状腺功能亢进患者常有基础代谢率增高、怕热、易出汗等表现。

3. 抑制剂 一些化合物对氧化磷酸化有抑制作用，包括呼吸链抑制剂、解偶联剂等。

（1）呼吸链抑制剂 是指能够阻断呼吸链上某特定部位的电子传递的药物或毒物，又称为电子传递抑制剂。例如，异戊巴比妥、粉蝶霉素A、鱼藤酮、抗霉素、CO、H_2S和CN^-等，它们的作用部位如图9-2所示。其中，CO、CN^-、H_2S等抑制Cyt aa_3→O_2电子传递，导致细胞内能量代谢障碍，危及生命。

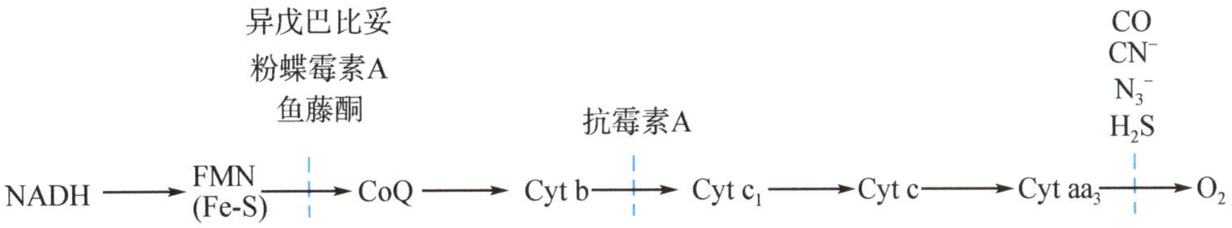

图9-2 呼吸链的抑制剂作用部位示意图

（2）解偶联剂 不抑制呼吸链的递氢或递电子过程，而是解除氧化与磷酸化的偶联，使氧化过程产生的能量不能用于ADP磷酸化生成ATP，而是以热能形式散发。主要有2, 4-二硝基苯酚（DNP）、哺乳动物和人（尤其是新生儿）的棕色脂肪组织中的解偶联蛋白等，如某些新生儿因为缺乏棕色脂肪组织，不能维持正常体温而造成皮下脂肪凝固，此即为新生儿硬肿症；又例如，感冒或患某些传染性疾病时体温升高，就是由于体内细菌或病毒产生的解偶联蛋白所致。

（3）ATP合酶抑制剂　对电子传递及ADP磷酸化均有抑制作用。例如，寡霉素可结合ATP合酶的F_0单位，二环己基碳二亚胺可共价结合F_0的c亚基阻断质子从F_0质子通道回流，抑制ATP合酶的活性。

案例 9-1

患者，女，55岁，在家用蜂窝煤炉做饭时感觉头痛，饭后头痛加剧，伴恶心、呕吐，四肢无力且视物不清，尔后发生晕倒。入院时患者口唇黏膜呈樱桃红色，脉快，多汗，神志不清伴低热。

问题：该患者最可能的诊断是什么？发生的原因是什么？

（四）细胞质中NADH的氧化

线粒体内生成的NADH可直接进入呼吸链的氧化磷酸化过程，但在细胞质中产生的NADH不能自由透过线粒体内膜，需经过穿梭机制进入线粒体。

1. α-磷酸甘油穿梭作用　脑、骨骼肌细胞的胞质中的$NADH+H^+$通过磷酸甘油脱氢酶（辅酶为NAD^+）催化，使磷酸二羟丙酮还原成α-磷酸甘油，后者穿过线粒体外膜，再经位于线粒体内膜胞质侧的磷酸甘油脱氢酶（辅基为FAD）催化氧化生成磷酸二羟丙酮和$FADH_2$（图9-3）。$FADH_2$将2H传递给泛醌进入呼吸链被氧化，生成1.5分子ATP。

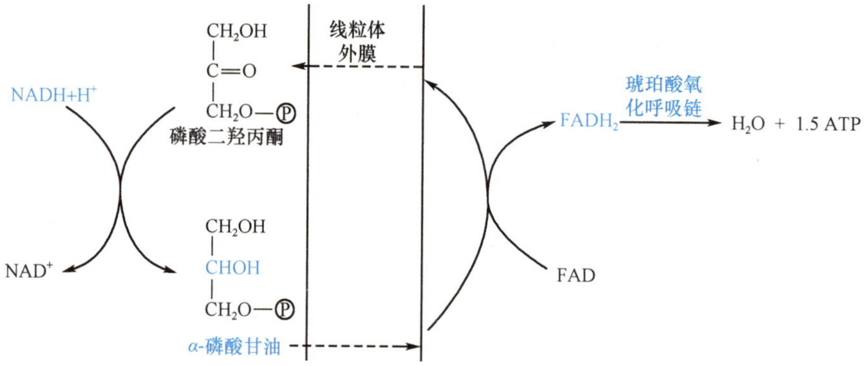

图9-3　α-磷酸甘油穿梭作用

2. 苹果酸-天冬氨酸穿梭作用　肝、肾和心肌细胞的胞质中的$NADH+H^+$在苹果酸脱氢酶的作用下，使草酰乙酸还原成苹果酸，后者进入线粒体后重新生成草酰乙酸和$NADH+H^+$（图9-4）。$NADH+H^+$进入NADH呼吸链，生成2.5分子ATP。

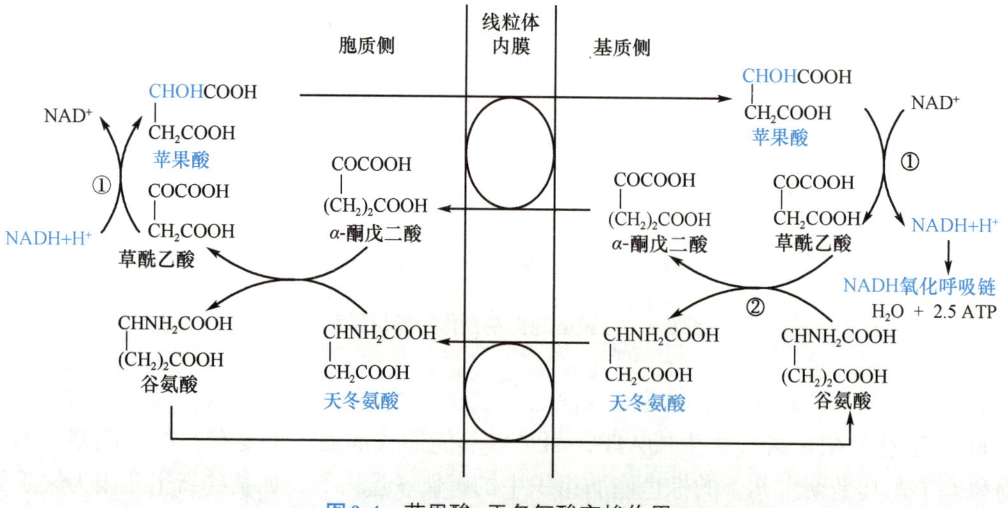

图9-4　苹果酸-天冬氨酸穿梭作用

四、能量的利用、储存和转移

（一）能量的利用

人的一切生命活动都需要消耗能量，食物中的糖、脂肪及蛋白质是满足人体能量需要的能源物质，但必须在体内转化为ATP才能被机体利用。ATP是人体及各种生物所有生命活动的主要直接供能物质（图9-5）。

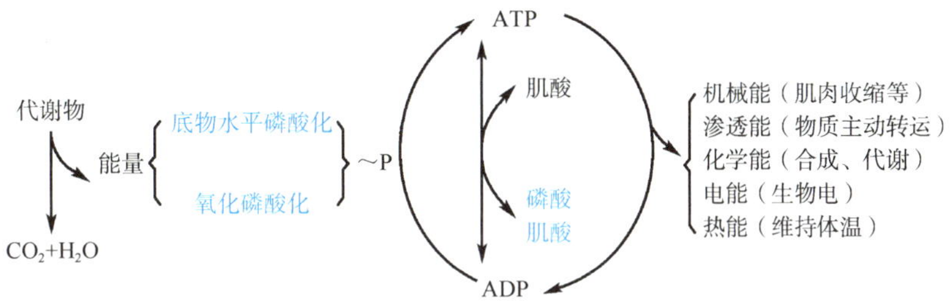

图9-5 ATP的生成、储存和利用

（二）能量的储存

ATP分子性质稳定，但寿命很短，不能在细胞中储存。ATP充足时，可在肌酸激酶（CK）催化下，将～P转移给肌酸生成磷酸肌酸（creatine phosphate，CP），作为肌肉和脑组织中能量的一种储存形式。当机体消耗ATP过多而致ADP增多时，磷酸肌酸将～P转移给ADP，生成ATP，供机体利用。

$$\text{ATP} + \text{肌酸（C）} \xrightleftharpoons{\text{肌酸激酶}} \text{ADP} + \text{磷酸肌酸（C～P）}$$

（三）能量的转移

体内多数合成反应都以ATP为直接能源，但某些合成反应则以其他高能化合物为直接能源，如为糖原、磷脂、蛋白质合成提供能量的UTP、CTP、GTP。然而这些化合物不能从物质氧化过程中直接生成，只能在二磷酸核苷激酶的催化下，从ATP中获得～P而生成。反应如下：

$$\text{ATP} + \text{UDP} \rightleftharpoons \text{ADP} + \text{UTP}$$
$$\text{ATP} + \text{CDP} \rightleftharpoons \text{ADP} + \text{CTP}$$
$$\text{ATP} + \text{GDP} \rightleftharpoons \text{ADP} + \text{GTP}$$

由此可见，生物体内能量的生成、转移、储存和利用都以ATP为中心。

自 测 题

一、名词解释

1. 生物氧化
2. 呼吸链
3. 氧化磷酸化
4. 底物水平磷酸化

二、选择题

1. 体内CO_2来自（　　）
   A. 碳原子被氧原子氧化
   B. 呼吸链的氧化还原过程
   C. 有机酸脱羧
   D. 糖原分解
   E. 以上都不是
2. 各种细胞色素在呼吸链中传递电子的顺序是（　　）
   A. Cyt a→Cyt a_3→Cyt b→Cyt c_1→Cyt c
   B. Cyt b→Cyt a→Cyt a_3→Cyt c_1→Cyt c
   C. Cyt c_1→Cyt c→Cyt b→Cyt a→Cyt a_3
   D. Cyt b→Cyt c_1→Cyt c→Cyt aa_3
   E. Cyt c→Cyt c_1→Cyt b→Cyt aa_3
3. 生物氧化的特点不包括（　　）
   A. 逐步放能　　B. 有酶催化
   C. 常温常压下进行　　D. 能量全部以热能形式散发

E. 可产生ATP

4. 人体活动主要的直接供能物质是（　　）

A. 葡萄糖　B. 脂肪酸　C. 磷酸肌酸

D. ATP　E. GTP

5. 体内ATP生成较多时可以下列何种形式储存（　　）

A. 磷酸烯醇式丙酮酸　B. 磷脂酰肌醇

C. 肌酸　D. 磷酸肌酸

E. 肌酐

6. 琥珀酸经氧化呼吸链的传递生成ATP的数目为（　　）

A. 1　B. 1.5　C. 2

D. 2.5　E. 3

7. 体内ATP生成的主要方式是（　　）

A. 糖的磷酸化　B. 有机酸脱氢

C. 肌酸磷酸化　D. 氧化磷酸化

E. 底物磷酸化

（王伟才）

第10章 脂质代谢

学习目标

1. 素质目标　树立人文关怀意识，遵循“以人为本，服务至上”的正确理念。

2. 知识目标　掌握三酰甘油的分解代谢，胆固醇的合成原料、限速酶及胆固醇的转化，血浆脂蛋白的组成、分类及生理功能；熟悉三酰甘油的合成代谢，甘油磷脂代谢，血浆脂蛋白代谢异常及高脂血症；了解脂质的分布、生理功能及消化吸收，血脂的种类与含量。

3. 能力目标　能运用本章知识解释脂质代谢紊乱性疾病的发病原因与防治策略，并能进行相应的临床应用。

第1节　概　　述

一、脂质的分类及分布

脂质（lipid）包括脂肪（fat）和类脂（lipoid）两大类。脂肪是由1分子甘油与3分子脂肪酸通过酯键结合而生成，故又称三酰甘油（triacylglycerol，TAG）或甘油三酯（triglyceride，TG）。类脂包括磷脂（phospholipid，PL）、胆固醇（cholesterol，Ch）、胆固醇酯（cholesterol ester，ChE）及糖脂（glycolipid，GL）等。

脂肪的含量因人而异，成年男性的脂肪含量一般占体重的10%～20%，女性稍高一些。脂肪主要分布于脂肪组织，以皮下、肠系膜、大网膜和肾周围储存较多，这些部位称为脂库。脂肪的含量易受年龄、膳食、运动和疾病等多种因素的影响而发生变动，所以又称为可变脂。

类脂约占体重的5%，广泛分布于全身各组织。类脂在各器官和组织中含量恒定，基本不受膳食、运动等因素的影响，故称为固定脂或基本脂。

考点：脂质的分类

二、脂质的功能

（一）脂肪的功能

1. 储能和供能　脂肪在体内既能储能又可氧化分解提供能量。1g脂肪在体内完全氧化时可释放出38.9kJ能量，比1g糖或蛋白质所释放出的能量多1倍以上。体内可储存大量的脂肪，当机体需要时，脂肪可及时氧化分解，供给机体能量。空腹时，机体50%以上的能量来自脂肪氧化。因此，脂肪是机体饥饿或禁食时能量的主要来源。

2. 维持体温和保护内脏　皮下脂肪能防止热量散失而维持体温。内脏周围的脂肪能减少脏器间的摩擦，缓冲机械碰撞，具有保护内脏的作用。

3. 提供必需脂肪酸　必需脂肪酸是维持人体正常生理功能所必需的、体内不能自行合成而必须由食物供给的脂肪酸，包括亚油酸（18∶2，$\Delta^{9,12}$）、亚麻酸（18∶3，$\Delta^{9,12,15}$）和花生四烯酸（20∶4，$\Delta^{5,8,11,14}$）。必需脂肪酸是维持机体生长发育和皮肤正常代谢不可缺少的多不饱和脂肪酸。

4. 促进脂溶性维生素的吸收　食物中的脂溶性维生素需要溶解在肠道内的脂质物质中伴随脂质一起吸收，当人体脂质消化吸收障碍时，会出现脂溶性维生素的缺乏。

（二）类脂的功能

1. 构成生物膜及神经髓鞘 磷脂和胆固醇是生物膜的重要组成成分，鞘磷脂是神经髓鞘的重要组成成分。

2. 转变成多种重要的活性物质 胆固醇在体内可转变成胆汁酸、类固醇激素和维生素D_3等具有重要功能的物质。

3. 参与血浆脂蛋白的构成 磷脂、胆固醇及胆固醇酯是各种血浆脂蛋白的组成成分，参与血浆脂蛋白的形成，起运输脂质物质的作用。

4. 作为第二信使参与代谢调节 某些磷脂的衍生物如二酰甘油（DG）、三磷酸肌醇（IP_3）等，均为细胞内传递信号的第二信使。

三、脂质的消化和吸收

（一）脂质的消化

食物中的脂质主要是三酰甘油，还有少量磷脂和胆固醇酯。脂质的消化主要在小肠上段进行，消化酶有胰腺分泌的胰脂酶、磷脂酶A_2、胆固醇酯酶等。脂质难溶于水，需肝脏分泌的胆汁酸盐乳化成微小的颗粒溶于消化液中才能被脂酶消化。三酰甘油在胰脂酶作用下逐步水解，生成甘油、脂肪酸及少量的一酰甘油；磷脂在磷脂酶的作用下被水解，生成脂肪酸和溶血磷脂；而胆固醇酯则在胆固醇酯酶的作用下，产生脂肪酸和游离胆固醇。

（二）脂质的吸收

脂质的吸收主要在十二指肠下段和空肠上段。大部分三酰甘油水解至一酰甘油后即被吸收，极少量的三酰甘油经胆汁酸乳化后被直接吸收，在肠黏膜细胞内脂肪酶的作用下，水解为脂肪酸及甘油通过门静脉入血。中链、短链脂肪酸（$<C_{12}$）吸收迅速，通过门静脉入血。长链脂肪酸（$C_{12}\sim C_{26}$）在肠黏膜细胞内再合成三酰甘油，与载脂蛋白、胆固醇等结合成乳糜微粒经淋巴入血，最后输送到各部分组织，被机体所利用。

案例 10-1

患者，女，50岁，既往2型糖尿病史11年，血糖控制情况不详。3天前感冒、咳嗽，未及时治疗。1天前患者出现意识不清、呼吸急促，呼出的气体伴有烂苹果味。

体格检查：重度脱水貌，浅昏迷，呼气带有烂苹果味；双肺可闻及湿啰音。

生化检查：空腹血糖 40.72mmol/L，β-羟丁酸 10.2mmol/L，乙酰乙酸 4.3mmol/L。动脉血气分析：pH 7.095，CO_2分压 4.4kPa（33mmHg），O_2分压 5.7kPa（43mmHg），碱剩余 18.4 mmol/L，HCO_3^- 10.1mmol/L。尿常规：尿酮体（+++），尿糖（++++）。

问题： 1. 该患者可能的诊断是什么？

2. 该病的生化机制是怎样的？

第 2 节　三酰甘油的代谢

链 接　瘦素与肥胖

瘦素（leptin，LP）是一种主要由脂肪细胞分泌的蛋白类激素。LP具有广泛的生物学效用，其中较重要的是作用于下丘脑的代谢调节中枢，发挥抑制食欲、减少能量摄取、增加能量消耗、抑制脂肪合成的作用。瘦素是肥胖基因在脂肪细胞内的表达产物，分子量16 000，为含167个氨基酸残基的单链蛋白质。缺失肥胖基因的大鼠，不能分泌瘦素，表现为食欲旺盛，体重显著增加，可导致病态肥胖。

一、三酰甘油的分解代谢

考点：脂肪动员的概念及关键酶

储存在脂肪细胞中的三酰甘油，在各种脂肪酶逐步水解下，分解为甘油和游离脂肪酸（free fatty acid，FFA）并释放入血，再经血液运输至全身各组织氧化利用的过程称为脂肪动员。脂肪动员的过程如下：

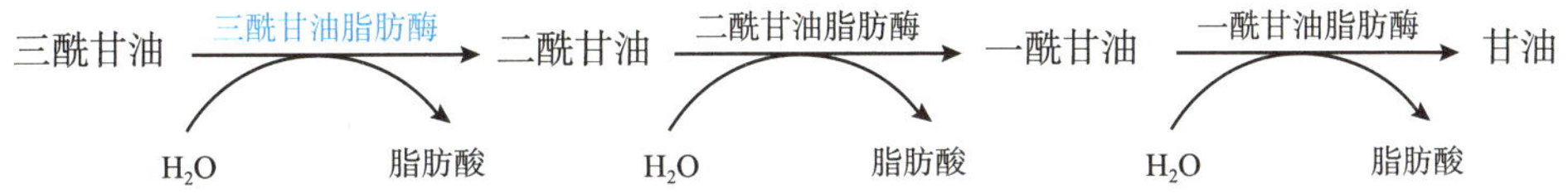

其中，三酰甘油脂肪酶是脂肪动员的关键酶，该酶受多种激素的调节，故又称激素敏感性脂肪酶。胰岛素、前列腺素E_2可使酶活性降低，抑制脂肪动员，故称为抗脂解激素；肾上腺素、去甲肾上腺素、胰高血糖素、肾上腺皮质激素等能启动脂肪动员，称为脂解激素。近来研究发现催化三酰甘油水解第一步并不是激素敏感性三酰甘油脂肪酶的主要作用，其主要作用是催化第二步反应，也就是水解二酰甘油，生成一酰甘油和脂肪酸。

（一）甘油的代谢

脂肪动员所产生的甘油溶于水，可直接由血液运输到肝、肾和小肠黏膜等组织细胞。甘油经甘油激酶催化生成3-磷酸甘油后，再经3-磷酸甘油脱氢酶脱氢生成磷酸二羟丙酮，后者可进入糖代谢途径彻底氧化分解并释放能量；也可异生为葡萄糖和糖原。

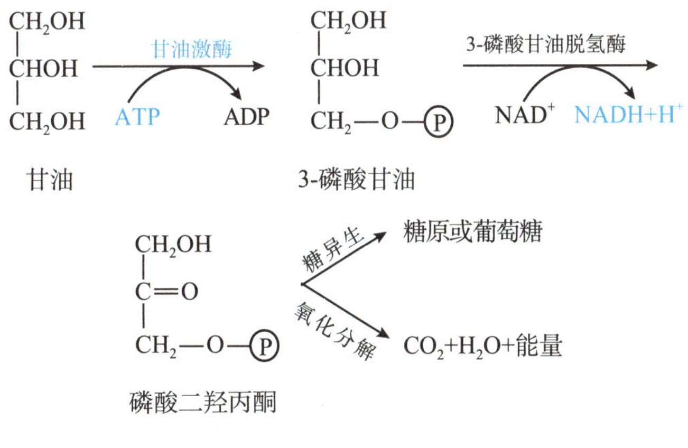

（二）脂肪酸的氧化分解

脂肪动员所产生的脂肪酸释放入血后，与清蛋白结合形成脂肪酸-清蛋白复合物，随血液循环运输到全身各组织利用。除脑组织和成熟红细胞外，体内大多数组织都能氧化利用脂肪酸，以肝和肌肉组织最为活跃。脂肪酸的氧化分解过程分为以下四个阶段。

1. 脂肪酸的活化 脂肪酸要经过活化后才能进行分解，活化反应在胞质中完成，需ATP、辅酶A和Mg^{2+}参与，脂肪酸在脂酰CoA合成酶的催化下，生成脂酰CoA。

$$\underset{\text{脂肪酸}}{RCOOH} + CoA\text{-}SH + ATP \xrightarrow[Mg^{2+}]{\text{脂酰CoA合成酶}} \underset{\text{脂酰CoA}}{RCO\sim CoA} + AMP + PPi$$

反应过程中生成的焦磷酸（PPi）立即被细胞内的焦磷酸酶水解，所以此反应共消耗了两个高能磷酸键，也阻止了逆向反应的进行。生成的脂酰CoA分子中含有高能硫酯键，代谢活性增强。

2. 脂酰CoA进入线粒体 脂肪酸氧化的酶系存在于线粒体基质内，而长链脂酰CoA不能直接通过线粒体内膜，需线粒体内膜两侧的特异转运载体——肉碱转运，并在位于线粒体内外膜的肉碱脂酰转移酶Ⅰ（carnitine acyl transferase Ⅰ，CAT Ⅰ）、肉碱脂酰转移酶Ⅱ（CAT Ⅱ）及位于线粒体内膜的肉碱-脂酰肉碱转位酶共同催化下，穿过线粒体内膜转入线粒体基质中进行氧化分解，见图10-1。

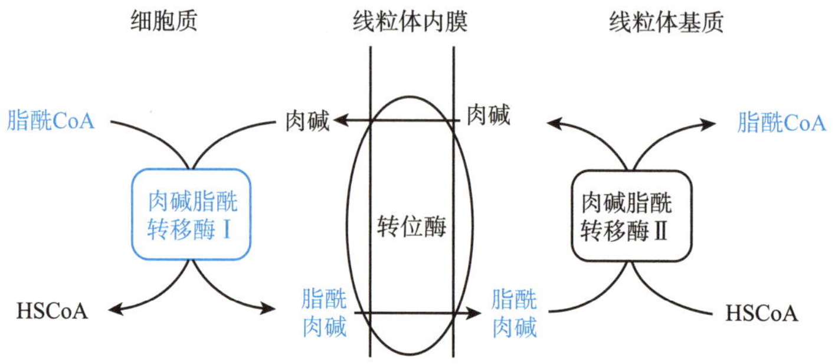

图10-1 脂酰辅酶A进入线粒体示意图

此转运过程是脂肪酸氧化的限速步骤，位于线粒体外膜的肉碱脂酰转移酶Ⅰ是关键酶。在饥饿、高脂低糖膳食或糖尿病等情况下，机体糖的利用出现障碍，需脂肪酸氧化供能时，该酶活性增高，脂肪酸氧化供能增加。

考点：脂肪酸氧化的过程及脂肪酸氧化分解时产能的计算

医者仁心

左旋肉碱与减肥

左旋肉碱（*L*-carnitine），又称*L*-肉碱、维生素BT，化学名称*L*-*β*-羟基-*γ*-三甲氨基丁酸，是一种可促使脂肪转化为能量的类氨基酸。左旋肉碱是脂肪代谢过程中一种必需的载体，能促进脂肪酸进入线粒体进行氧化分解。但左旋肉碱只是一种运载工具，至于到底消耗多少脂肪，并不取决于左旋肉碱的量多少，而是取决于机体能量消耗的多少。因此，单一应用左旋肉碱来减肥，并不一定能达到很好的减肥效果，必须要配合适当的运动，控制饮食。

3. 脂酰CoA的*β*-氧化 脂酰CoA进入线粒体基质后，在脂肪酸*β*-氧化多酶体系的催化下，从脂酰基*β*-碳原子开始，进行脱氢、加水、再脱氢和硫解四步连续反应，生成一分子乙酰CoA和一分子比原来少两个碳原子的脂酰CoA。由于氧化反应主要发生在脂酰基的*β*-碳原子上，所以称为*β*-氧化。

β-氧化反应过程如下：

（1）脱氢 在脂酰CoA脱氢酶的催化下，脂酰CoA从*α*、*β*碳原子各脱去一个氢原子，生成反Δ^2-烯脂酰CoA，脱下的氢由该酶的辅基FAD接受，生成$FADH_2$。

（2）加水 在反Δ^2-烯脂酰CoA水化酶的催化下，反Δ^2-烯脂酰CoA加水生成*β*-羟脂酰CoA。

（3）再脱氢 在*β*-羟脂酰CoA脱氢酶的催化下，*β*-羟脂酰CoA再脱下一对氢原子，生成*β*-酮脂酰CoA，脱下的氢由该酶的辅基NAD^+接受，生成$NADH+H^+$。

（4）硫解 在*β*-酮脂酰CoA硫解酶的催化下，*β*-酮脂酰CoA加一分子CoA使*α*与*β*碳原子之间的化学键断裂，生成一分子乙酰CoA和一分子比原来少两个碳原子的脂酰CoA。

上述生成的比原来少两个碳原子的脂酰CoA可反复进行脱氢、加水、再脱氢和硫解反应，最终使体内偶数碳原子的饱和脂肪酸沿上述三阶段反应完全降解为乙酰CoA（图10-2）。

4. 乙酰CoA的去向

（1）彻底氧化 在体内各组织中，脂肪酸*β*-氧化生成的乙酰CoA直接在线粒体中通过三羧酸循环彻底氧化分解，生成CO_2和H_2O并释放能量。

脂肪酸经上述过程彻底氧化分解后能产生大量的能量。例如，一分子16碳的软脂酸，先在胞质中活化生成一分子软脂酰CoA，然后进入线粒体经7次*β*-氧化，共生成7分子$FADH_2$、7分子$NADH+H^+$

和8分子乙酰CoA。最终1分子软脂酸彻底氧化共生成（7×1.5）+（7×2.5）+（8×10）=108分子ATP，减去活化时消耗的2分子ATP，净生成106分子ATP。

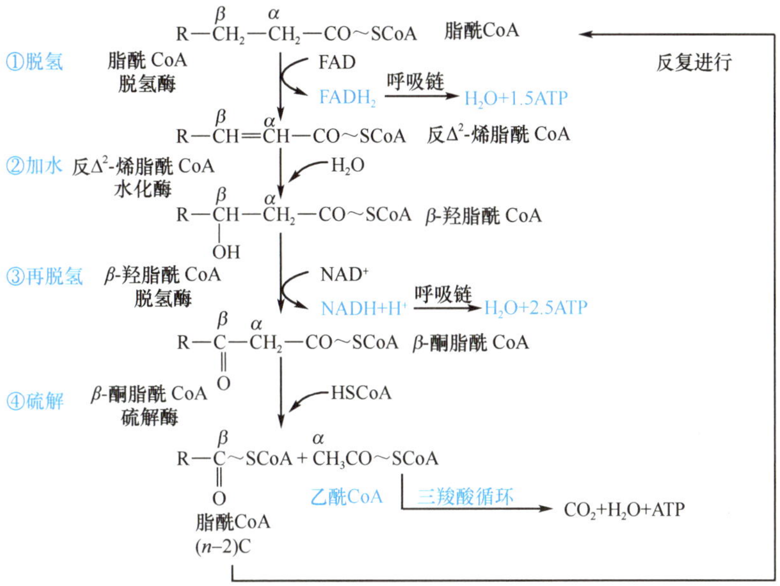

图10-2　脂酯CoA的β-氧化

（2）转变成其他中间产物　在肝除了上述途径外，还有一部分乙酰CoA能在肝细胞线粒体酶的催化下生成酮体，并通过血液循环运往肝外组织氧化利用。

（三）酮体的生成与利用

在心肌、骨骼肌等组织中脂肪酸能够彻底氧化成CO_2和H_2O，并释放能量。而由于肝细胞中具有活性较强的酮体合成酶系，因此β-氧化生成的乙酰CoA，在肝细胞中除了进入三羧酸循环外，大部分转变为乙酰乙酸、β-羟丁酸和丙酮，三者统称为酮体（ketone body），酮体是脂肪酸在肝中分解氧化时特有的中间代谢物，其中β-羟丁酸约占酮体总量的70%，乙酰乙酸约占30%，丙酮含量极微。

1. 酮体的生成　酮体在肝细胞线粒体内，以乙酰CoA为原料合成，基本过程如下。

（1）2分子乙酰CoA在乙酰乙酰CoA硫解酶催化下缩合成乙酰乙酰CoA，并释放出1分子CoA。

（2）乙酰乙酰CoA在羟甲基戊二酸单酰CoA（3-hydroxy-3-methyl glutaryl CoA，HMG-CoA）合酶的催化下，再与1分子乙酰CoA缩合生成HMG-CoA，并释放出1分子CoA。

（3）HMG-CoA在HMG-CoA裂解酶催化下裂解，生成1分子乙酰乙酸和1分子乙酰CoA。大部分乙酰乙酸在线粒体内膜β-羟丁酸脱氢酶催化下被还原成β-羟丁酸（此过程为可逆反应），少量乙酰乙酸脱羧生成丙酮。酮体的生成过程见图10-3。

HMG-CoA合酶是酮体生成的关键酶。

肝具有较强合成酮体的酶系，但缺乏分解利用酮体的酶类，所以肝中生成的酮体，需透过细胞膜进入血液，运输到肝外组织进一步氧化分解，这也是酮体代谢的特点。

2. 酮体的利用　肝外许多组织如心肌、骨骼肌、肾、脑等组织中具有活性很强的利用酮体的酶（图10-4）。

（1）乙酰乙酸硫激酶催化乙酰乙酸生成乙酰乙酰CoA。

（2）琥珀酰CoA转硫酶催化琥珀酰CoA中的CoA转移给乙酰乙酸，生成乙酰乙酰CoA。

（3）以上各种组织中生成的乙酰乙酰CoA在乙酰乙酰CoA硫解酶的催化下，生成2分子乙酰CoA，乙酰CoA可进入三羧酸循环彻底氧化分解，并释放能量为这些组织利用。

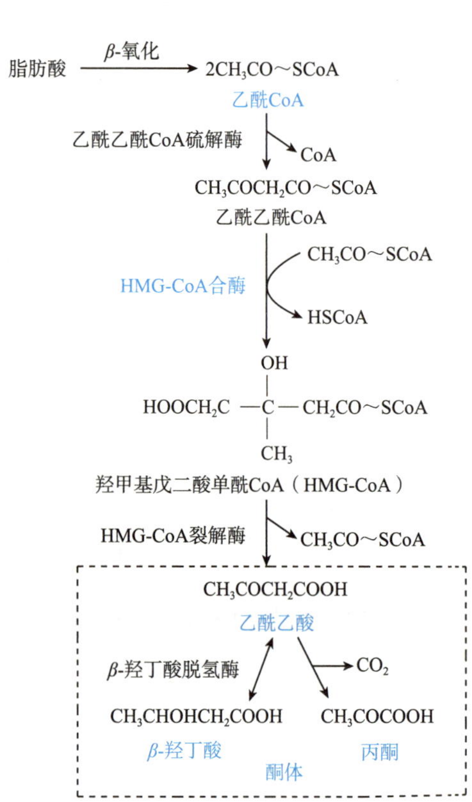

图10-3　酮体的生成

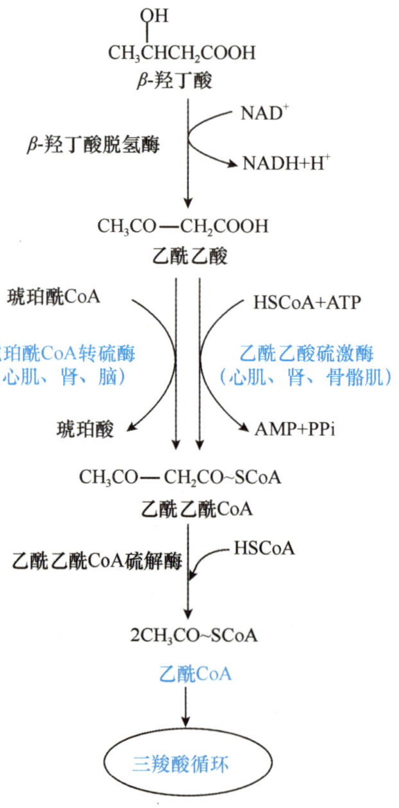

图10-4　酮体的利用

酮体中的β-羟丁酸可在β-羟丁酸脱氢酶的催化下，脱氢生成乙酰乙酸，然后再沿上述途径被氧化分解。而丙酮含量极少，可随尿排出。当血液中酮体水平升高时，丙酮也可以通过肺部呼吸排出。

3. 酮体生成的生理意义　酮体是肝内脂肪酸正常的中间代谢产物，是肝输出能源的一种形式。酮体分子小、易溶于水、便于血液运输，能通过血脑屏障和毛细血管壁，是体内许多组织尤其是脑和肌肉组织的重要能源。脑组织不能氧化脂肪酸却能利用酮体，当长期饥饿、糖供应不足时，酮体可代替葡萄糖成为脑和肌肉等组织的主要能源，有利于维持血糖平衡，减少肌肉蛋白质的消耗。

考点：糖尿病引起酮症酸中毒的发病机制

正常人血中仅含有少量酮体，为0.03～0.50mmol/L（0.3～5.0mg/dl）。在长期饥饿、高脂低糖膳食或严重糖尿病时，脂肪动员加强，脂肪酸在肝内分解增多，酮体生成增加，超过肝外组织利用的能力，引起血中酮体增多，称为酮血症。由于酮体中的乙酰乙酸、β-羟丁酸是有机酸，酮体过多可导致酮症酸中毒，并随尿排出，引起酮尿（可高达5000mg/24h尿，正常为≤125mg/24h尿）。尤其在未控制的糖尿病患者，血液酮体含量可高出正常情况数十倍，这时，丙酮约占酮体总量的一半，可通过呼吸排出体外，甚至可闻到患者呼出的气体中有烂苹果味。

考点：酮体的概念、生成的原料、关键酶及生理意义

二、三酰甘油的合成代谢

三酰甘油的合成主要在肝、脂肪组织及小肠进行，其中肝的合成能力最强。α-磷酸甘油和脂肪酸是合成三酰甘油的基本原料。

（一）α-磷酸甘油的生成

α-磷酸甘油有两个来源。

1. 主要来自糖代谢　糖代谢的中间产物磷酸二羟丙酮在α-磷酸甘油脱氢酶的催化下，被还原生成

α-磷酸甘油。

2. 来自食物 食物消化吸收的甘油及体内脂肪动员释放的甘油也能在甘油激酶（肝、肾等组织）的催化下，生成α-磷酸甘油。

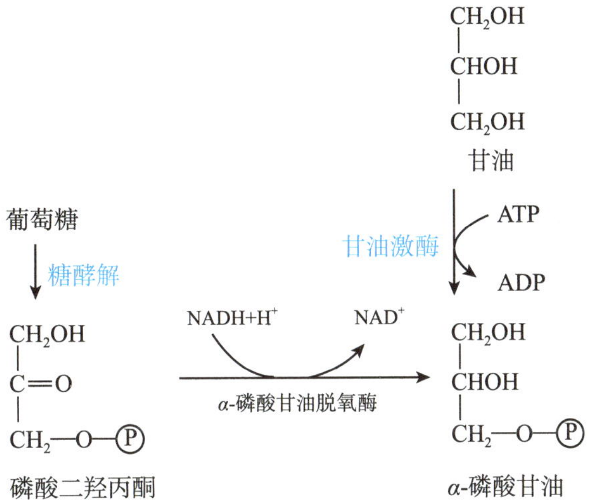

（二）脂肪酸的合成

1. 合成部位 主要是肝，另外肾、脑、肺、乳腺及脂肪组织等也能合成脂肪酸，因为在这些组织细胞的胞质中都含有能合成脂肪酸的酶系。

2. 合成原料 主要是乙酰CoA。此外，还需要ATP供能、NADPH供氢及其他因子。其中乙酰CoA主要来自糖代谢，NADPH主要来自磷酸戊糖途径。

细胞内的乙酰CoA全部在线粒体内产生，而脂肪酸的合成却在胞质。因此，必须把线粒体中的乙酰CoA转移进入胞质才能用于脂肪酸的合成。乙酰CoA不能自由透过线粒体内膜，必须通过柠檬酸-丙酮酸循环机制才能实现。线粒体中的乙酰CoA先与草酰乙酸缩合生成柠檬酸，然后通过线粒体内膜上的载体转运进入胞质，由胞质中的柠檬酸裂解酶催化裂解生成乙酰CoA和草酰乙酸，乙酰CoA即可用于脂肪酸的合成，而草酰乙酸则在苹果酸脱氢酶的作用下，还原成苹果酸，苹果酸也可在苹果酸酶的作用下分解为丙酮酸，以上生成的苹果酸和丙酮酸经载体转运进入线粒体，最终均可转变成草酰乙酸，再参与转运乙酰CoA（图10-5）。

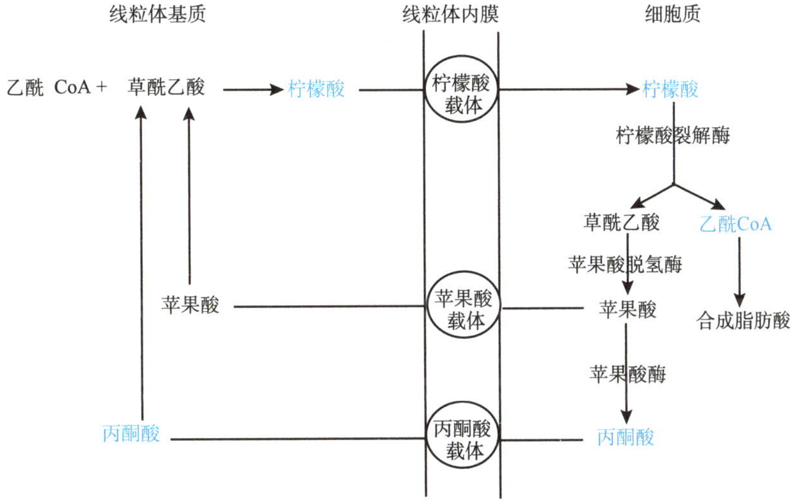

图10-5 柠檬酸-丙酮酸循环

3. 合成过程

（1）丙二酸单酰CoA的合成　在乙酰CoA羧化酶的催化下，乙酰CoA羧化生成丙二酸单酰CoA，此酶是脂肪酸合成的关键酶，其辅基是生物素，Mn^{2+}为激活剂，反应式如下：

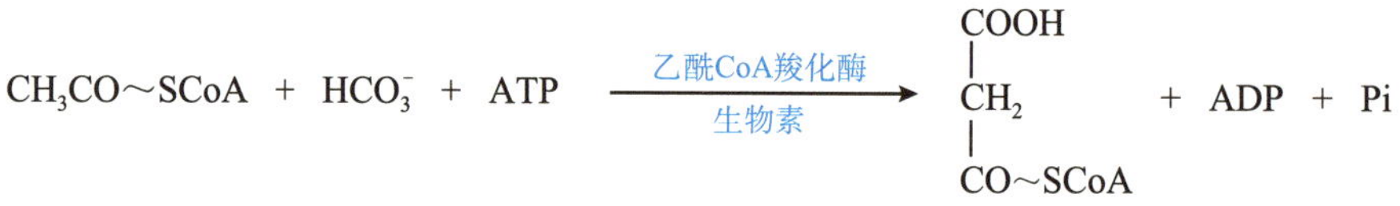

乙酰CoA　　　　丙二酸单酰CoA

（2）软脂酸的合成　在脂肪酸合酶系的催化下，1分子乙酰CoA与7分子丙二酸单酰CoA经过连续的加成反应，包括缩合、还原、脱水和再还原等反应，每次增加2个碳原子，7次循环之后，最终先合成16碳的软脂酸。

软脂酸合成的总反应式为：

$$CH_3CO\sim SCoA + 7HOOCCH_2CO\sim SCoA + 14NADPH + 14H^+ \xrightarrow{\text{脂肪酸合酶系}} CH_3(CH_2)_{14}CO\sim SCoA + 6H_2O + 7CO_2 + 8HSCoA + 14NADP^+$$

体内合成的脂肪酸最初均为16碳的软脂酸。更长碳链的脂肪酸是在肝细胞的线粒体或内质网对软脂酸进行加工使其碳链延长完成的，而碳链的缩短是在线粒体内通过β-氧化进行的。

体内的单不饱和脂肪酸软油酸（16∶1，Δ^9）和油酸（18∶1，Δ^9）是在Δ^9去饱和酶催化下，分别由软脂酸和硬脂酸转变而来的。而亚油酸、亚麻酸和花生四烯酸属于多不饱和脂肪酸，体内不能合成，必须由食物供给。

链 接　反式脂肪酸

反式脂肪酸（trans fatty acid，TFA）是所有含反式双键的不饱和脂肪酸的总称，空间构象呈线性，与之相对应的是顺式脂肪酸，空间构象呈弯曲状。由于它们的立体结构不同，二者的物理性质也有所不同，顺式脂肪酸多为液态，熔点较低；而TFA多为固态或半固态，熔点较高。虽然摄入过多的反式脂肪酸对人体健康不利，但并不是所有的反式脂肪酸对人体的健康都有害，如共轭亚油酸就是一种有益的反式脂肪酸，它具有一定的抗肿瘤作用。

考点：脂肪酸合成的部位、原料及关键酶

（三）三酰甘油的合成

1. 一酰甘油途径　小肠黏膜上皮细胞主要由此途径合成三酰甘油。主要是利用消化吸收的一酰甘油及脂肪酸为原料再合成三酰甘油。反应过程如下：

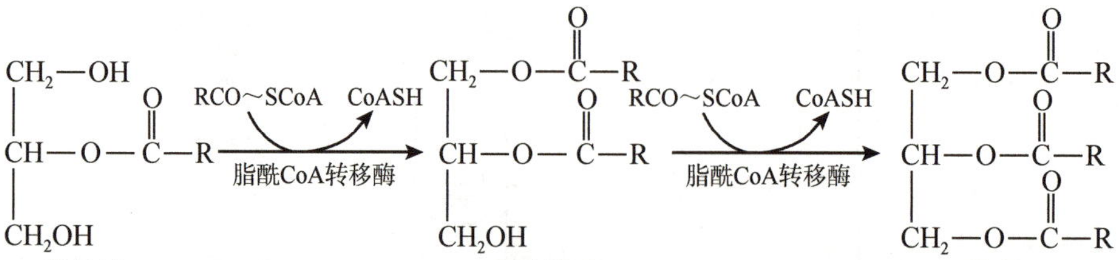

一酰甘油　　　　二酰甘油　　　　三酰甘油

2. 二酰甘油途径　肝和脂肪组织主要由此途径合成三酰甘油。主要是利用糖代谢生成的3-磷酸甘油在脂酰CoA转移酶的催化下依次加上2分子脂酰CoA生成磷脂酸，磷脂酸在磷脂酸磷酸酶的作用下，脱去磷酸生成1, 2-二酰甘油，最后在脂酰CoA转移酶的催化下，加上1分子脂酰基生成三酰甘油。反应过程如下：

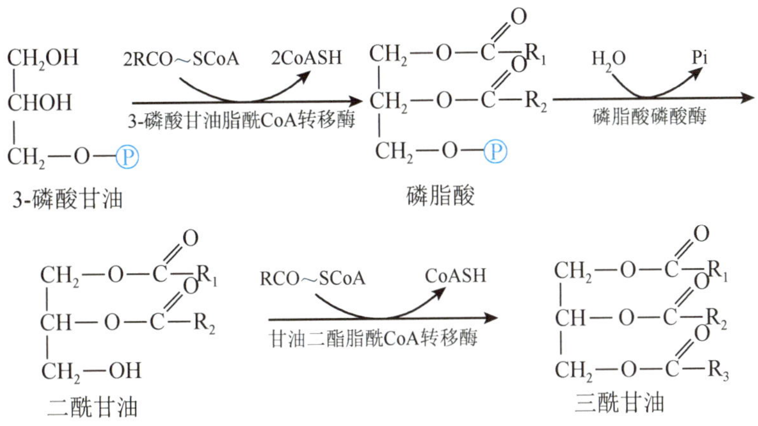

第3节 胆固醇的代谢

胆固醇最早是从动物胆石中分离出来的固体醇类化合物，故称为胆固醇（cholesterol）。结构中含有环戊烷多氢菲烃核及一个羟基。体内的胆固醇包括游离胆固醇和胆固醇酯两种形式。

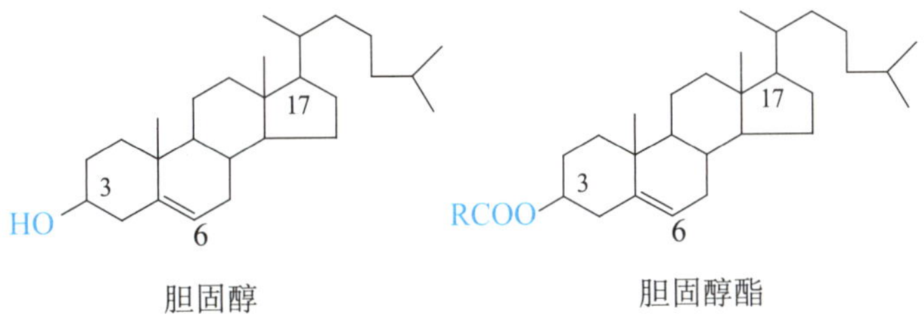

成人体内的胆固醇含量约为140g，广泛分布于全身各组织中，大约1/4分布在脑及神经组织中。肝、肾、肠、肾上腺、卵巢等内脏及皮肤、脂肪组织均含较多的胆固醇。肌肉中胆固醇含量较少。

人体中的胆固醇主要由机体自身合成，也可来源于食物。胆固醇在体内有重要的生理功能，它是动物细胞膜的重要组成成分，也是合成类固醇激素、胆汁酸盐及维生素D_3的前体物质。

一、胆固醇的合成

（一）合成部位

除成年动物脑组织及成熟红细胞外，几乎全身各组织均可合成胆固醇，每天可合成1g左右。肝是胆固醇合成的主要场所，占合成总量的70%～80%，其次是小肠，合成量约占10%。合成过程主要在细胞质和滑面内质网进行。

（二）合成原料

胆固醇的合成原料是乙酰CoA和NADPH+H^+，并需要ATP供能。线粒体中的乙酰CoA通过柠檬酸-丙酮酸循环进入胞质参与胆固醇的合成。乙酰CoA及ATP大多来自糖的有氧氧化，而NADPH+H^+则主要来自磷酸戊糖途径。

（三）合成过程

胆固醇合成过程非常复杂，包括约30步酶促反应，分为三个阶段。

1. 甲羟戊酸的生成 在细胞质中，2分子乙酰CoA在乙酰乙酰CoA硫解酶的催化下缩合生成乙酰乙酰CoA；然后在HMG-CoA合酶的催化下，再与1分子乙酰CoA缩合生成HMG-CoA；HMG-CoA由内质网HMG-CoA还原酶催化，NADPH供氢，还原生成甲羟戊酸（mevalonic acid，MVA）。其中的

HMG-CoA还原酶是胆固醇合成的关键酶。

2. 鲨烯的生成 MVA在一系列酶的催化下，由ATP供能，先经磷酸化、脱羧等反应生成活泼的5碳焦磷酸化合物。然后3分子5碳焦磷酸化合物缩合生成15碳的焦磷酸法尼酯，2分子焦磷酸法尼酯再缩合、还原即生成30碳的鲨烯。

3. 胆固醇的生成 鲨烯再经单加氧酶、环化酶等催化生成羊毛固醇，最后经氧化、脱羧、还原等反应，脱去3分子CO_2生成27碳的胆固醇（图10-6）。

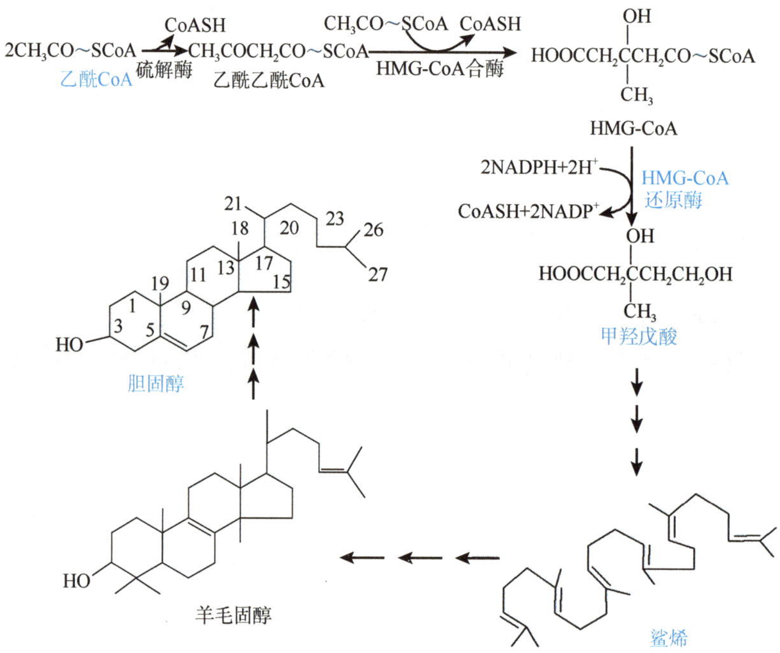

图10-6 胆固醇的合成

考点： 胆固醇合成的部位、原料及关键酶

（四）胆固醇合成的调节

HMG-CoA还原酶是胆固醇合成的关键酶，各种因素对胆固醇合成的调节，主要是通过影响HMG-CoA还原酶的活性和含量来实现的。

1. 饥饿与饱食 饥饿或禁食可抑制肝合成胆固醇。饥饿一方面引起肝HMG-CoA还原酶活性降低。另一方面，导致乙酰CoA、ATP、NADPH+H^+等胆固醇合成的原料不足。相反，摄取高糖、高脂肪饮食后，HMG-CoA还原酶活性升高，促进胆固醇合成。

2. 胆固醇含量 细胞胆固醇水平升高可反馈抑制肝HMG-CoA还原酶基因转录，酶蛋白的合成量减少，从而抑制肝胆固醇的合成；相反，降低细胞胆固醇量，可解除胆固醇对肝中HMG-CoA还原酶合成的抑制作用，促进胆固醇合成。但食物胆固醇不能抑制小肠黏膜细胞合成胆固醇。

3. 激素 胰岛素及甲状腺素能诱导肝HMG-CoA还原酶的合成，从而增加胆固醇的合成。胰高血糖素及皮质醇激素则能抑制并降低HMG-CoA还原酶的活性，从而减少胆固醇的合成。甲状腺素除能促进胆固醇的合成外，同时又可促进胆固醇在肝中转变为胆汁酸，且后一作用较前者强，因而甲状腺功能亢进患者的血清胆固醇含量反而下降。

4. 昼夜节律性 HMG-CoA还原酶活性具昼夜变化规律，午夜最高，正午最低，因此胆固醇合成具有周期节律性。

二、胆固醇的酯化

细胞内和血浆中的游离胆固醇都可被酯化成胆固醇酯。

在组织细胞内，游离胆固醇可在脂酰CoA胆固醇脂酰转移酶（acyl-CoA cholesterol acyl transferase，ACAT）的催化下，接受脂酰CoA的脂酰基形成胆固醇酯。

血浆中，游离胆固醇在卵磷脂胆固醇脂酰转移酶（lecithin cholesterol acyl transferase，LCAT）的催化下，卵磷脂C_2位上的脂酰基转移至胆固醇C_3位的羟基上，生成胆固醇酯及溶血卵磷脂。

LCAT是由肝实质细胞合成，而后分泌入血，在血浆中发挥催化作用。肝实质细胞有病变或损害时，可使LCAT活性降低，引起血浆胆固醇酯含量下降。

$$\text{胆固醇} + \text{脂酰 CoA} \xrightarrow[\text{（细胞内）}]{\text{ACAT}} \text{胆固醇酯} + \text{HSCoA}$$

$$\text{胆固醇} + \text{卵磷脂} \xrightarrow[\text{（血浆）}]{\text{LCAT}} \text{胆固醇酯} + \text{溶血卵磷脂}$$

三、胆固醇的去路

胆固醇在体内不能被彻底氧化分解成CO_2和H_2O，而是经氧化、还原、降解等反应转变为其他具有重要生理功能的物质或排出体外。

1. 转化为胆汁酸　在肝中转化成胆汁酸是胆固醇在体内代谢的主要去路。正常人每天合成胆固醇1.0～1.5g，其中40%在肝转变成为胆汁酸，随胆汁排入肠道，促进脂质的消化和吸收，抑制胆汁中胆固醇的析出等。

2. 转化为类固醇激素　胆固醇是合成类固醇激素的原料。肾上腺皮质细胞可以以胆固醇为原料合成醛固酮、皮质醇和少量皮质酮，参与水、电解质、糖类和蛋白质代谢调节；性腺可以利用胆固醇为原料合成各种性激素。

3. 转化为维生素D_3　胆固醇在体内可以被脱氢生成7-脱氢胆固醇，7-脱氢胆固醇随血液运至皮下，经日光中紫外线照射可转变为维生素D_3。

4. 胆固醇的排泄　体内大部分胆固醇在肝内转变为胆汁酸随胆汁排出，这是胆固醇排泄的主要途径。还有一部分胆固醇也可直接随胆汁或通过肠道黏膜排入肠道。进入肠道的胆固醇，一部分被重吸收，另一部分则被肠道细菌还原为粪固醇，随粪便排出。故胆管阻塞的患者血浆胆固醇含量会升高。

考点：胆固醇的代谢去路

第4节　磷脂的代谢

磷脂（phospholipid）是含有磷酸的类脂，分为甘油磷脂与鞘磷脂两大类。由甘油构成的磷脂称为甘油磷脂，由鞘氨醇或二氢鞘氨醇构成的磷脂称为鞘磷脂。体内甘油磷脂含量较大。

甘油磷脂由甘油、脂肪酸、磷酸和含氮化合物组成，根据含氮化合物的不同分为不同类型的甘油磷脂。其结构如下：

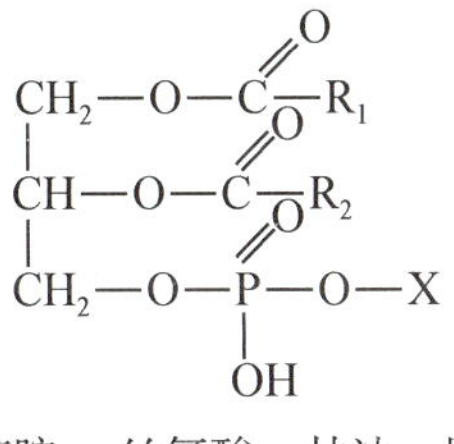

（X＝胆碱、水、乙醇胺、丝氨酸、甘油、肌醇、甘油二酯等）

体内最常见的甘油磷脂是磷脂酰胆碱（卵磷脂）和磷脂酰乙醇胺（脑磷脂），占磷脂总量的75%以上。

一、甘油磷脂的合成

（一）合成部位

全身各组织细胞内质网均有合成磷脂的酶系，能合成甘油磷脂，但以肝、肾及肠等组织最为活跃。

（二）合成原料

合成甘油磷脂的原料为二酰甘油、胆碱、乙醇胺、丝氨酸和肌醇等。乙醇胺由丝氨酸脱羧生成，胆碱可从食物获得，也可在体内由丝氨酸接受*S*-腺苷甲硫氨酸（SAM）的甲基生成。丝氨酸和肌醇主要来自食物。

（三）合成过程

甘油磷脂的合成有两个途径。

1. 二酰甘油合成途径 磷脂酰胆碱及磷脂酰乙醇胺主要通过此途径合成。二酰甘油是合成过程的重要中间物。

乙醇胺和胆碱受相应激酶的作用，在ATP的参与下活化成磷酸乙醇胺和磷酸胆碱，然后再与CTP作用，生成CDP-乙醇胺和CDP-胆碱。然后，二酰甘油分别与CDP-胆碱和CDP-乙醇胺作用，生成磷脂酰胆碱和磷脂酰乙醇胺。另外，磷脂酰胆碱也可以由磷脂酰乙醇胺甲基化生成（图10-7）。

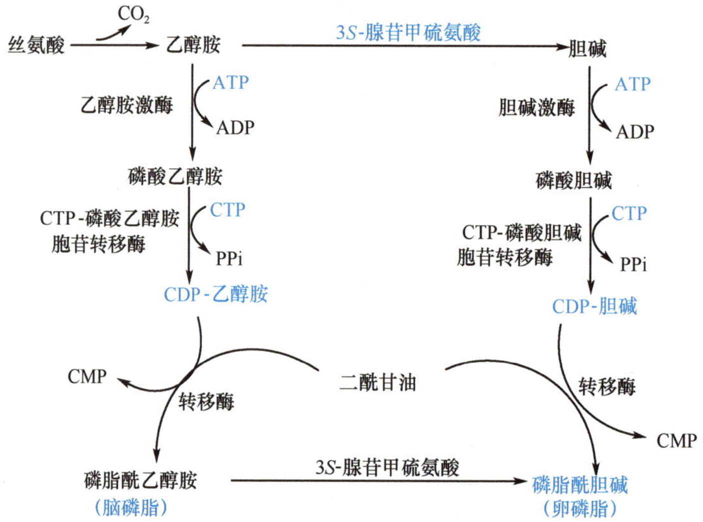

图10-7 脑磷脂和卵磷脂的合成

2. CDP-二酰甘油合成途径 磷脂酰丝氨酸、磷脂酰肌醇和心磷脂由此途径合成。CDP-二酰甘油是合成此类磷脂的直接前体和中间产物。反应过程见图10-8。

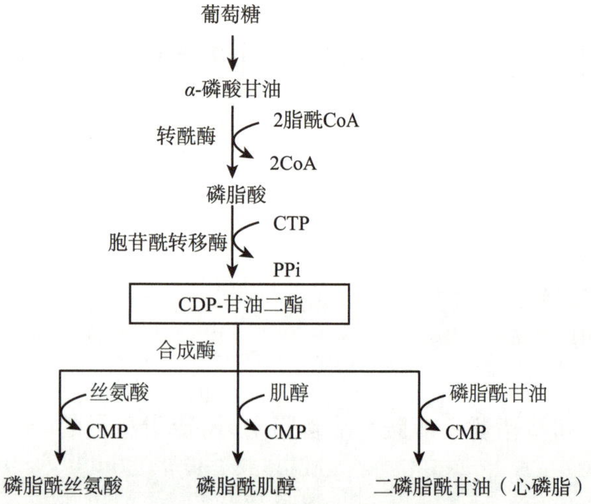

图10-8 CDP-二酰甘油合成途径

二、甘油磷脂的分解

体内存在各种磷脂酶，能作用于甘油磷脂分子中不同的酯键，使甘油磷脂逐步水解生成甘油、脂肪酸、磷酸及各种含氮化合物，这些产物在体内还要进一步代谢。其中的磷脂酶A_1和磷脂酶A_2分别作用于甘油磷脂的1位和2位酯键，磷脂酶B_1作用于溶血磷脂1的1位酯键，磷脂酶B_2作用于溶血磷脂2的2位酯键，磷脂酶C作用于3位的磷酸酯键，而磷脂酶D则作用于磷酸与含氮化合物之间的酯键（图10-9）。

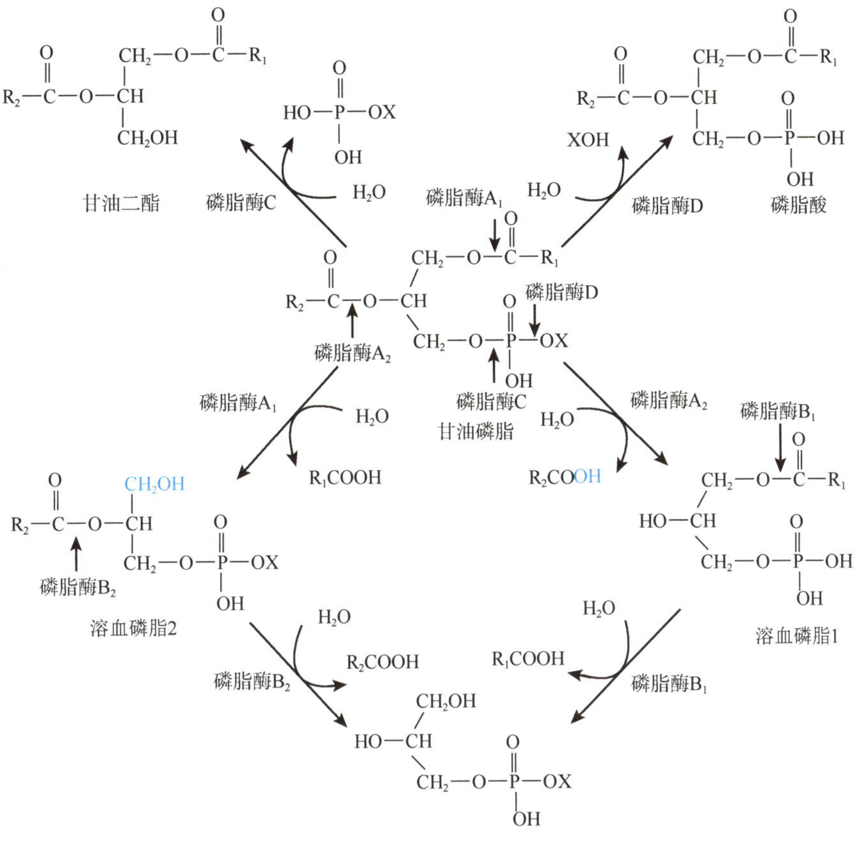

图10-9　磷脂酶作用于磷脂化学键的部位

磷脂酶A_2以酶原形式存在于细胞膜及线粒体膜上。胰腺炎时，胰腺细胞膜上的磷脂酶A_2被未知因素激活，产生溶血磷脂1。溶血磷脂具有较强的表面活性，能使胰腺细胞膜受损，导致急性胰腺炎。另外，磷脂酶A_1存在于动物组织溶酶体中（蛇毒及某些微生物亦含有），可产生溶血磷脂2，故被毒蛇咬伤后会出现红细胞大量溶血现象。

考点：体内最常见的甘油磷脂及其合成的主要原料

三、甘油磷脂与脂肪肝

肝细胞能合成大量三酰甘油，但不能储存三酰甘油。肝合成的三酰甘油与载脂蛋白、磷脂和胆固醇组装成极低密度脂蛋白（VLDL），由肝细胞分泌入血，经血液循环向肝外组织输出。若三酰甘油在肝细胞中蓄积，则会导致脂肪肝。

正常人肝中脂质的含量占肝重的3%～5%，当脂质总量超过10%，即称脂肪肝。形成脂肪肝的常见原因有以下三种：①肝内三酰甘油来源过多，如高糖高热量饮食；②肝功能障碍，氧化脂肪酸的能力减弱，合成、释放脂蛋白的功能降低；③合成磷脂的原料不足，使得二酰甘油转变为磷脂的量减少，转而生成三酰甘油；同时由于磷脂合成量减少，导致VLDL生成障碍，使肝内三酰甘油输出困难，导致三酰甘油来源增多，输出减少，形成脂肪肝。临床上常用磷脂及其合成原料（丝氨酸、甲硫氨酸、胆碱、肌醇及乙醇胺等）以及有关辅助因子（叶酸、维生素B_{12}、ATP及CTP等）来防治脂肪肝。

考点：脂肪肝的发病机制

第5节　血脂与血浆脂蛋白

一、血　　脂

血浆中的脂质统称为血脂，总量为4.0～7.0g/L，包括三酰甘油、磷脂、胆固醇、胆固醇酯和游离脂肪酸等。

（一）血脂的来源与去路

1. 血脂的来源　一是外源性，即从食物消化吸收的脂质；二是内源性，由肝、脂肪组织等合成后释放入血。

2. 血脂的去路　主要有①经血液循环到各组织氧化供能；②进入脂库储存；③作为生物膜合成的原料；④转变成其他物质。

（二）血脂的组成与含量

正常情况下，血脂的来源与去路处于动态平衡状态，血脂含量相对稳定。血脂含量远不如血糖恒定，易受膳食、年龄、性别、职业及代谢等影响，波动范围较大。正常成人空腹血脂的组成与含量见表10-1。

表10-1　正常成人空腹血脂的组成及含量

组成	血脂含量		空腹主要来源
	mg/dl	mmol/L	
三酰甘油	10～150	0.11～1.69	肝
总胆固醇	100～250	2.59～6.47	肝
胆固醇酯	70～200	1.81～5.17	肝
游离胆固醇	40～70	1.03～1.81	肝
卵磷脂	50～200	16.1～64.6	肝
脑磷脂	15～35	4.8～13.0	肝
神经磷脂	50～130	16.1～42.0	肝
游离脂肪酸	5～20	0.5～0.7	脂肪组织

血脂含量虽只占全身脂质总量的极少部分，但外源性和内源性脂质都通过血液运转于各组织之间。因此，血脂含量可以反映体内脂质代谢情况。临床上可作为高脂血症、动脉粥样硬化和冠心病的辅助诊断指标。

进食高脂肪膳食后，血浆脂质含量大幅度上升。但这种膳食所造成的影响只是暂时的，通常在12h内可逐渐趋于正常。所以临床上做血脂测定时应在正常膳食的情况下，空腹12～14h后采血。

二、血浆脂蛋白

在血浆中，脂质与蛋白质结合成可溶性脂蛋白的形式存在，脂蛋白是脂质在血中的运输和代谢形式。

（一）血浆脂蛋白的组成

血浆脂蛋白由脂质和蛋白质两部分组成。各种血浆脂蛋白的结构基本相似，疏水性较强的三酰甘油和胆固醇酯位于脂蛋白的内核，载脂蛋白、磷脂、游离胆固醇则以单分子层借其疏水基团与内部通过疏水键相连接，覆盖于脂蛋白表面，亲水极性基团朝外，呈球形，具有微团结构。

1. 脂质 组成血浆脂蛋白的脂质主要包括三酰甘油、磷脂、胆固醇及其酯等成分，其含量及组成比例在各类血浆脂蛋白中有很大差异，见表10-2。

表10-2 血浆脂蛋白的组成、合成部位和主要功能

分类	超速离心法	乳糜微粒（CM）	极低密度脂蛋白（VLDL）	低密度脂蛋白（LDL）	高密度脂蛋白（HDL）
	电泳区带		前β脂蛋白	β脂蛋白	α脂蛋白
组成（%）	蛋白质	1～2	5～10	20～25	45～55
	脂质	98～99	90～95	75～80	45～55
	三酰甘油	80～95	50～70	10	5
	磷脂	5～7	15	20	25
	总胆固醇	4～5	15～19	48～50	20～23
	游离胆固醇	1～2	5～7	8	5～6
	胆固醇酯	3	10～12	40～42	15～17
合成部位		小肠	肝	血浆	肝、小肠
主要功能		转运外源性三酰甘油和胆固醇	转运内源性三酰甘油和胆固醇	转运胆固醇到肝外组织	逆向转运胆固醇到肝

2. 蛋白质 血浆脂蛋白中的蛋白质部分称为载脂蛋白（apolipoprotein，apo），目前人体中发现的载脂蛋白至少有20种。主要分为apoA、B、C、D、E五类，各类载脂蛋白又可分为许多亚类，如apoA有AⅠ、AⅡ、AⅣ、AⅤ；apoB又可分为B_{100}及B_{48}；apoC又可分CⅠ、CⅡ、CⅢ等。不同的脂蛋白中含不同的载脂蛋白。载脂蛋白不但在结合和转运脂质及稳定脂蛋白的结构方面发挥重要作用，而且还可调节脂蛋白代谢中关键酶的活性及识别脂蛋白受体，在脂蛋白代谢中发挥极为重要的作用。

（二）血浆脂蛋白的分类

血浆脂蛋白的分类方法有两种：电泳法和超速离心法。

1. 电泳法 不同脂蛋白中的载脂蛋白不同，决定其表面电荷多少不同，在电泳时迁移率的大小也不同，按移动速度的快慢可分为四条区带，依次是α脂蛋白、前β脂蛋白、β脂蛋白和乳糜微粒（CM），见图10-10。

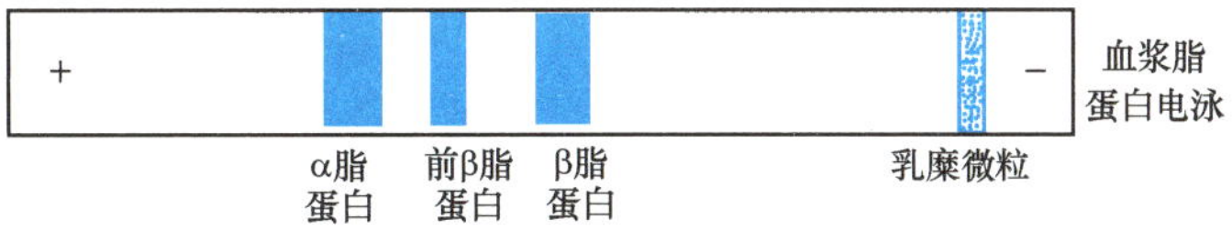

图10-10 血浆脂蛋白琼脂糖凝胶电泳示意图

2. 超速离心法 各类脂蛋白中蛋白质与脂质的比例不同，其密度也各不相同。因此，在一定密度的盐溶液中超速离心时，血浆中的各种脂蛋白沉降速度也不同。按密度从低到高可将血浆脂蛋白分为乳糜微粒（chylomicron，CM）、极低密度脂蛋白（very low density lipoprotein，VLDL）、低密度脂蛋白（low density lipoprotein，LDL）和高密度脂蛋白（high density lipoprotein，HDL）。人血浆还有中密度脂蛋白（IDL）和脂蛋白（a）。

（三）血浆脂蛋白的代谢与功能

1. 乳糜微粒（CM） 由小肠黏膜细胞合成，富含三酰甘油（80%～95%）。小肠黏膜细胞生成新生的CM，经淋巴入血后，形成成熟的CM。成熟CM在脂蛋白脂肪酶（LPL）催化下，使CM中的三酰甘油水解成甘油和脂肪酸，供组织摄取利用。因此，CM的功能是运输外源性三酰甘油至骨骼肌、心肌、脂肪等组织；运输外源性胆固醇至肝。

2. 极低密度脂蛋白（VLDL） 主要由肝合成和分泌。VLDL是运输内源性三酰甘油的主要形式。肝细胞合成的VLDL代谢与CM基本一致，进入血液的VLDL在 LPL作用下，使VLDL中的三酰甘油被水解释放出甘油和脂肪酸为组织所利用。

3. 低密度脂蛋白（LDL） 是在血液中由VLDL代谢转变而生成的。LDL中主要脂质是胆固醇及胆固醇酯，载脂蛋白为$apoB_{100}$。它是转运肝合成的内源性胆固醇至肝外的主要形式。LDL是空腹时血浆的主要脂蛋白，含量占血浆脂蛋白总量的1/2～2/3。

LDL的主要代谢途径为LDL受体途径（图10-11）。若发生LDL受体缺陷，可导致血浆LDL升高，成为动脉粥样硬化（atherosclerosis，AS）发生的重要机制。

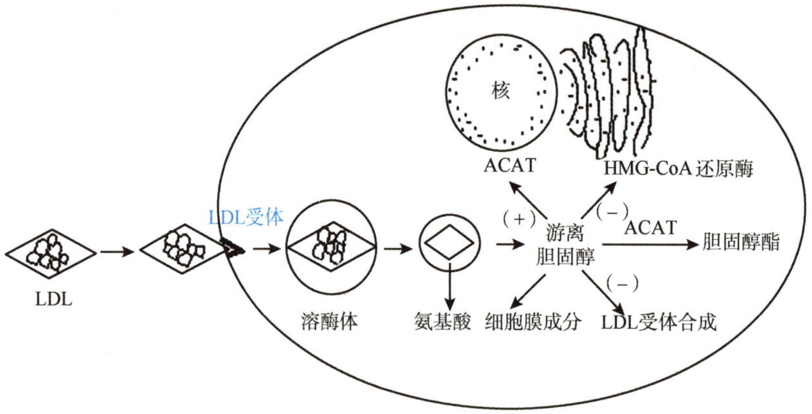

图10-11 LDL受体途径

4. 高密度脂蛋白（HDL） 主要在肝，其次在小肠合成。HDL的主要功能是参与胆固醇的逆向转运（reverse cholesterol transport，RCT）。

HDL的RCT是将肝外组织的胆固醇转运至肝内转化成胆汁酸盐或通过胆汁直接排出体外的过程，从而促进外周组织胆固醇的清除，降低外周组织胆固醇的沉积，故HDL具有抗AS的作用。

考点：血浆脂蛋白的分类及生理功能

三、临床常见的血浆脂蛋白代谢异常与疾病

（一）高脂血症

空腹时血浆中的脂质有一种或几种浓度高于正常的病理状态称为高脂血症。因血脂是以脂蛋白形式存在，所以也称为高脂蛋白血症。一般以成人空腹12～14h血三酰甘油超过2.26mmol/L，胆固醇超过6.21mmol/L，儿童胆固醇超过4.14mmol/L，为高脂血症诊断标准。目前临床上将高脂血症简单分为4类：高三酰甘油血症、高胆固醇血症、混合型高脂血症和低高密度脂蛋白血症。

世界卫生组织（WHO）于1970年建议将高脂血症分为六型，各型高脂血症血浆脂蛋白及脂质含量变化见表10-3。我国发病率高的高脂血症主要是Ⅱa型和Ⅳ型。

表10-3 高脂血症分型

分型	病名	流行程度	血脂变化	病因
Ⅰ	家族性高乳糜微粒血症	极罕见	CM↑、TG↑↑↑、Ch↑	LPL或apoCⅡ遗传缺陷
Ⅱa	家族性高胆固醇血症	常见	LDL↑、Ch↑↑	$apoB_{100}$、apoE受体功能缺陷
Ⅱb		常见	LDL↑、VLDL↑、Ch↑↑、TG↑↑	VLDL及$apoB_{100}$、apoE合成↑
Ⅲ	家族性异常β脂蛋白血症	不常见	LDL↑、Ch↑↑、TG↑↑	apoE异常，干扰CM
Ⅳ	高前β脂蛋白血症	很常见	VLDL↑、TG↑↑	VLDL合成↑或降解↓
Ⅴ	混合型高甘油三酯血症	少见	CM↑、VLDL↑、TG↑↑↑、Ch↑	LPL或apoCⅡ缺陷

高脂血症可分为原发性和继发性两类。原发性高脂血症原因不明，但现已证明有些高脂血症是遗传性缺陷所致，如参与脂蛋白代谢的关键酶、载脂蛋白及脂蛋白受体的先天缺陷。继发性高脂血症是继发于糖尿病、甲状腺功能减退及肝、肾病变引起的脂蛋白代谢紊乱，也多见于肥胖、酗酒等。

（二）动脉粥样硬化

动脉粥样硬化（AS）是一类动脉壁退行性病理变化，其病理基础之一是大量脂质沉积在大、中动脉内膜上，引起局部坏死、结缔组织增生、血管壁纤维化和钙化等病理改变，使血管腔狭窄。

动脉粥样硬化的发生发展过程与血浆脂蛋白代谢密切相关。血浆LDL水平升高与AS的发病率呈正相关，而HDL的浓度与AS的发生呈负相关，因此临床上认为LDL是导致动脉粥样硬化的主要危险因子，而HDL是抗动脉粥样硬化的“保护因子”。

（三）肥胖症

体内脂肪组织总含量和（或）局部脂肪组织含量过多的一种临床综合征称为肥胖症。目前常用体重指数（body mass index，BMI）作为肥胖程度的衡量标准。BMI=体重（kg）/身高^2（m^2）。正常为18.5～23.9kg/m^2，24.0～27.9kg/m^2为超重；≥28.0kg/m^2为肥胖。轻度肥胖症多无症状，较为严重的肥胖症患者可以有胸闷、气急、胃纳亢进、便秘、腹胀、关节痛、肌肉酸痛、易疲劳、倦怠及焦虑、抑郁等。限制热量的摄入及增加热量的消耗是预防及治疗肥胖症的首选方案。

自 测 题

一、名词解释

1. 酮体
2. 脂肪酸的β-氧化
3. 必需脂肪酸

二、选择题

1. 组成血浆脂蛋白的脂质主要包括（　　）
   A. 三酰甘油、磷脂、游离脂肪酸和胆固醇
   B. 三酰甘油、磷脂、游离脂肪酸和胆固醇酯
   C. 三酰甘油、胆固醇、游离脂肪酸和胆固醇酯
   D. 三酰甘油、磷脂、胆固醇和胆固醇酯
   E. 磷脂、胆固醇、游离脂肪酸和胆固醇酯
2. 乙酰CoA的去路不包括（　　）
   A. 合成酮体　B. 合成脂肪酸
   C. 氧化供能　D. 合成胆固醇
   E. 合成甘油
3. 胆固醇合成的关键酶是（　　）
   A. HMG-CoA合酶　B. HMG-CoA还原酶
   C. HMG-CoA裂解酶　D. 乙酰CoA羧化酶
   E. 脂酰基硫解酶
4. 在饥饿或糖尿病时，脂肪代谢不会出现（　　）
   A. 酮体生成增加　B. 脂肪动员加强
   C. 脑利用酮体增加　D. 尿中可能出现酮体
   E. 自由脂肪酸减少
5. 下列哪一组物质称为酮体（　　）
   A. 乙酰乙酸、β-羟丁酸和丙酮酸
   B. 乙酰乙酸、β-羟丁酸和丙酮
   C. 乙酰乙酸、β-羟丁酸和乙酰辅酶A
   D. 草酰乙酸、β-羟丁酸和丙酮

E. 草酸乙酸、*β*-羟丁酸和丙酮酸

6. 抑制脂解的激素是（　　）

A. 肾上腺素　　B. 去甲肾上腺素

C. 胰岛素　　D. 胰高血糖素

E. 促肾上腺皮质激素

7. 下列关于脂肪叙述不正确的是（　　）

A. 主要储存在肝脏　　B. 可以氧化供能

C. 可以储存能量　　D. 主要储存在脂肪组织

E. 主要在肝脏合成

8. 有关脂肪酸的氧化，下列哪一种叙述是正确的（　　）

A. 不需要消耗能量

B. 活化过程在线粒体中进行

C. *β*-氧化酶系存在于胞质内

D. 肉毒碱可作为活化脂肪酸的载体

E. *β*-氧化只产生乙酰CoA

9. 脂肪酸合成的关键酶是（　　）

A. 脂肪酸合成酶系　　B. 乙酰CoA羧化酶

C. 柠檬酸合成酶　　D. 柠檬酸裂解酶

E. *β*-酮脂酰CoA合成酶

三、简答题

试述饥饿或糖尿病患者出现酮症的原因。

（邵世滨）

第11章
蛋白质的分解代谢

学习目标

1. 素质目标　培养学生的职业素养和职业道德，尊重、理解患者。通过所学知识维护自身身心健康，做好科普工作，用所学知识帮助亲人朋友。

2. 知识目标　掌握氨的来源和去路，氨基酸的脱氨基作用及其与临床的联系，熟悉氨基酸的来源和去路；熟悉 α- 酮酸的代谢、个别氨基酸代谢；了解蛋白质的腐败作用。

3. 能力目标　善于思考，养成综合思维的习惯；能应用所学知识说明氨基转移酶在临床上的应用。

案例 11-1

患者，男，52 岁，肝硬化病史 10 年。两周前出现夜间失眠，白天昏睡。近几天烦躁不安、易怒。入院前一天食用鸡蛋后出现言语含糊，答非所问。体检：体温 36.4℃，心率 84 次 / 分，呼吸 18 次 / 分，血压 130/80mmHg，肝病面容，精神欠佳，反应迟钝，对答不切题，注意力及计算能力减退，定向力差。消瘦，巩膜黄染，有扑翼震颤，腹肌可见静脉曲张，脾肋下 2cm，腹部移动性浊音（+），双下肢可见瘀斑。初步诊断为：肝硬化、肝性脑病。

问题：1. 肝性脑病的诱发因素有哪些？

2. 肝性脑病患者应该如何进行护理？

第 1 节　蛋白质的营养作用

一、蛋白质的营养价值及其消化和吸收

（一）氮平衡及蛋白质的需要量

1. 氮平衡试验　是指测定人体每日摄入氮量与排出氮量关系的试验。食物中的氮元素绝大部分来自蛋白质，体内蛋白质降解则产生相应比例的含氮化合物排出。氮平衡可反映蛋白质的合成与降解状况，包括以下3种类型。

（1）氮的总平衡　摄入氮量=排出氮量，体内蛋白质的合成和分解处于动态平衡，见于营养供给合理的正常成人。

（2）氮的正平衡　摄入氮量＞排出氮量，体内蛋白质的合成大于分解，见于婴幼儿、生长发育期的青少年、孕妇及恢复期的患者等。

（3）氮的负平衡　摄入氮量＜排出氮量，体内蛋白质供给不足，或分解过多。见于长期饥饿或蛋白质营养不良的人群，以及慢性消耗性疾病的患者等。

2. 需要量　根据氮平衡试验测得，体重为60kg的成年人在不进食蛋白质时，每日最低分解蛋白质约20g。由于食物蛋白质与人体蛋白质组成的差异，不可能全部被消化利用，故成人每日最低需要蛋白质30～50g才能确保人体氮的总平衡。我国营养学会推荐成人每日蛋白质需要量为80g。婴幼儿、儿

童、青少年、孕妇、乳母及恢复期的患者等应适当增加。

考点：氮平衡类型及适用人群

（二）蛋白质的营养作用

1. 必需氨基酸与非必需氨基酸 必需氨基酸是指体内需要但人体不能自身合成，必须由食物提供的氨基酸，共有8种：苏氨酸、亮氨酸、异亮氨酸、缬氨酸、赖氨酸、色氨酸、苯丙氨酸和甲硫氨酸。其余12种氨基酸，人体需要但可以自身合成，不一定由外界食物供给，称为非必需氨基酸。

蛋白质的营养价值是指食物中蛋白质在体内的利用率。从食物中蛋白质的氨基酸组成来看，若所含必需氨基酸的种类、数量和比例与人体蛋白质相近，则易被机体吸收，利用率高，其营养价值就高。通常，动物蛋白质的营养价值较植物蛋白质高。

2. 蛋白质的互补作用 若将几种营养价值较低的蛋白质混合食用，可使其所含的必需氨基酸相互补充，从而使营养价值得以提高，称为蛋白质的互补作用。例如，谷类食物蛋白质内赖氨酸含量不足，色氨酸含量较高，而豆类食物蛋白质恰好相反，混合食用时两者的不足都可以得到补偿。

链 接 蛋白质与人体健康

蛋白质是人类及所有动物赖以生存的营养要素。蛋白质是构成组织和细胞的重要成分，是生命的物质基础。当长期缺乏蛋白质时，可引起儿童生长发育迟缓或体重减轻、肌肉萎缩；成人容易产生疲劳、贫血、创伤不易愈合、对传染病抵抗力下降和病后恢复缓慢等症状。严重者会出现营养不良性水肿。摄取过多的蛋白质，会加重胃肠道、肝脏、肾脏负担，引起各种疾病。因此，只有合理摄入蛋白质，才能保证身体健康。

二、蛋白质的消化吸收及腐败作用

（一）蛋白质的消化吸收

食物蛋白质是体内氨基酸的根本来源。蛋白质的消化由胃开始，胃内消化蛋白质的酶主要是胃蛋白酶，该酶的最适pH为1.5～2.5，特异性较差。蛋白质可被胃蛋白酶水解为多肽和少量氨基酸。食物在胃内停留时间较短，蛋白质的消化很不完全，进入小肠后将继续消化，小肠是蛋白质消化的主要部位。小肠内消化蛋白质的酶主要是胰酶，包括胰蛋白酶、糜蛋白酶、弹性蛋白酶、羧肽酶等，它们在胰腺中均为酶原形式，分泌到十二指肠后，迅速被激活，水解肽键，消化蛋白质生成氨基酸和寡肽，寡肽由寡肽酶和二肽酶消化为氨基酸。氨基酸的吸收主要在小肠，是耗能的主动转运过程。二肽和三肽也被吸收，在小肠黏膜细胞内再被水解成氨基酸。蛋白质最终转变为氨基酸，进入血液循环。

（二）蛋白质的腐败作用

在消化过程中，肠道未被消化的蛋白质及未被吸收的氨基酸，在肠道细菌的作用下进行的分解作用称为蛋白质的腐败作用。大多数腐败产物对人体有害，如胺类、氨、酚类、吲哚及硫化氢等。该过程同时也可以产生少量脂肪酸及维生素K等可被机体利用的物质。

第2节　氨基酸的一般代谢

一、氨基酸的来源和去路

存在于体液中的氨基酸称为氨基酸代谢库。氨基酸的主要来源是食物蛋白质的消化吸收，其次是组织蛋白质的降解，还有体内合成的非必需氨基酸。氨基酸的主要去路是合成组织蛋白质，其次是进行分解代谢，还可转变成其他含氮物质，如生物活性胺、嘌呤或嘧啶核苷酸。氨基酸的来源和去路见

图11-1。

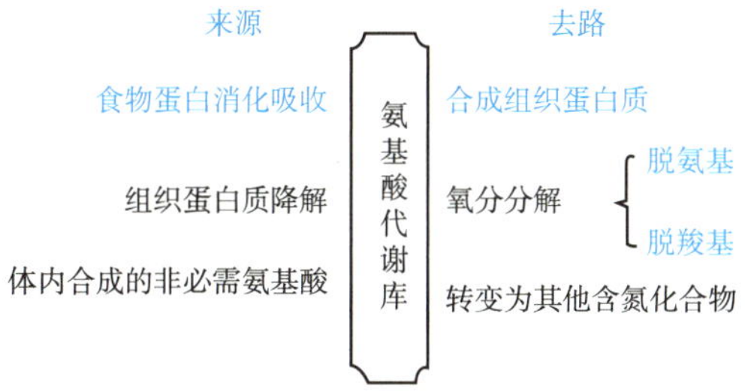

图11-1 氨基酸的来源和去路

二、氨基酸的脱氨基作用

氨基酸在酶的催化作用下脱去氨基生成相应的α-酮酸和氨的过程，称为氨基酸的脱氨基作用。脱氨基的方式有氧化脱氨基、转氨基、联合脱氨基等，其中联合脱氨基最重要。

考点：氨基酸脱氨基的方式、ALT与AST的临床意义

（一）转氨基作用

转氨基作用是指在氨基转移酶的催化下，α-氨基酸和α-酮酸之间发生氨基转移，结果是原来的氨基酸生成相应的α-酮酸，而原来的α-酮酸则生成相应的氨基酸，反应式如下所示。

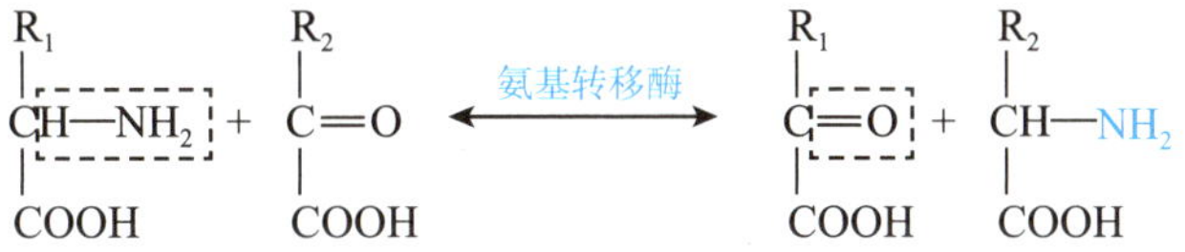

氨基转移酶的辅酶是磷酸吡哆醛及磷酸吡哆胺，其作用过程如图11-2所示。

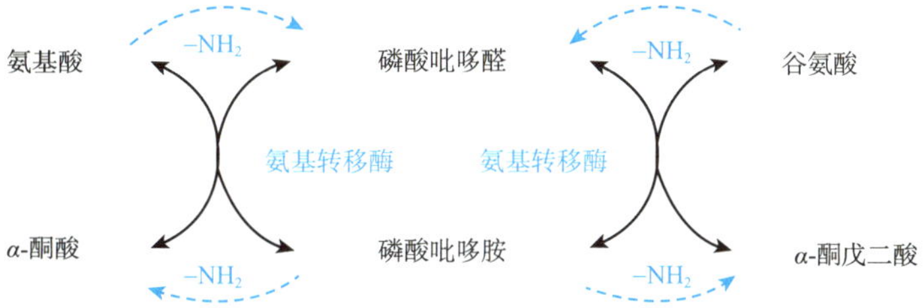

图11-2 氨基转移酶辅酶的作用示意图

氨基转移酶种类多，特异性强，不同的氨基转移酶催化不同的转氨基反应。其中以丙氨酸转氨酶（ALT）[又称谷丙转氨酶（GPT）]和天冬氨酸氨基转移酶（AST）[又称谷草转氨酶（GOT）]最重要（图11-3）。

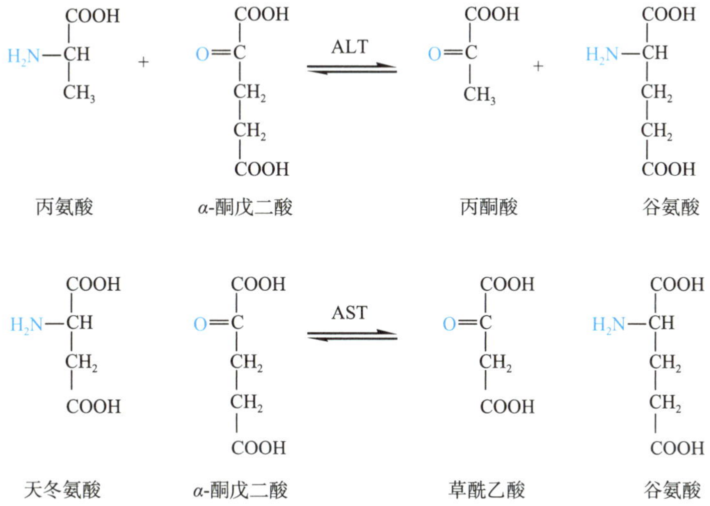

图11-3 ALT和AST催化的反应

正常情况下，氨基转移酶存在于细胞内，在血清中活性很低。ALT在肝细胞中最为丰富，急性肝

炎等病变引起肝细胞受损时，ALT释放入血，血中ALT活性明显增高；AST在心肌细胞中最为丰富，肝细胞其次，急性心肌梗死或心肌炎时，血中AST活性明显增高。ALT、AST是临床诊断常用的生化检验指标。

链 接　ALT、AST与肝损伤

临床上检测肝功能的两种重要的氨基转移酶为ALT和AST。ALT与AST主要分布在肝细胞内，肝脏受损时，肝细胞中的氨基转移酶便进入血液，血液中ALT和AST水平升高。其中ALT最为敏感，其在肝细胞内浓度较血清水平高出1000倍以上。大多数情况下，ALT和AST升高程度与肝细胞受损程度一致，是目前最常用的肝功能检测指标。

（二）氧化脱氨基作用

氨基酸氧化脱氨基作用是指在酶的催化下，氨基酸脱氢并脱氨基的过程。体内以*L*-谷氨酸脱氢酶最重要，其辅酶NAD^+或$NADP^+$。此酶广泛分布于肝、肾、脑等组织中，特异性强，在骨骼肌和心肌中活性很低。它可催化*L*-谷氨酸氧化脱氨基生成*α*-酮戊二酸和氨，其反应如图11-4所示。

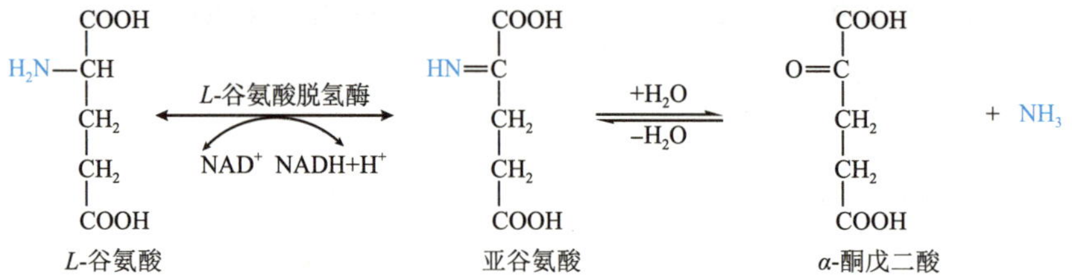

图11-4　氧化脱氨基作用

（三）联合脱氨基作用

在两种或两种以上酶的联合作用下，将氨基酸的氨基脱掉生成*α*-酮酸和氨的过程，称为联合脱氨基作用。联合脱氨基是体内氨基酸脱氨基的主要方式。

1. 氨基转移酶与*L*-谷氨酸脱氢酶联合　在肝、肾等组织中，氨基酸的*α*-氨基在氨基转移酶的催化下先转移到*α*-酮戊二酸上，生成相应的*α*-酮酸和谷氨酸，然后谷氨酸在*L*-谷氨酸脱氢酶催化下，脱氨基生成*α*-酮戊二酸，并释放出氨（图11-5）。

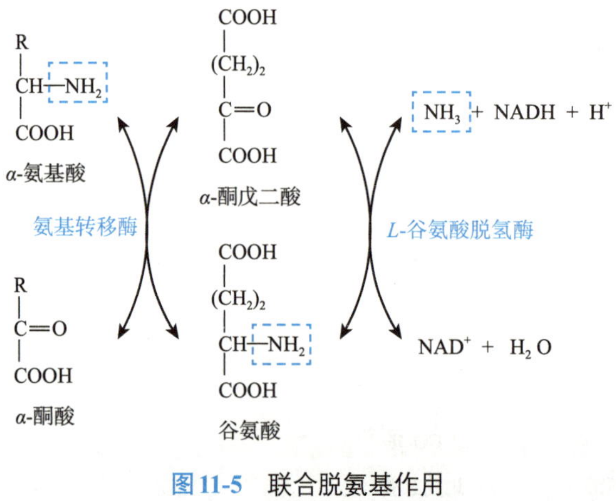

图11-5　联合脱氨基作用

2. 嘌呤核苷酸循环　在骨骼肌和心肌组织中，*L*-谷氨酸脱氢酶的活性很低，难以进行联合脱氨基过程，氨基酸脱氨基方式主要是嘌呤核苷酸循环，如图11-6所示。图中蓝色框内为氨基的去向。

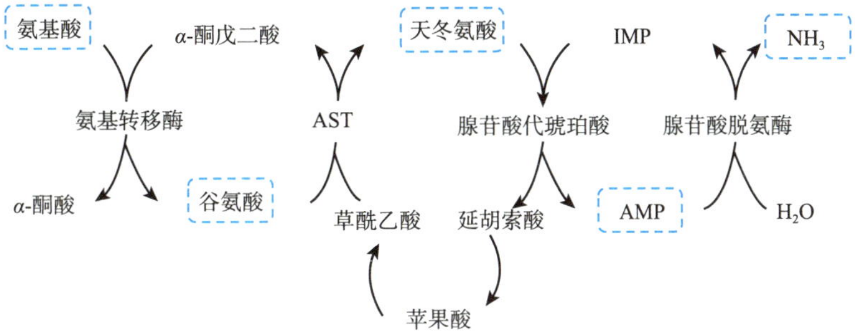

图11-6　嘌呤核苷酸循环

考点：体内氨基酸脱氨基的主要方式

三、氨的代谢

体内代谢产生的氨及由肠道吸收的氨进入血液，形成血氨。氨具有毒性，特别是脑组织对氨尤为敏感。正常人血氨浓度一般低于60μmol/L，这是由于机体存在一系列调节机制，使氨的来源和去路始终保持动态平衡。

（一）氨的来源

体内氨有三个主要来源。

1. 氨基酸脱氨基作用产生的氨　这是体内氨的主要来源。

2. 肠道吸收的氨　肠道的氨有两个来源，即蛋白质和氨基酸在肠道细菌作用下腐败产生的氨和肠道尿素经细菌尿酶水解产生的氨。肠道NH_3的吸收状况与肠道pH有关。当pH低时，NH_3与H^+结合生成NH_4^+，NH_4^+不易吸收而随粪便排出体外；当pH高时，NH_3吸收增加。因此，为了减少NH_3吸收，加速NH_3排泄，对高血氨的患者应用弱酸性透析液做结肠透析，而禁止用碱性肥皂水灌肠。

3. 肾小管上皮细胞分泌的氨　主要来自谷氨酰胺，谷氨酰胺在谷氨酰胺酶的催化下水解成谷氨酸和氨，这部分氨分泌到肾小管管腔中，主要与尿液中的H^+结合生成NH_4^+，以铵盐的形式随尿液排出。

考点：氨的来源

（二）氨的转运

氨是强烈的神经毒物，各组织产生的氨必须以无毒的形式经血液运输到肝合成尿素，或运输到肾以铵盐的形式随尿液排出。氨在血液中主要以谷氨酰胺和丙氨酸两种形式转运。

1. 谷氨酰胺的运氨作用　谷氨酰胺是脑、肌肉等组织向肝或肾转运氨的一种形式。谷氨酰胺合成酶催化谷氨酸与氨结合，生成谷氨酰胺，并由血液输送到肝或肾，再经谷氨酰胺酶水解，生成谷氨酸和氨，在肾以铵盐的形式随尿液排出，在肝则合成尿素。谷氨酰胺既是氨的解毒产物，也是氨的储存及运输形式。

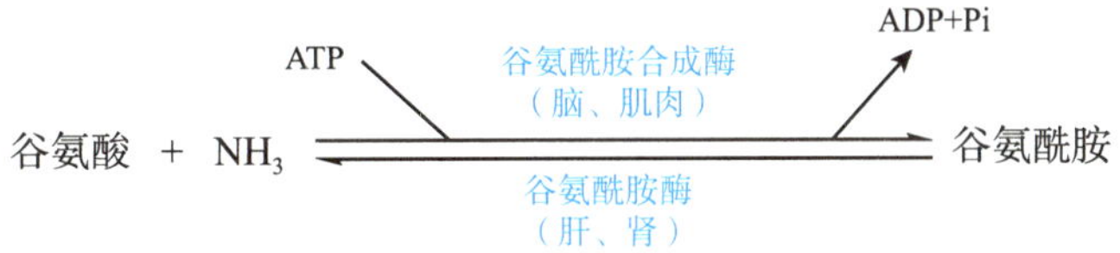

2. 丙氨酸-葡萄糖循环　在肌肉组织中，糖代谢产生丙酮酸，氨基酸将氨基转移给丙酮酸生成丙氨酸，经血液运转到肝。在肝内，丙氨酸经脱氨基作用，释放出氨，用于合成尿素；生成的丙酮酸可经糖异生途径生成葡萄糖，葡萄糖由血液输送到肌肉组织，沿糖分解代谢途径转变成丙酮酸，后者再接受氨基而生成丙氨酸。丙氨酸和葡萄糖反复地在肌肉和肝之间进行氨的转运，故将这一途径称为丙氨酸-葡萄糖循环（图11-7）。通过这个循环，一方面将肌肉组织中的氨以无毒的丙氨酸形式运输到肝细胞内进行代谢，另一方面将肝内糖异生产生的葡萄糖转运至肌肉组织氧化利用。

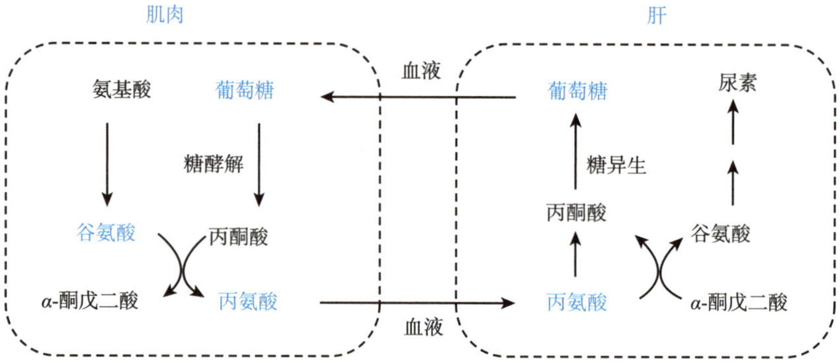

图 11-7 丙氨酸-葡萄糖循环

考点：氨的转运方式

（三）氨的去路

氨以谷氨酰胺或丙氨酸形式被转运到肝和肾后，可继续代谢。

1. 在肝脏中合成尿素排出 体内氨的主要去路是在肝内合成尿素，然后随血液循环运输到肾脏，经尿排出。尿素合成的过程称为鸟氨酸循环或称尿素循环。此过程在肝细胞的细胞质和线粒体中进行，可分为四个阶段。

（1）氨基甲酰磷酸的合成 在肝细胞线粒体内，1分子NH_3和1分子CO_2由氨基甲酰磷酸合成酶Ⅰ催化生成氨基甲酰磷酸。此反应为不可逆过程，消耗2个ATP。

（2）瓜氨酸的合成 在鸟氨酸氨基甲酰转移酶催化下，氨基甲酰磷酸与鸟氨酸缩合生成瓜氨酸，该反应不可逆，在线粒体中进行。

（3）精氨酸的合成 瓜氨酸生成后，被转运到细胞质，在精氨酸代琥珀酸合成酶催化下，由ATP供能，与天冬氨酸作用生成精氨酸代琥珀酸。精氨酸代琥珀酸再经精氨酸代琥珀酸裂解酶催化，生成精氨酸和延胡索酸。通过此反应，天冬氨酸分子中的氨基转移至精氨酸分子内。精氨酸代琥珀酸合成酶为尿素合成的限速酶。

（4）尿素的生成 精氨酸在细胞质中精氨酸酶催化下，水解为尿素与鸟氨酸。鸟氨酸再进入线粒体重复上述反应，构成鸟氨酸循环。鸟氨酸循环全过程如图11-8所示。

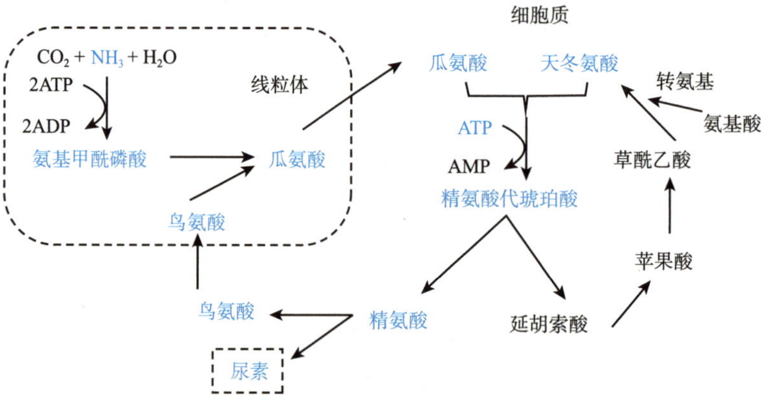

图 11-8 鸟氨酸循环

鸟氨酸循环最重要的生理意义在于将有毒的氨转变成无毒的尿素，随血液循环转运到肾脏，经尿液排出体外。

每合成一分子尿素能够清除2分子NH_3，其中1分子NH_3由氨基酸脱氨基产生，另1分子NH_3直接来自天冬氨酸的氨基，此氨基可来自其他氨基酸的转移。尿素合成是耗能的过程，每合成1分子尿素，消耗3分子ATP（4个高能磷酸键）。

考点：鸟氨酸循环的部位、过程和生理意义

2. 以铵盐形式经肾排出 氨与谷氨酸合成谷氨酰胺，转运至肾。在肾小管上皮细胞内，谷氨酰胺在谷氨酰胺酶作用下，重新生成谷氨酸及NH_3。NH_3大部分分泌至尿液中，与H^+结合形成NH_4^+随尿液排出；少量扩散入血构成血氨的来源。

3. 合成非必需氨基酸及其他含氮化合物 NH_3与α-酮酸结合生成非必需氨基酸，这是体内非必需氨基酸的来源之一。氨基酸的氨基为嘌呤和嘧啶等物质的合成提供氮原子。氨的3个来源与3条去路总结如图11-9所示。

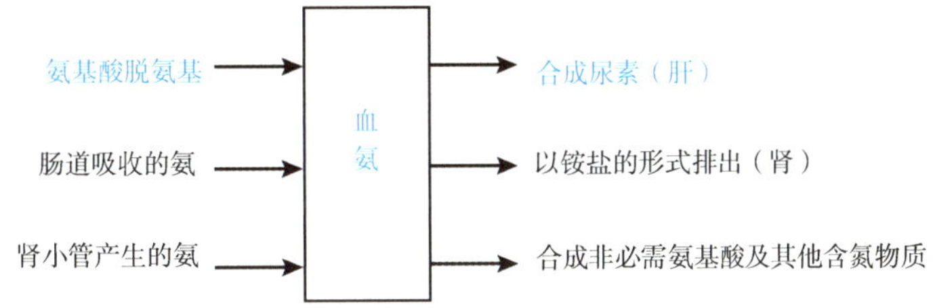

图11-9　氨的来源和去路

4. 高血氨和氨中毒 正常情况下，血氨的来源和去路维持动态平衡，血氨浓度处于较低的水平。当肝功能严重损伤时或遗传因素导致尿素合成相关酶缺陷时，尿素合成障碍，血氨浓度增高，称为高血氨症。严重高血氨可导致人发生昏迷，称为肝昏迷或肝性脑病。

关于肝性脑病发生的生化机制有多种学说，其中氨中毒学说是这样解释的：当血氨过高时，氨扩散进入脑组织，与细胞中的α-酮戊二酸可逆结合生成谷氨酸，谷氨酸进一步与氨结合生成谷氨酰胺。以上两步反应消耗了大量α-酮戊二酸、ATP及NADH，导致三羧酸循环和氧化磷酸化减弱，从而使脑组织中ATP生成减少，脑组织能量缺乏，引起大脑功能障碍，严重时可产生昏迷。

考点：氨的去路，肝性脑病的氨中毒学说

链 接　肝性脑病的饮食护理

进食过量蛋白质是引起肝衰竭患者肝性脑病的一大诱因，因此对肝功能显著损害或有肝性脑病前兆时，应限制蛋白质摄入量或禁食蛋白质。尽量避免动物蛋白如鸡蛋、牛奶、各种肉类等的摄入，因为动物蛋白产氨比较高，而植物蛋白产氨比较少。肝性脑病患者饮食主要是以清淡、易消化、较软的食物为主，建议以碳水化合物为主，少食多餐。日常可以适当地进食一些新鲜的蔬菜和水果。

四、α-酮酸的代谢

氨基酸脱氨基生成的α-酮酸可继续进行代谢，主要有以下三条代谢途径。

1. 合成非必需氨基酸 α-酮酸经脱氨基的逆过程合成非必需氨基酸，是机体合成非必需氨基酸的重要途径。

2. 转变成糖及脂肪酸 有些氨基酸脱氨基后生成的α-酮酸可以通过糖异生途径转变为葡萄糖或糖原，这类氨基酸称为生糖氨基酸，种类最多，主要有13种。有些氨基酸只能生成乙酰辅酶A或乙酰乙酸，这类氨基酸称为生酮氨基酸，只有亮氨酸和赖氨酸两种。还有些氨基酸既可转变为糖，也能生成酮体，称为生糖兼生酮氨基酸，包括异亮氨酸、苯丙氨酸、酪氨酸、色氨酸、苏氨酸。

3. 氧化供能 氨基酸分解为α-酮酸，通过三羧酸循环彻底氧化分解供能。α-酮酸中的丙酮酸、α-

酮戊二酸可直接进入三羧酸循环氧化分解；其他α-酮酸先转变为丙酮酸、乙酰 CoA 或三羧酸循环的中间产物，再进入三羧酸循环氧化分解。

考点：α-酮酸的代谢途径

第 3 节　特殊氨基酸的代谢

氨基酸除进行一般代谢外，有些氨基酸还有其特殊的代谢途径，可生成机体需要的多种活性物质。

一、氨基酸的脱羧基作用

在氨基酸脱羧酶的催化下，氨基酸脱去羧基生成相应的胺类和二氧化碳。脱羧酶的辅酶是磷酸吡哆醛。

（一）γ-氨基丁酸

γ-氨基丁酸（GABA）是由谷氨酸在谷氨酸脱羧酶催化下脱羧生成的，其辅酶是磷酸吡哆醛，该酶在脑及肾组织中活性强。

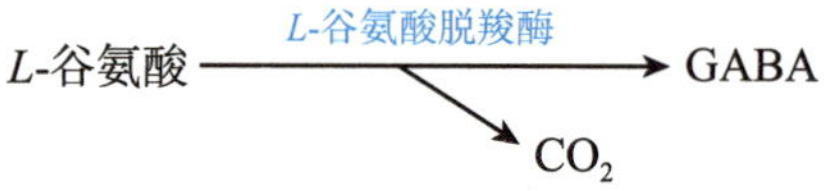

GABA 是一种抑制性神经递质，对中枢神经有抑制作用。临床上用维生素 B_6 治疗妊娠性呕吐和小儿惊厥，就是因为维生素 B_6 参与构成谷氨酸脱羧酶的辅酶磷酸吡哆醛，从而促进 GABA 的生成，使过度兴奋的神经受到抑制。

（二）组胺

组氨酸在组氨酸脱羧酶作用下，脱去羧基生成组胺。组胺是一种强烈的血管扩张剂，能使毛细血管的通透性增加，造成血压下降，甚至休克；还可使平滑肌收缩，引起支气管痉挛而引发哮喘等疾病。此外，组胺还能刺激胃蛋白酶原及胃酸的分泌。

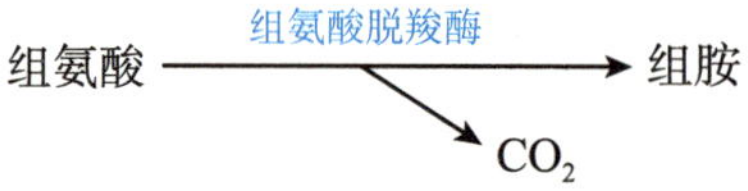

（三）5-羟色胺

色氨酸在色氨酸羟化酶的催化下首先生成 5-羟色氨酸，再经脱羧酶作用生成 5-羟色胺（5-HT）。脑中的 5-HT 是一种重要的神经递质，对中枢起抑制作用；在外周组织，5-HT 具有收缩血管的作用。

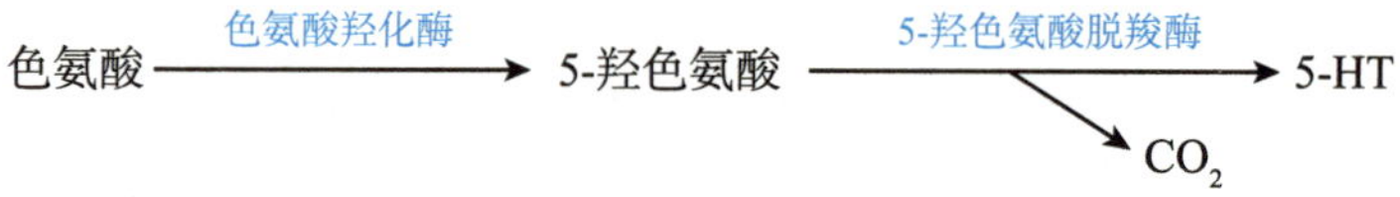

（四）牛磺酸

半胱氨酸首先氧化成磺酸丙氨酸，再经磺酸丙氨酸脱羧酶催化脱去羧基生成牛磺酸。牛磺酸是结合胆汁酸的组成成分。脑中含有较多牛磺酸，可能发挥抑制性神经递质的作用。

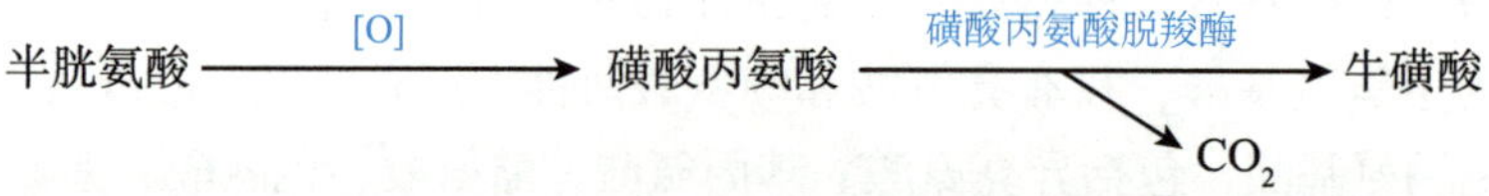

二、一碳单位的代谢

某些氨基酸在分解代谢过程中可以产生含有一个碳原子的有机基团，称为一碳单位。主要有甲基（—CH_3）、亚甲基（—CH_2—）、次甲基（═CH—）、甲酰基（—CHO）及亚氨甲基（—CH═NH）等。

（一）一碳单位的来源

一碳单位主要来源于某些氨基酸的分解代谢，如丝氨酸、甘氨酸、组氨酸和色氨酸等。各种不同形式的一碳单位在一定条件下可相互转化。

（二）一碳单位的载体

一碳单位不能游离存在。一碳单位的载体是四氢叶酸（FH_4）。FH_4由叶酸在二氢叶酸还原酶催化下经两次还原反应而生成。FH_4分子上的N^5和N^{10}是一碳单位的结合位点，与一碳单位结合后形成N^5-甲基四氢叶酸（N^5—CH_3—FH_4）、N^5，N^{10}-亚甲基四氢叶酸（N^5，N^{10}—CH_2—FH_4）、N^5，N^{10}-次甲基四氢叶酸（N^5，N^{10}═CH—FH_4）等形式在体内运输。

（三）一碳单位的生理功能

1. 一碳单位是嘌呤和嘧啶核苷酸合成的原料，在核酸生物合成中有重要作用，与细胞的增殖、组织生长和机体发育等重要过程密切相关。如果人体缺乏叶酸，一碳单位无法正常转运，核酸合成障碍，骨髓幼红细胞增殖减慢，导致巨幼细胞贫血。

2. 一碳单位将氨基酸代谢与核苷酸代谢联系在一起。一碳单位来自蛋白质分解产生的某些氨基酸，又可作为核苷酸合成的原料，因此沟通了氨基酸与核苷酸的代谢。

考点：一碳单位的概念、载体和生理功能

三、芳香族氨基酸的代谢

芳香族氨基酸主要包括苯丙氨酸、酪氨酸、色氨酸，这里主要介绍苯丙氨酸和酪氨酸的代谢。

（一）苯丙氨酸的代谢

正常情况下苯丙氨酸在苯丙氨酸羟化酶作用下转变为酪氨酸进行代谢。当苯丙氨酸羟化酶先天性缺乏时，苯丙氨酸可经氨基转移酶作用生成苯丙酮酸。苯丙酮酸在血液中蓄积，最终由尿排出，称苯丙酮酸尿症（PKU）。苯丙酮酸过多对中枢神经系统有毒害作用，故苯丙酮酸尿症患者多出现智力发育障碍。

（二）酪氨酸的代谢

酪氨酸主要有以下几条代谢途径。

1. 转变为儿茶酚胺 酪氨酸经酪氨酸羟化酶作用，生成多巴，多巴脱羧生成多巴胺，多巴胺经羟化生成去甲肾上腺素，后者甲基化转变为肾上腺素。多巴胺、去甲肾上腺素和肾上腺素统称儿茶酚胺，是重要的神经递质。

2. 转变为黑色素 在黑色素细胞中，酪氨酸在酪氨酸酶等催化下生成黑色素。先天性酪氨酸酶缺乏的患者，黑色素合成障碍，皮肤、毛发等发白，称为白化病。

3. 氧化分解 酪氨酸可在酪氨酸转氨酶的作用下生成对羟苯丙酮酸，后者脱羧生成尿黑酸，再经尿黑酸氧化酶等催化，逐步分解成延胡索酸和乙酰乙酸，这两种物质可继续氧化分解供能，也可以转变为葡萄糖和酮体。尿黑酸氧化酶缺陷可导致尿黑酸症，患者尿中含有尿黑酸，在碱性条件下，遇空气变黑。

4. 转变为甲状腺激素 甲状腺素是酪氨酸的碘化衍生物。

考点：氨基酸代谢缺陷症

自测题

一、名词解释

1. 必需氨基酸
2. 联合脱氨基作用
3. 一碳单位

二、选择题

1. 下列哪种作用是人体内最有效的氨基酸脱氨基方式（　　）
   A. 联合脱氨基作用　　B. 氧化脱氨基作用
   C. 转氨基作用　　D. 脱水脱氨基作用
   E. 还原脱氨基
2. 体内氨储存及运输的形式是（　　）
   A. 谷氨酸　　B. 酪氨酸
   C. 谷氨酰胺　　D. 谷胱甘肽
   E. 尿素
3. 尿素合成过程称为（　　）
   A. 丙氨酸-葡萄糖循环　　B. 鸟氨酸循环
   C. 柠檬酸循环　　D. 三羧酸循环
   E. 嘌呤核苷酸循环
4. 人体内氨的主要去路是（　　）
   A. 合成尿素　　B. 合成谷氨酰胺
   C. 合成嘌呤　　D. 扩散入血
   E. 合成谷氨酸
5. ALT活性最高的组织是（　　）
   A. 心肌　　B. 骨骼肌
   C. 脑　　D. 肾
   E. 肝脏
6. AST活性最高的组织是（　　）
   A. 心肌　　B. 骨骼肌
   C. 脑　　D. 肾
   E. 肝脏
7. 氨基转移酶的辅酶组分含有（　　）
   A. 泛酸　　B. 吡哆醛（或吡哆胺）
   C. 烟酸　　D. 维生素B_2
   E. 维生素B_1
8. 氨中毒的根本原因是（　　）
   A. 肠道吸收氨过量
   B. 氨基酸在体内分解代谢增强
   C. 肾衰竭排出障碍
   D. 肝功能损伤，不能合成尿素
   E. 合成谷氨酸酰胺减少
9. 体内转运一碳单位的载体是（　　）
   A. 叶酸　　B. 维生素B_{12}
   C. 维生素B_1　　D. 生物素
   E. 四氢叶酸
10. 下列哪一种化合物不能由酪氨酸合成（　　）
   A. 甲状腺素　　B. 肾上腺素
   C. 多巴胺　　D. 苯丙氨酸
   E. 黑色素
11. 白化病是由于先天性缺乏哪种酶引起的（　　）
   A. 酪氨酸转氨酶　　B. 苯丙氨酸羟化酶
   C. 酪氨酸酶　　D. 尿黑酸氧化酶
   E. 对羟苯丙氨酸氧化酶

三、简答题

1. 氨基酸脱氨基的方式有哪些?
2. 简述肝性脑病的氨中毒学说。
3. 氨的来源和去路有哪些?

（左妍妍）

第12章 核苷酸代谢

学习目标

1. 素质目标　通过了解核酸营养价值，痛风的发病、治疗及与不良饮食的相关性过程，树立健康的生活理念，培养医者仁心。

2. 知识目标　掌握嘌呤核苷酸和嘧啶核苷酸的合成原料，嘌呤核苷酸的分解代谢终产物及临床意义；熟悉核苷酸的生理功能；了解核苷酸的代谢过程。

3. 能力目标　能运用核苷酸代谢相关知识，分析核苷酸代谢障碍引起的相关疾病。

核苷酸是核酸的基本结构单位，在体内具有多种重要的生物学功能：①作为核酸的合成原料，参与DNA、RNA的生物合成，这是核苷酸最主要的功能。②作为体内能量的利用形式，如ATP、GTP等。③构成辅酶。如腺苷酸可作为多种辅酶（NAD^+、FAD、CoA等）的重要组成部分。④作为活化中间代谢物的载体。如UDPG是合成糖原的活性原料，CDP-二酰甘油是合成磷脂的活性原料，*S*-腺苷甲硫氨酸是活性甲基的载体等。⑤作为信息分子，参与代谢调节。如cAMP和cGMP是细胞内信号传递的第二信使。

食物中的核酸大多以核蛋白的形式存在，在胃酸的作用下分解成蛋白质和核酸。核酸主要在小肠中被消化，受胰液和肠液中各种水解酶的作用逐步水解，最终生成碱基、戊糖和磷酸3种基本成分。各种核苷酸及其水解产物均可被吸收，戊糖和磷酸可被机体利用，碱基则大部分被分解而排出体外。尽管食物中核酸类成分很丰富，但食物来源的嘌呤和碱基很少被机体利用，并且机体可自身合成核苷酸，因此食物中的核苷酸不是人体健康所必需的营养物质。本章主要叙述嘌呤核苷酸和嘧啶核苷酸在体内的合成和分解代谢过程。

第1节　嘌呤核苷酸的代谢

案例 12-1

患者，男，23岁。聚餐时食用大量海鲜，喝了5瓶啤酒，当晚左脚踇趾疼痛剧烈而来医院就医。查体：左足第一跖趾关节红肿明显，压痛，活动受限，无皮肤破损。实验室检查：血尿酸0.7mmol/L（参考值：0.12～0.36mmol/L），其他血液检查正常。

问题：1. 请根据上述病例作出合理诊断，并说明理由。

2. 运用生物化学知识，解释该病的发病机制。

3. 该病如何防治？

一、嘌呤核苷酸的合成代谢

体内嘌呤核苷酸的合成有两条途径，即从头合成途径和补救合成途径。①以磷酸核糖、氨基酸、一碳单位及CO_2等简单物质为原料，经过一系列复杂的酶促反应合成嘌呤核苷酸的过程，称为从头合成途径。②利用体内现成的嘌呤或嘌呤核苷，经过简单的反应合成嘌呤核苷酸的过程，称为补救合成途径。

从头合成途径是嘌呤核苷酸的主要合成途径，肝细胞及多数组织以从头合成途径为主，而脑、骨髓等少数组织由于缺乏从头合成途径的酶，只能进行补救合成。

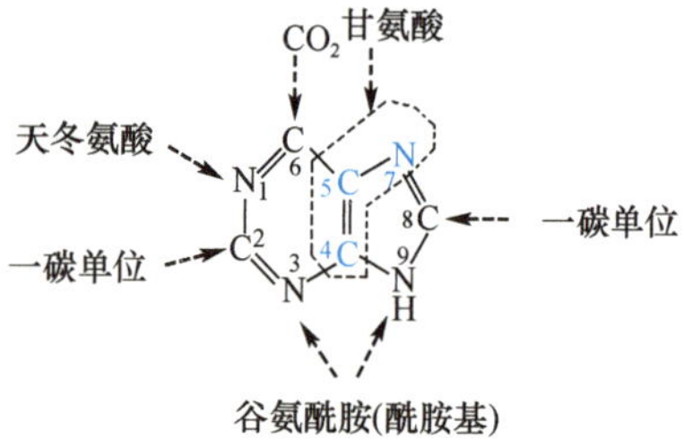

图 12-1　嘌呤碱合成的元素来源

（一）嘌呤核苷酸的从头合成

1. 合成部位　肝是主要部位，其次是小肠黏膜和胸腺。整个反应过程在细胞质中进行。

2. 合成原料　嘌呤核苷酸从头合成的主要原料为核糖-5-磷酸、谷氨酰胺、一碳单位、甘氨酸、CO_2和天冬氨酸。图12-1表示嘌呤环合成的各元素来源。

考点：嘌呤碱从头合成的元素来源

3. 合成过程　从头合成的反应过程复杂，可分为两个阶段：第一阶段先合成次黄嘌呤核苷酸（IMP）；第二阶段是以IMP为作为共同前体，分别转变为腺嘌呤核苷酸（AMP）和鸟嘌呤核苷酸（GMP）。

（1）IMP的合成　经11步酶促反应完成。首先核糖-5-磷酸与ATP反应生成核糖-5-磷酸-1-焦磷酸（磷酸核糖基焦磷酸，PRPP），此步反应是核苷酸合成代谢中的关键步骤。PRPP中1-焦磷酸基被谷氨酰胺的酰胺基取代生成核糖-5-磷酸胺，在此基础上经过多步酶促反应，生成次黄嘌呤核苷酸（IMP）。

（2）AMP和GMP的生成　IMP是合成AMP和GMP的共同前体，由IMP分别转变生成AMP和GMP（图12-2）。

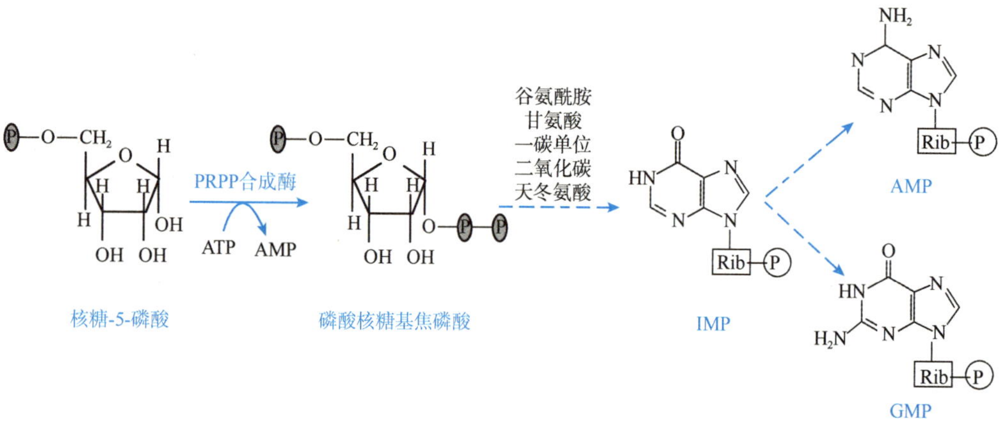

图 12-2　嘌呤核苷酸的从头合成

（二）嘌呤核苷酸的补救合成

嘌呤核苷酸的补救合成途径比较简单，也是由PRPP提供磷酸核糖，并有两种特异性不同的酶参与：腺嘌呤磷酸核糖基转移酶（APRT）和次黄嘌呤鸟嘌呤磷酸核糖基转移酶（HGPRT）。其中APRT催化AMP的合成；HGPRT催化IMP与GMP的合成。此外，腺嘌呤核苷可在腺苷激酶的催化下生成AMP（图12-3）。

嘌呤核苷酸补救合成途径的生理意义：一方面可以节约从头合成时对能量和一些氨基酸的消耗；另一方面，体内的某些组织器官（如脑、骨髓）由于缺乏从头合成的酶体系，只能进行补救合成。临床上的莱施-奈恩（Lesch-Nyhan）综合征就是由于基因缺陷导致HGPRT缺失而引起的中枢神经系统代谢异常的疾病。

考点：只能进行嘌呤核苷酸补救合成的组织器官

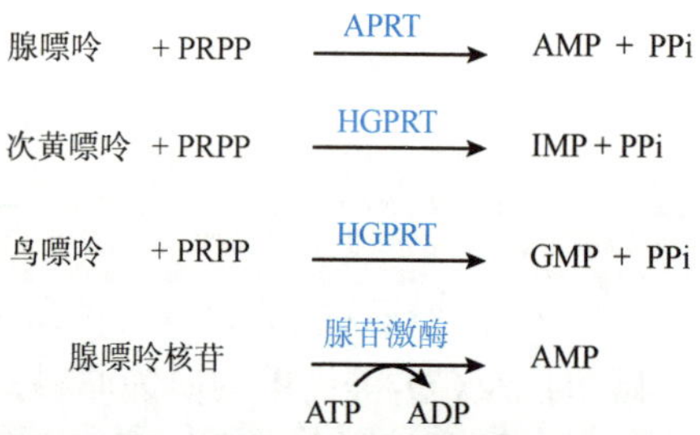

图 12-3　嘌呤核苷酸的补救合成

链　接　莱施-奈恩综合征

莱施-奈恩综合征，是由于基因缺陷使HGPRT严重不足或完全缺失而导致的一种X染色体连锁的隐性遗传代谢性疾病。多见于男性，该病的临床表现为尿酸增高及神经异常，如脑发育不全、智力低下并伴有攻击、自残及破坏性行为，发病时常咬伤自己的嘴唇、手和足趾，毁坏自己的容貌，故又称自毁容貌征。目前仍不清楚该病的发病机制，缺乏有效的治疗方法，大部分患者死于儿童时期。

二、嘌呤核苷酸的分解代谢

嘌呤核苷酸的分解代谢主要在肝、小肠和肾中进行。细胞中的嘌呤核苷酸首先在核苷酸酶的催化下脱去磷酸生成嘌呤核苷；嘌呤核苷再经嘌呤核苷磷酸化酶催化生成核糖-1-磷酸（R-1-P）和嘌呤碱。1-磷酸核糖可进一步转变为核糖-5-磷酸（R-5-P）作为PRPP的原料，参与新核苷酸的合成，或经磷酸戊糖途径氧化分解。嘌呤碱可参加核苷酸的补救合成，也可进一步水解，经黄嘌呤氧化酶的作用最终生成尿酸，通过肾脏随尿排出（图12-4）。黄嘌呤氧化酶是尿酸生成的关键酶，遗传性缺陷或严重的肝脏损伤可导致该酶缺乏。

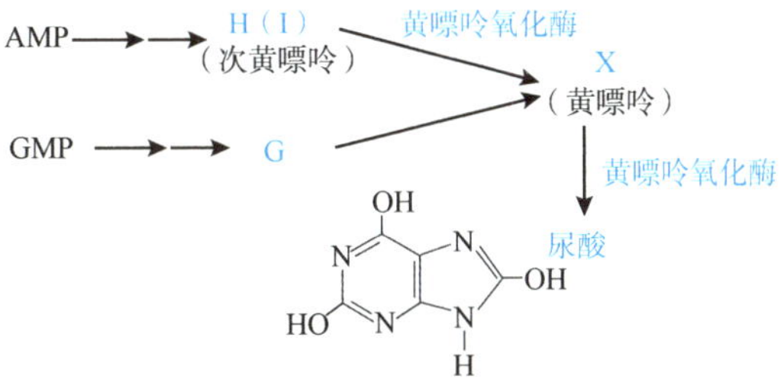

图12-4　嘌呤核苷酸的分解代谢

尿酸是人体嘌呤分解代谢的终产物，随尿排出体外。正常生理情况下，嘌呤的合成与分解处于相对平衡状态，所以尿酸的生成与排泄较为恒定。正常人血浆中尿酸的含量为0.12～0.36mmol/L。当进食高嘌呤食物、体内核酸大量分解（如白血病及其他恶性肿瘤等）或肾脏疾病导致尿酸排泄障碍时，血中尿酸水平升高，超过0.48mmol/L时，水溶性较差的尿酸以尿酸盐晶体形式沉积于关节、软组织、软骨及肾脏等部位，导致关节炎、尿路结石及肾疾病，引起疼痛及功能障碍，称为痛风。

临床上治疗痛风症的药物，如别嘌醇，与次黄嘌呤结构相似（图12-5），可通过竞争性抑制黄嘌呤氧化酶，减少尿酸生成；另一方面，别嘌醇与PRPP反应生成别嘌呤核苷酸，后者与IMP结构相似，可反馈抑制PRPP酰胺转移酶，阻断嘌呤核苷酸的从头合成，从而间接抑制尿酸的生成。

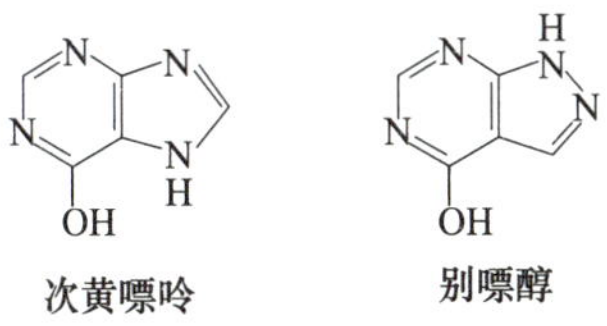

图12-5　次黄嘌呤与别嘌醇的结构比较

考点：嘌呤核苷酸分解代谢的终产物；痛风症的病因；别嘌醇治疗痛风症的机制

链　接　高尿酸与痛风患者膳食指导原则

高尿酸与痛风患者应建立合理的饮食习惯及良好的生活方式，限制高嘌呤动物性食物，控制能量及营养素供能比例，保持健康体重，配合规律降尿酸药物治疗，并定期监测随诊。对于急性痛风发作、药物控制不佳或慢性痛风石性关节炎的患者，还应禁用含乙醇饮料。进食要定时定量或少食多餐，不要暴饮暴食或一餐中进食大量肉类。少用刺激性调味料。供给充足的水分（每日饮水量2000ml以上），以防痛风急性发作并利于尿酸排泄。

第2节 嘧啶核苷酸的代谢

一、嘧啶核苷酸的合成代谢

与嘌呤核苷酸一样，体内嘧啶核苷酸的合成也有从头合成和补救合成两条途径。

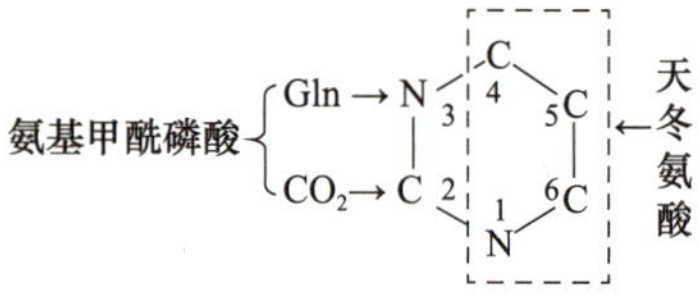

图12-6 嘧啶碱合成的元素来源

（一）嘧啶核苷酸的从头合成

1. 合成部位 主要在肝细胞的胞质中进行。

2. 合成原料 嘧啶核苷酸从头合成的原料分别是核糖-5-磷酸、天冬氨酸、谷氨酰胺和CO_2。胸腺嘧啶核苷酸的合成还需要一碳单位（N^5，N^{10}—CH_2—FH_4）参与。嘧啶碱合成的元素来源，见图12-6。

考点：嘧啶碱从头合成的元素来源

3. 合成过程 与嘌呤核苷酸的从头合成途径不同，嘧啶核苷酸的从头合成是由各种原料在相应酶的催化下依次加入先形成嘧啶环，再与PRPP提供的核糖-5-磷酸相连。首先合成的核苷酸是UMP，然后再由UMP转化为其他嘧啶核苷酸。

（1）UMP的合成 谷氨酰胺和CO_2在氨基甲酰磷酸合成酶Ⅱ（CPS-Ⅱ）的催化下，生成氨基甲酰磷酸，氨基甲酰磷酸与天冬氨酸结合生成乳清酸；乳清酸接受来自PRPP的磷酸核糖，生成乳清酸核苷酸，后者再进一步转化为UMP（图12-7）。

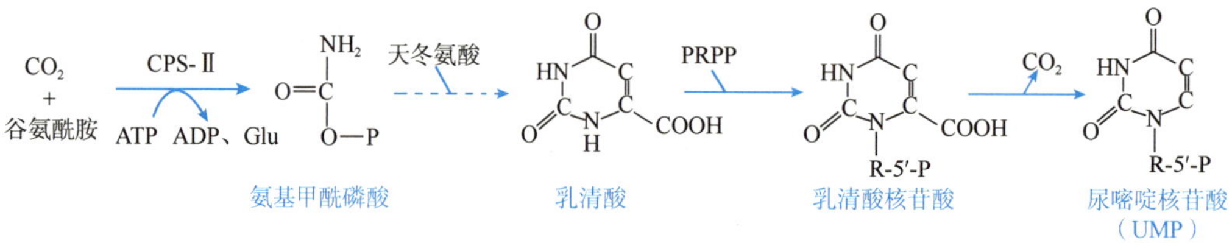

图12-7 UMP的合成

（2）UTP和CTP的合成 UMP首先经尿苷酸激酶和尿苷二磷酸核苷激酶的催化，生成UTP。UTP在CTP合成酶的催化下，从谷氨酰胺获得氨基，生成CTP（图12-8）。

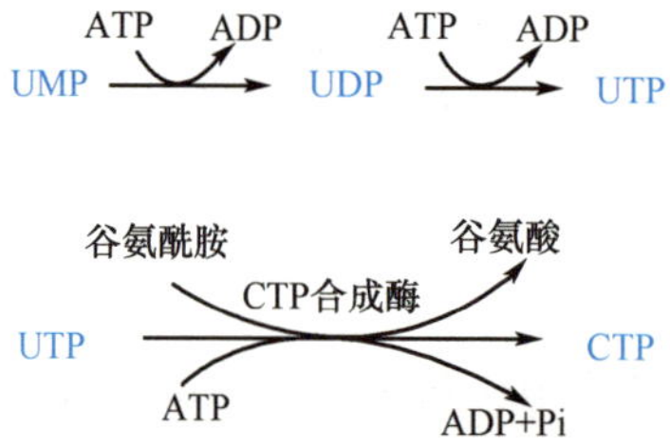

图12-8 UTP和CTP的合成

（二）嘧啶核苷酸的补救合成

催化嘧啶核苷酸补救合成的酶主要有嘧啶磷酸核糖转移酶、尿苷激酶、胸苷激酶等，它们催化的反应如下（图12-9）。

嘧啶（除胞嘧啶）+ PRPP —嘧啶磷酸核糖转移酶→ 嘧啶核苷酸 + PPi

尿嘧啶核苷 + ATP —尿苷激酶→ UMP + ADP

脱氧胸苷 + ATP —胸苷激酶→ dTMP + ADP

图12-9 嘧啶核苷酸的补救合成

正常肝细胞中胸苷激酶的活性很低，再生肝中活性升高，肝癌时活性明显升高，可用作评估恶性程度的肿瘤标志物。

（三）脱氧核糖核苷酸的生成

脱氧核糖核苷酸，包括嘌呤脱氧核苷酸和嘧啶脱氧核苷酸。

1. NDP还原为dNDP　除dTMP外，体内其他脱氧核苷酸（dNMP）的合成并不是利用现成的脱氧核糖为原料，而是通过相应的核糖核苷酸在核苷二磷酸（NDP）水平上直接还原生成，即NDP被还原生成了脱氧核苷二磷酸（dNDP），催化反应的酶是核糖核苷酸还原酶（图12-10）。

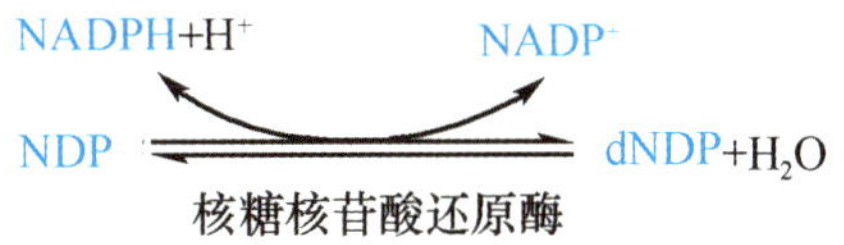

图12-10　脱氧核糖核苷酸的生成

生成的dNDP经过激酶催化磷酸化生成dNTP。

$$dNDP + ATP \longrightarrow dNTP + ADP$$

2. dUMP甲基化生成dTMP　dTMP是在dUMP的基础上经甲基化生成的，催化反应的酶是胸苷酸合酶，甲基的供体是N^5，N^{10}—CH_2—FH_4（图12-11）。

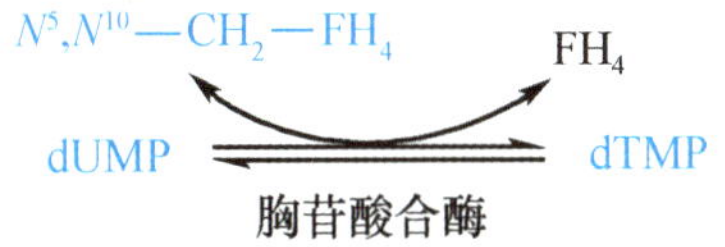

图12-11　dTMP的生成

二、嘧啶核苷酸的分解代谢

嘧啶核苷酸的分解代谢与嘌呤核苷酸相似，首先是在核苷酸酶和核苷磷酸化酶作用下，先后脱去磷酸和核糖，生成嘧啶碱。嘧啶碱主要在肝内进一步分解代谢。其中，胞嘧啶脱氨基转化成尿嘧啶，尿嘧啶还原成二氢尿嘧啶，并水解开环，最终生成NH_3、CO_2和*β*-丙氨酸。胸腺嘧啶则水解生成NH_3、CO_2和*β*-氨基异丁酸（图12-12）。*β*-丙氨酸和*β*-氨基异丁酸可继续分解进入三羧酸循环而被彻底氧化。*β*-氨基异丁酸亦可随尿排出体外。嘧啶碱的分解产物与嘌呤碱不同，均易溶于水。

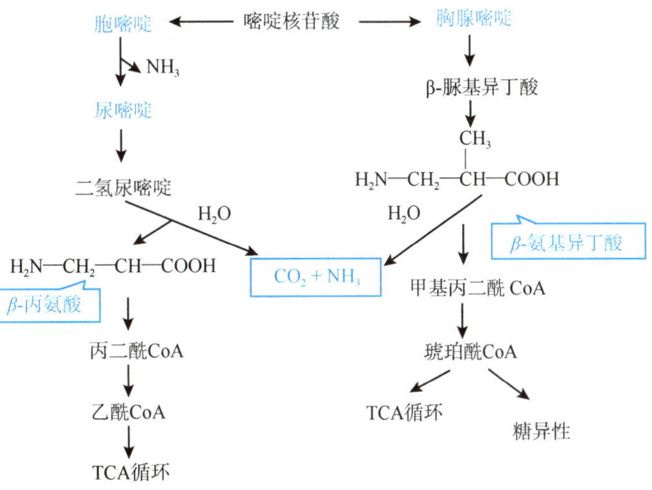

图12-12　嘧啶核苷酸的分解代谢

β-氨基异丁酸是DNA的特征性产物。摄入含DNA丰富的食物、经放疗或化疗后的肿瘤患者，其尿中β-氨基异丁酸排出量可明显增多。

考点：嘧啶核苷酸分解代谢的终产物

自测题

一、名词解释

1. 从头合成途径
2. 补救合成途径
3. 痛风

二、选择题

1. 嘌呤核苷酸从头合成时首先合成的是（　　）
   A. CMP　B. AMP
   C. IMP　D. ATP
   E. GTP
2. 下列能直接还原生成脱氧核苷酸的是（　　）
   A. 核糖　B. 核糖核苷
   C. 核苷一磷酸　D. 核苷二磷酸
   E. 核苷三磷酸
3. 合成dTMP的甲基供体是（　　）
   A. N^{10}-甲酰基四氢叶酸（N^{10}—$CHOFH_4$）
   B. N^5，N^{10}-次甲基四氢叶酸（N^5，N^{10}═$CHFH_4$）
   C. N^5，N^{10}-亚甲基四氢叶酸（N^5，N^{10}—CH_2FH_4）
   D. N^5-甲基四氢叶酸（N^5—CH_3FH_4）
   E. N^5-亚氨甲基四氢叶酸（N^5—CH═$NHFH_4$）
4. dTMP合成的直接前体是（　　）
   A. dUMP　B. TMP
   C. TDP　D. dUDP
   E. dCMP
5. DNA分解的特征产物是（　　）
   A. 尿酸　B. β-氨基异丁酸
   C. β-丙氨酸　D. CO_2
   E. NH_3
6. 当白血病患者经过长时间放疗或化疗后，哪组化合物可在尿中明显增多（　　）
   A. 苯丙氨酸
   B. 肌酐、尿素
   C. 尿酸、β-氨基异丁酸
   D. 丙酮、肌酸
   E. 乙酰乙酸、β-羟丁酸
7. 人体内嘌呤核苷酸的分解代谢的主要终产物是（　　）
   A. 尿素　B. 尿酸
   C. 肌酸　D. 肌酸肝
   E. β-丙氨酸
8. 痛风症患者血中含量升高的物质是（　　）
   A. 尿酸　B. 肌酸
   C. 尿素　D. 胆红素
   E. NH_3
9. 别嘌醇治疗痛风症是因为能抑制（　　）
   A. 尿酸氧化酶　B. 核苷酸氧化酶
   C. 鸟嘌呤氧化酶　D. 腺苷脱氢酶
   E. 黄嘌呤氧化酶
10. 不属于嘌呤核苷酸从头合成直接原料的是（　　）
    A. CO_2　B. 谷氨酸
    C. 甘氨酸　D. 一碳单位
    E. 天冬氨酸

三、简答题

1. 简述核苷酸的生理功能。
2. 简述嘌呤核苷酸补救合成的生理意义。
3. 痛风症与哪种代谢产物相关？简述其发病机制。
4. 简述别嘌醇治疗痛风症的机制。

（朱荣富）

第四篇
医学生物化学

第13章 肝的生物化学

学习目标

1. 素质目标　树立健康生活理念，珍爱生命，呵护健康。

2. 知识目标　掌握生物转化概念、反应类型和生理意义、肝脏在物质代谢中的作用；熟悉胆红素代谢的过程、黄疸的概念及类型、胆汁酸的肠肝循环及其生理意义；了解胆汁酸的代谢；影响生物转化作用的因素。

3. 能力目标　能够运用肝在物质代谢中的作用及其分泌、排泄和生物转化等功能解释生命活动现象以及临床疾病的代谢紊乱机制。

肝脏是人体内最大的腺体，也是重要的多功能实质性消化器官。肝脏具有肝动脉和门静脉的双重血液供应，具有丰富的血窦，在血窦处肝细胞膜通透性大，有利于进行物质交换。从消化道吸收的营养物质经门静脉进入肝脏被转化和利用，有害物质则可进行转化和解毒。肝脏可通过肝动脉获得充足的氧以保证肝内各种生化反应的正常进行。肝脏还通过胆道系统与肠道沟通，将肝脏分泌的胆汁排泄入肠道。

肝细胞亚微结构与其生理功能相适应。肝细胞内有大量的线粒体、粗面及滑面内质网和溶酶体等，适应肝脏活跃的生物氧化、蛋白质合成、生物转化等多种功能。

肝在人体生命活动中占有十分重要的位置，不仅在糖、脂类、蛋白质、维生素和激素等物质代谢中起着重要的作用，还具有分泌、排泄、解毒及对非营养物质生物转化等功能，是人体的“物质代谢中枢”和“人体化工厂”。

第1节　肝在物质代谢中的作用

（一）在糖代谢中的作用

肝是维持血糖浓度相对恒定的重要器官。肝通过肝糖原的合成、肝糖原的分解和糖异生作用维持血糖浓度相对恒定，确保全身各组织尤其是大脑和红细胞的能量供应。

1. 饱食后　肝细胞迅速从血液中摄取葡萄糖，将其合成肝糖原储存起来，过多的糖还可在肝内转化为脂肪和胆固醇，从而降低血糖浓度。

2. 饥饿及空腹早期　肝细胞利用自身特有的葡糖-6-磷酸酶将肝糖原代谢分解为葡萄糖释放入血，从而提高血糖浓度。

3. 长时间空腹　肝糖原几乎被耗尽，此时肝细胞利用非糖物质经糖异生转化为葡萄糖，维持血糖水平相对恒定。当肝细胞严重损伤时，由于肝糖原合成、分解及糖异生途径受阻，血糖不能维持正常恒定范围，易出现进食后暂时性高血糖，而空腹又易发生低血糖现象。

（二）在脂类代谢中的作用

肝在脂类的消化吸收、合成、分解及运输等代谢过程中均起重要作用。

1. 肝分泌胆汁促进脂类的消化和吸收　肝细胞能分泌胆汁，其中的胆汁酸盐是脂类物质及脂溶性维生素消化吸收所必需的。肝细胞受损时肝分泌胆汁的能力下降；胆道梗阻时，胆汁排出障碍，可导致脂类物质消化吸收障碍，产生厌油腻、脂肪泻及脂溶性维生素缺乏等症状。

2. 肝是三酰甘油、胆固醇、磷脂及血浆脂蛋白合成的主要场所 肝是内源性三酰甘油合成的主要场所。肝也是胆固醇合成、转化与排泄的重要场所。磷脂是脂蛋白的主要组成成分，磷脂的合成主要在肝细胞内进行，磷脂合成障碍可影响极低密度脂蛋白的合成和分泌，造成脂肪在肝内堆积而导致脂肪肝。

3. 肝是脂肪酸氧化分解和酮体生成的重要场所 饥饿时，肝从血液中摄取大量游离脂肪酸，一方面氧化分解释放能量供自身需要，另一方面合成酮体。肝是人体合成酮体的唯一器官，但肝不能氧化利用酮体，必须经血液将酮体运至肝外组织代谢。

4. 肝与血浆脂蛋白代谢密切相关 肝合成与分泌VLDL、HDL等血浆脂蛋白，将脂肪以脂蛋白的形式运出肝，避免脂肪肝的发生。此外，肝内可合成与HDL代谢相关的酶——卵磷脂-胆固醇酰基转移酶（lecithin-cholesterol acyltransferase，LCAT）。LCAT在肝中合成后分泌入血，在血浆中发挥作用。肝也是LDL降解的主要器官。

（三）在蛋白质代谢中的作用

肝在人体蛋白质合成、分解和氨基酸代谢中具有重要作用。

1. 肝是合成和分泌血浆脂蛋白的重要器官 肝除了合成自身固有蛋白质外，还可合成与分泌血浆蛋白质。除γ球蛋白外，几乎所有的血浆蛋白质均由肝合成。肝细胞严重受损时，血浆清蛋白合成减少而浓度降低，血浆清蛋白（albumin，A）与球蛋白（globulin，G）的比值（A/G）下降，甚至倒置。此变化可作为肝病的辅助诊断指标。肝功能严重障碍时，肝合成蛋白质的能力下降，临床上常出现营养不良、水肿、凝血时间延长等多种症状。

2. 肝是合成尿素、解除氨毒的重要器官 各种来源的氨在肝细胞内经鸟氨酸循环合成尿素，这是体内解除氨毒的主要方式。当严重肝损伤时，其合成尿素的能力下降，血氨浓度升高，导致脑组织供能不足，易引发肝性脑病。

3. 肝是体内氨基酸分解和转变的重要场所 肝中富含氨基酸代谢相关酶（如氨基转移酶、脱羧酶等），其中氨基转移酶含量多，活性高，特别是ALT。当肝细胞受损时，细胞膜通透性增大，细胞内酶逸出，致使血清中ALT的活性升高，血中氨基转移酶活性可作为诊断肝脏疾病的重要指标之一。

（四）肝在激素灭活中的作用

肝在激素代谢中的作用主要是参与激素的灭活。许多激素在发挥其调节作用后，主要在肝内被分解转化，从而降低或失去其活性。此过程称激素的灭活（inactivation）。

激素灭活后的产物大部分由尿排出，激素的合成与灭活处于动态平衡，从而使血液中激素水平总是维持相对恒定。当严重肝损伤时，激素灭活功能降低，出现相应的高激素状态，使体内雌激素、醛固酮、抗利尿激素等水平升高，则可出现男性乳房发育、肝掌、蜘蛛痣及水钠潴留等现象。

（五）在维生素代谢中的作用

肝在维生素的吸收、储存、运输和转化等方面均具有重要作用。

1. 肝协助脂溶性维生素的吸收 肝分泌胆汁酸，可促进脂溶性维生素A、维生素D、维生素E、维生素K的吸收，故肝胆系统疾病常伴有脂溶性维生素的吸收障碍而出现脂溶性维生素缺乏。

2. 肝是体内多种维生素的储存场所 肝能储存多种维生素，如维生素A、维生素D、维生素K、维生素B_1、维生素B_2和维生素B_{12}等，其中肝内储存的维生素A占体内总量的95%。

3. 肝可合成相关蛋白在血液中运输维生素 肝可合成和分泌视黄醇结合蛋白，其与视黄醇结合在血液中运输视黄醇；肝可合成和分泌维生素D结合蛋白，在血液中运输维生素D代谢产物。

4. 肝还直接参与多种维生素的代谢转化　肝可将胡萝卜素转化为维生素A，将维生素B_1转化为焦磷酸硫胺素（TPP），将维生素PP转化为NAD^+和$NADP^+$，将维生素D_3转化为1, 25-$(OH)_2$-D_3等。

第2节　肝的生物转化作用

人体内的一些物质既不能作为构建组织和细胞的成分，又不能作为能源物质，甚至还可能对人体有一定的生物学效应或潜在的毒性，这类物质称为非营养物质。

非营养物质按来源分为内源性和外源性两大类。内源性物质包括神经递质及其胺类等具有强烈生物活性的物质，以及氨和胆红素等对机体有毒性的物质。外源性物质包括食品添加剂、色素、药物、误食的毒物及蛋白质在肠道的腐败产物（如胺类物质）等。

非营养物质在生物体内通过肝脏等进行多种化学变化，使其成为易于排出体外物质的过程，称为生物转化（biotransformation）。生物转化的意义就是机体通过一定的化学反应使非营养物质的极性增强，使其易于排出体外或者使某些物质的毒性、生理活性或药理作用发生改变。

一般情况下，非营养物质经生物转化后，其生物活性或毒性降低甚至消失，但有些物质经肝脏生物转化后其毒性反而增强，许多致癌物质通过代谢转化才显示出致癌作用，如3, 4-苯并芘等。因而不能将肝脏的生物转化作用一概称为解毒作用。

肝脏是生物转化作用的主要器官，肝细胞内存在多种和生物转化相关的酶系。其他组织如肾、胃肠道、肺、皮肤及胎盘等也可进行一定的生物转化，但以肝脏最为重要，其生物转化功能最强。

链　接　微粒体（microsome）

微粒体在细胞生物学中，是指体外用超速离心法分离细胞成分时，由滑面内质网膜围成的球型囊泡状小体，直径大约100nm，称为微粒体。微粒体不存在于活细胞中，仅是从体外破碎细胞中获得。从肝细胞分离得到的微粒体中含有较多的细胞色素P450氧化酶，研究发现它与氧化反应有关。

一、生物转化的反应类型

肝的生物转化反应可归纳为两相反应。第一相反应包括氧化、还原、水解反应；第二相反应为结合反应。许多物质通过第一相反应极性增强，水溶性增加，即可排出体外；但有的物质经第一相反应极性改变不大，还需经过第二相反应生成极性更强的物质才能排出体外。

（一）第一相反应

1. 氧化反应　是第一相反应中最常见的反应，参与的酶有加单氧酶系、单胺氧化酶系及脱氢酶系等。

（1）加单氧酶系　又称为羟化酶或混合功能氧化酶，主要存在于肝细胞的微粒体中，是肝中最重要的参与药物和毒物代谢的酶系，能催化多种化合物（如药物、毒物和类固醇激素等）进行氧化。反应通式如下

$$RH+O_2+NADPH+H^+ \longrightarrow ROH+NADP^++H_2O$$

需注意的是，有一些本来无活性的物质经加单氧酶系氧化后反而产生毒性，如黄曲霉毒素B_1本身无活性，经肝转化后生成的黄曲霉毒素-2, 3-环氧化物是强致癌物，它会引起DNA突变，是原发性肝癌发生的重要危险因素之一。

（2）单胺氧化酶系　是存在于肝细胞线粒体中的一种黄素蛋白，可催化胺类物质氧化脱氨，生成相应的醛，后者进一步在细胞质中的醛脱氢酶催化下氧化为酸。肠道吸收的腐败产物如组胺、酪胺、色胺、腐胺等通过此方式代谢。反应通式为

$$RCH_2NH_2+O_2+H_2O \longrightarrow RCHO+NH_3+H_2O_2$$

$$RCHO+NAD^++H_2O \longrightarrow RCOOH+NADH+H^+$$

（3）脱氢酶系　包括醇脱氢酶（ADH）和醛脱氢酶（ALDH），均以NAD^+为辅酶。其中醇脱氢酶存在于肝细胞质中，催化醇氧化成醛；醛脱氢酶存在于线粒体中，催化醛氧化为酸，并最终生成CO_2和H_2O。例如：

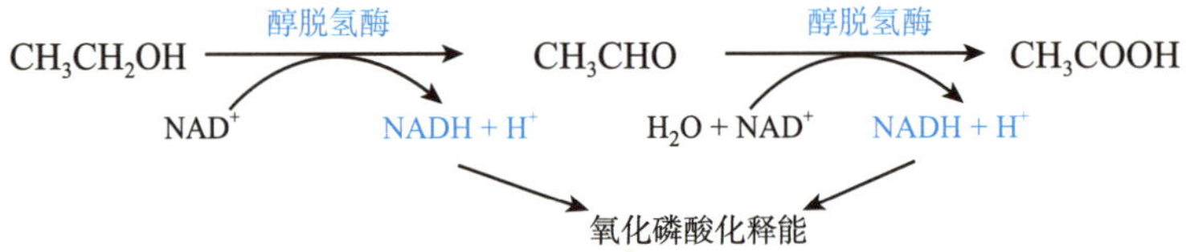

乙醇在肝内氧化使肝细胞质中$NADH/NAD^+$值增高，过多的NADH可将细胞质中的丙酮酸还原成乳酸。严重酒精中毒会导致乳酸和乙酸堆积从而引起酸中毒和电解质平衡紊乱，还可使糖异生受阻引起低血糖。故长期大量摄入乙醇会增加肝负担，易引起肝损伤。

2. 还原反应　肝细胞微粒体中含有还原酶系，主要有硝基还原酶和偶氮还原酶类，催化的底物分别为硝基化合物和偶氮化合物，最终生成胺，反应由NADPH提供氢。

硝基苯　　亚硝基苯　　联氨基苯　　苯胺

硝基化合物多见于工业试剂、杀虫剂、食品防腐剂等；偶氮化合物常见于食品色素、化妆品、药物、纺织和印刷工业等。

3. 水解反应　肝细胞的细胞质和微粒体中含有多种水解酶，如酯酶、酰胺酶和糖苷酶等，分别催化相应物质水解，以降低或消除其生物活性。

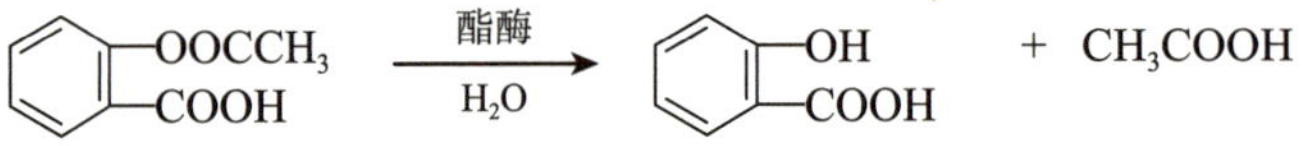

乙酰水杨酸　　水杨酸　　乙酸

如局部麻醉药在肝脏中很快被水解，失去其药理作用；乙酰水杨酸则需经酯酶水解生成水杨酸后才具有解热镇痛作用。

链 接　酒量可以锻炼出来吗

人体对乙醇的代谢主要由乙醇脱氢酶和乙醛脱氢酶这两种酶来完成。乙醇在乙醇脱氢酶的催化下形成乙醛，乙醛在乙醛脱氢酶催化下形成乙酸，乙酸最后氧化成为二氧化碳和水排出人体。因此，乙醇代谢取决于肝中的这两个关键酶，而这两个关键酶的数量和活性是由基因决定的，因此除非是改变基因，恐怕没有更好的办法来改变酶的数量和活性。虽然喝酒脸红或者不胜酒力的人经过锻炼似乎酒量有所长进，通常只是身体对乙醇比较耐受罢了，如果喝更多的酒，会导致体内积累更多的乙醛，造成更多的危害。

（二）第二相反应——结合反应

结合反应是体内最重要的生物转化方式。有些脂溶性非营养物质经过第一相反应后，分子极性变化不大，还需进一步与体内一些极性较强的物质或化学基团结合，增强分子极性和溶解度，以利于随尿排出。常见的结合物或基团有葡糖醛酸、硫酸、乙酰基、甘氨酸、甲基和谷胱甘肽等。

1. 葡糖醛酸结合反应　肝细胞微粒体中有非常活跃的葡糖醛酸基转移酶，它以尿苷二磷酸葡糖醛酸（uridine diphosphateglucuronic acid，UDPGA）为供体，催化含有羟基、氨基、巯基及羧基等极性基因的化合物与之结合，使其毒性降低，极性增加，易排出体外。例如：

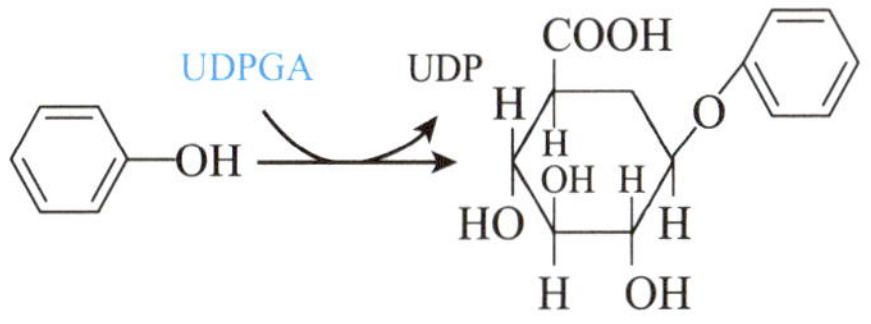

苯酚　　苯-β-葡糖醛酸苷

2. 硫酸结合反应　醇、酚和芳香胺类化合物都可在肝细胞质中进行硫酸结合反应，催化此反应的酶为硫酸转移酶，硫酸的供体3′-磷酸腺苷-5′-磷酸硫酸（3′-phosphoadenosine-5′-phosphosulfate，PAPS），又称活性硫酸，产物是硫酸酯。例如，雌酮通过硫酸酯的形式灭活和排泄。

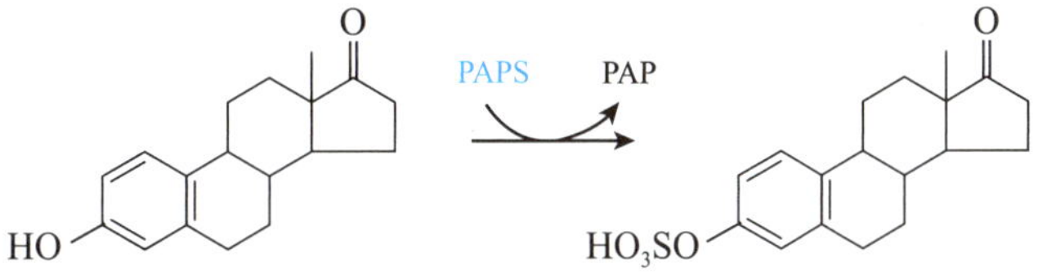

雌酮　　雌酮硫酸酯

3. 乙酰基结合反应　肝细胞液中的乙酰基转移酶，能催化各种芳香胺化合物（如苯胺、磺胺、异烟肼等）与乙酰基结合，形成乙酰基化合物。乙酰CoA 是乙酰基的直接供体，大部分磺胺类药物通过此方式灭活。例如：

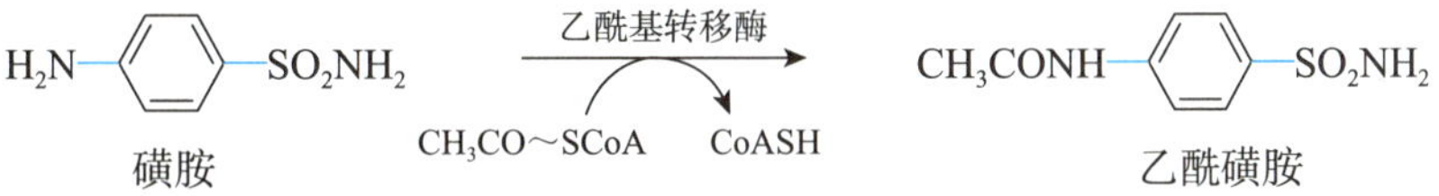

磺胺　　乙酰磺胺

4. 甘氨酸结合反应　某些物质在酰基CoA连接酶的催化下，与CoA形成酰基CoA，再与甘氨酸结合。

5. 甲基化反应　体内一些胺类物质和药物可在肝细胞质和线粒体中在甲基转移酶的催化下甲基化而灭活。甲基由*S*-腺苷甲硫氨酸（*S*-adenosyl-methionine，SAM）提供。

6. 谷胱甘肽结合反应　谷胱甘肽在肝细胞质中的谷胱甘肽-*S*-转移酶催化下，与许多卤代化合物、环氧化物结合，生成的谷胱甘肽结合物随胆汁排出体外。

由上可见，肝脏的生物转化作用范围是很广的。一方面，很多有毒物质进入人体后迅速集中在肝脏进行解毒，另一方面，正是由于这些有害物质容易在肝脏聚集，如果毒物的量过多，也容易使肝脏本身中毒，因此，对肝病患者，要限制服用主要在肝内解毒的药物，以免中毒。

链　接　珍爱生命，远离苯并芘

苯并芘是多环芳烃中毒性最大的一种强烈致癌物。世界卫生组织已将苯并芘列为一级致癌物，其大部分经肝、肺生物转化为数十种代谢产物，可造成基因损伤，诱发癌变。生活中常见的苯并芘来源主要有香烟烟雾、汽车尾气、熏烤、高温烹调食品等。当炒菜的油温超过270℃时，就会产生苯并芘，炒完菜的锅垢苯并芘含量也较高。

二、生物转化的特点

1. 多样性和连续性　一种物质在体内可进行多种、往往是连续的生物转化反应，才能由原来极性弱的物质变为极性强的物质，由脂溶性物质变为水溶性物质，再经胆道或肾脏排出体外。

2. 解毒与致毒双重性 经肝脏生物转化作用，在使物质极性、水溶性增强的同时往往也会使毒性强的变为毒性弱的、或无毒的，使其易于排出体外，达到解毒作用。但也有少数物质经肝脏生物转化作用由无毒性变为有毒性、或由毒性弱变为毒性强的物质。

三、影响生物转化的因素

生物转化作用存在个体差异，受年龄、性别、肝脏疾病、药物诱导与抑制物等多种因素的影响。

（一）生理因素

生理因素包括年龄、性别等。新生儿特别是早产儿肝中生物转化酶系还未发育完善，对药物、毒物的耐受力差，易发生药物中毒，结合反应酶系活性低是新生儿高胆红素血症及新生儿胆红素脑病（核黄疸）的重要发病原因。老年人因器官退化，代谢药物的酶不易被诱导，对许多药物的耐受能力下降，服用药物后易出现中毒现象，故临床上新生儿和老年人使用药物时要特别慎重，药物用量也应比成人更低。

某些生物转化反应存在明显的性别差异，如女性体内脱氢酶的活性一般高于男性；氨基比林在男性体内的半衰期约13.4h，而在女性只有10.3h，说明女性对氨基比林的转化能力比男性强。

（二）药物或毒物的诱导作用

长期服用某种药物或诱导物可诱导肝中有关生物转化的酶合成，可加速该药物或非营养物质的生物转化。例如，服用苯巴比妥等镇静催眠药，因其可诱导肝细胞微粒体加单氧酶系的合成，从而使机体对苯巴比妥产生耐药性。加单氧酶特异性差，可利用诱导作用增强某些药物代谢，如苯巴比妥可诱导肝细胞微粒体UDP-葡糖醛酸基转移酶的合成，故临床上用来治疗新生儿高胆红素血症，以防止发生胆红素脑病。另外，有些药物是药酶抑制剂，可抑制药酶活性或减少药酶合成，使这些药物的代谢减慢，血中浓度增高，可引起中毒反应，如异烟肼、氯霉素、奎尼丁等。

（三）肝脏疾病对生物转化的影响

由于多数药物是在肝中进行转化的，当肝功能低下时，生物转化能力下降，药物灭活速率降低，药物的治疗剂量和中毒剂量之间差距减小。因此，对肝病患者用药应慎重。

第3节 胆汁酸代谢

肝细胞分泌的胆汁具有双重功能：一是作为消化液，促进脂类的消化和吸收；二是作为排泄液，将体内某些代谢产物（胆红素、胆固醇）及经肝生物转化的非营养物排入肠腔，随粪便排出体外。胆汁酸是胆汁的主要成分，具有重要的生理功能。

一、胆汁酸的生成及分类

（一）胆汁

胆汁（bile）是肝细胞分泌的一种黄色或棕色液体，储存于胆囊，经胆总管进入十二指肠。正常成人平均每天分泌胆汁300～700ml，主要固体成分是胆汁酸盐，约占固体成分的50%，其余的是胆色素、胆固醇、磷脂及黏蛋白等。肝细胞初分泌的胆汁称为肝胆汁，呈金黄色，微苦，稍偏碱性，密度较小，约为1.010。肝胆汁进入胆囊后，其中的水分和其他一些成分被胆囊壁吸收而浓缩，同时胆囊壁还会分泌黏液，掺入胆汁，使其颜色转变为暗褐色或棕绿色，密度增至约1.040，称为胆囊胆汁。

（二）胆汁酸分类与生成

胆汁酸（bile acid）按结构可分为两大类：一类为游离型胆汁酸，包括胆酸、脱氧胆酸、鹅脱氧胆酸和少量的石胆酸；另一类是上述游离型胆汁酸与甘氨酸或牛磺酸结合的产物，称结合型胆汁酸，主要包括甘氨胆酸、甘氨鹅脱氧胆酸、牛磺胆酸及牛磺鹅脱氧胆酸等。一般结合型胆汁酸水溶性较游离型大，这种结合使胆汁酸盐更稳定，在酸或Ca^{2+}存在时不易沉淀出来。

胆汁酸按其来源可分为初级胆汁酸和次级胆汁酸。肝细胞内，以胆固醇为原料直接合成的胆汁酸称为初级胆汁酸，包括胆酸和鹅脱氧胆酸。初级胆汁酸在肠道中受细菌作用，进行7α-脱羟作用生成的胆汁酸，称为次级胆汁酸，包括脱氧胆酸和石胆酸。胆汁酸的分类如表13-1所示。

表13-1　胆汁酸的分类

胆汁酸	初级胆汁酸	次级胆汁酸
游离型胆汁酸	胆酸 鹅脱氧胆酸	脱氧胆酸 石胆酸
结合型胆汁酸	胆酸、鹅脱氧胆酸等与甘氨酸和牛磺酸的结合产物	脱氧胆酸、石胆酸等与甘氨酸和牛磺酸的结合产物

1. 初级胆汁酸的生成　以胆固醇为原料，在肝细胞内经多步酶促反应合成初级胆汁酸，是肝清除胆固醇的主要方式。正常成人每日合成胆固醇1.0～1.5g，其中约40%在肝内转化为胆汁酸，随胆汁排入肠腔。

胆固醇首先在7α-羟化酶催化下生成7α-羟胆固醇，然后经过还原、羟化、氧化、加CoA等多步反应生成初级游离型胆汁酸，即胆酸和鹅脱氧胆酸。胆固醇7α-羟化酶是胆汁酸合成过程中的限速酶，受胆汁酸的负反馈调节。甲状腺激素可以提高此酶活性，故甲亢患者血胆固醇浓度降低。游离型胆汁酸与甘氨酸或牛磺酸结合形成初级结合型胆汁酸，然后随胆汁排入肠道。

2. 次级胆汁酸的生成　初级结合型胆汁酸进入肠道，在完成协助脂类的消化吸收后，在回肠和结肠上段细菌的作用下，水解脱去甘氨酸或牛磺酸释放出初级游离型胆汁酸，再经肠菌酶作用脱去7α-羟基，生成次级胆汁酸，即胆酸转变为脱氧胆酸，鹅脱氧胆酸转变为石胆酸。其中石胆酸溶解度小，一般不与甘氨酸或牛磺酸结合，主要以游离态存在，绝大部分随粪便排出；而脱氧胆酸会与甘氨酸或牛磺酸结合，生成次级结合型胆汁酸，即甘氨鹅脱氧胆酸和牛磺鹅脱氧胆酸。

二、胆汁酸的肠肝循环

随胆汁进入肠道的胆汁酸（包括初级、次级、结合型与游离型），95%以上被肠壁重吸收，经门静脉入肝，被肝细胞摄取，其余的随粪便排出。胆汁酸在肠道的重吸收主要有两种方式：一种是结合型胆汁酸在回肠部位的主动重吸收；另一种是游离型胆汁酸在肠道各部位通过扩散作用进行的被动重吸收。游离型胆汁酸在肝中被重新合成结合型胆汁酸，与新合成的结合胆汁酸一起排入肠腔。胆汁酸在肝和肠之间的这种循环过程称为胆汁酸的肠肝循环（图13-1）。

胆汁酸的肠肝循环具有重要的生理意义。肝每日合成胆汁酸的量为0.4～0.6g，肝胆的胆汁酸代谢池共3～5g，而每日脂类乳化需要10～32g胆汁酸，即使饭后全部倾入小肠也不能满足食物中脂类物质消化吸收的需要。人体每次饭后可进行2～4次胆汁酸的肠肝循环，使有限的胆汁酸得以反复利用，最大限度发挥其生理功能，以满足脂类消化、吸收的需要。正常成人每日仅有0.4～0.6g的胆汁酸随粪便排出，与肝每天新合成的胆汁酸量平衡。此外，胆汁酸的重吸收也有利于胆汁的分泌，并使胆汁中的胆汁酸和磷脂酰胆碱与胆固醇的比例恒定，不易形成胆结石。

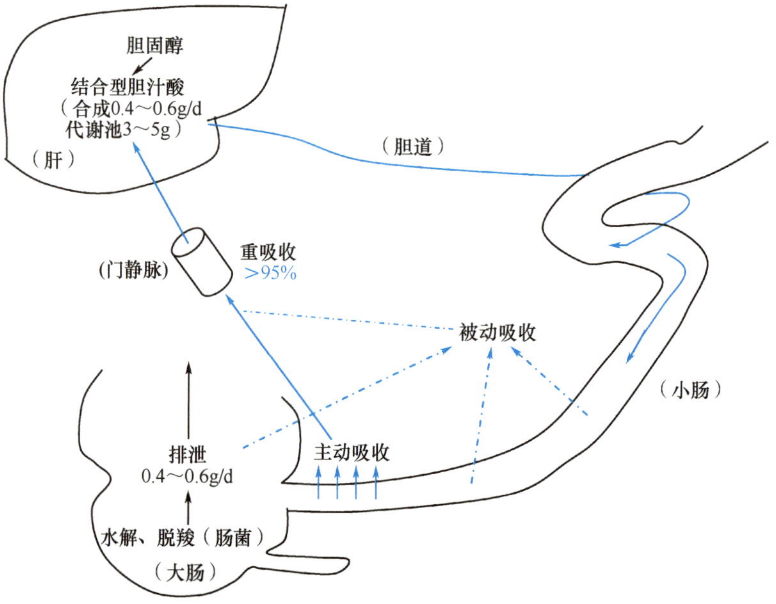

图13-1　胆汁酸的肠肝循环

第4节　胆色素代谢

胆色素（bile pigment）是体内铁卟啉类化合物的主要分解代谢产物，包括胆绿素（biliverdin）、胆红素（bilirubin）、胆素原（bilinogen）及胆素（bilin）等，除胆素原无色外，其余均有一定颜色，故统称胆色素。胆色素代谢异常与临床诸多疾病病理过程有关系，血液中胆红素浓度升高，会引起神经系统的毒性作用，导致高胆红素血症。

一、胆红素的生成与转运

（一）胆红素的生成

胆红素是体内血红蛋白、肌红蛋白、过氧化氢酶及细胞色素等铁卟啉类化合物的降解产物，其来源主要有：①80%左右的胆红素来源于衰老红细胞中血红蛋白的分解；②小部分胆红素来自造血过程中红细胞的过早破坏；③其他含铁卟啉类化合物分解产生，如肌红蛋白、细胞色素、过氧化氢酶和过氧化物酶等，后两者来源约占20%。

正常红细胞的平均寿命为120天。衰老的红细胞可被肝、脾和骨髓的单核/巨噬细胞识别并吞噬，被破坏后释放出血红蛋白，血红蛋白进一步分解为珠蛋白和血红素，其中珠蛋白分解为氨基酸供体内再利用，血红素则在微粒体的血红素加氧酶的催化下释放出CO和Fe^{2+}并生成胆绿素，此反应是胆红素生成的限速步骤，血红素加氧酶是胆红素生成过程的限速酶。CO除一部分经呼吸道排出外，近年来研究发现CO可作为细胞间和细胞内信号分子，具有重要的生理功能。胆绿素在细胞质中被活性极高的胆绿素还原酶还原成为胆红素。在肝、脾、骨髓中生成的胆红素称为游离型胆红素，具有疏水亲脂性质，极易透过生物膜，当其透过血脑屏障与神经核团结合时，可引起胆红素脑病，故胆红素过量对人体有害。

（二）胆红素的转运

游离型胆红素进入血液后，主要与血浆中清蛋白结合为胆红素-清蛋白复合物，这样既增加了游离型胆红素的溶解度便于运输，又限制了游离型胆红素透过细胞膜对组织细胞（特别是脑细胞）产生毒性作用。胆红素-清蛋白复合物是胆红素在血中的运输形式，故称为血胆红素；这种胆红素必须加入甲醇、乙醇、尿素等破坏分子内的氢键后才能与重氮试剂反应，所以也称为间接胆红素（inderected bilirubin，IBIL）或未结合胆红素（unconjugated bilirubin）。清蛋白-胆红素复合物分子量大，不能经过肾小球滤过随尿液排出，所以尿液中不会出现。

正常人每100ml血浆中的清蛋白能结合20～25mg胆红素，而血浆胆红素浓度只有1.7～17.1μmol/L。故正常人血浆中丰富的清蛋白足以结合全部的胆红素，但当新生儿患高胆红素血症时，由于新生儿的血脑屏障发育不全，游离型胆红素因其脂溶性强很容易透过血脑屏障进入脑组织与神经核团结合，干扰脑的正常功能，引起胆红素脑病。故临床上给高胆红素血症的新生儿静脉滴注富含清蛋白的血浆。胆红素和清蛋白的结合是非特异性和可逆的，某些有机阴离子，如磺胺类药物、抗生素、胆汁酸、造影剂、利尿剂及脂肪酸等，可与胆红素竞争性地结合清蛋白，使胆红素从复合物中游离出来而产生毒性作用，故新生儿或有黄疸倾向的患者要慎用此类药物。

（三）胆红素在肝中的转化

胆红素-清蛋白复合物随血液循环运至肝，肝对胆红素的代谢包括摄取、转化和排泄三个过程。

1. 肝细胞对胆红素的摄取　当间接胆红素随血液循环运至肝细胞时，在肝血窦中胆红素首先与清蛋白分离，然后胆红素被肝细胞膜表面的特异受体蛋白迅速摄取。胆红素进入肝细胞后，与细胞质中Y蛋白和Z蛋白这两种载体蛋白结合，形成胆红素-Y蛋白和胆红素-Z蛋白复合物，将胆红素转运至滑面内质网进一步代谢。甲状腺素、溴磺酞钠及造影剂等可与胆红素竞争Y蛋白，影响肝细胞对胆红素的摄取和转运。新生儿出生7周后，Y蛋白合成量才接近成人水平，这是新生儿出现生理性黄疸的原因。苯巴比妥可诱导新生儿Y蛋白的合成，故临床上可应用苯巴比妥治疗新生儿生理性黄疸。

2. 肝细胞对胆红素的转化　肝细胞在滑面内质网中，经UDP-葡糖醛酸基转移酶的催化，胆红素脱离Y配体蛋白、Z配体蛋白后，与葡糖醛酸结合，生成葡糖醛酸胆红素。每分子胆红素至多结合2分子葡糖醛酸。产物主要为胆红素葡糖醛酸二酯及少量的胆红素葡糖醛酸乙酯。此外，还有少量胆红素与活性硫酸结合，生成胆红素硫酸酯。这类胆红素因能与重氮试剂直接起反应，生成紫红色的偶氮化合物，故又称为直接胆红素（derected bilirubin，DBIL）或结合胆红素（conjugated bilirubin）。

直接胆红素亲水性增强，易溶于水，易随胆汁排入肠道，亦可经肾随尿排出，但不易透过生物膜进入其他组织，所以其毒性明显降低，是胆红素重要的解毒方式。正常人血中直接胆红素含量很少，当胆道阻塞毛细胆管导致压力增高破裂时，直接胆红素随胆汁反流进入血液，血中直接胆红素水平升高。

直接胆红素和间接胆红素在理化性质方面存在很大差异，两类胆红素的比较见表13-2。

表13-2　两类胆红素性质的比较

性质	间接胆红素	直接胆红素
形成部位	血液	肝
其他名称	血胆红素、游离型胆红素	肝胆红素
与葡糖醛酸结合	未结合	结合
与重氮试剂反应	慢，间接反应	迅速，直接反应
水溶性	小	大
经肾随尿液排出	不能	能
透过细胞膜的能力及毒性作用	大	小

3. 肝细胞对胆红素的排泄　肝分泌胆汁，直接胆红素随胆汁进入胆管系统排入肠道，此过程是肝代谢胆红素的限速步骤。肝毛细胆管膜侧存在的多耐药相关蛋白-2是肝细胞向毛细胆管分泌直接胆红素的转运蛋白。此过程对缺氧、感染、药物均敏感。肝内外的阻塞或重症肝炎、中毒、感染，均可导致胆红素排泄障碍，使直接胆红素反流进入血液，导致血液、尿液中胆红素浓度明显升高。胆汁酸盐

可增加胆红素在水中的溶解度，如果胆汁酸盐与胆红素比例失调，可引起胆红素结石。

（四）胆红素在肠道中的转变及胆素原的肠肝循环

直接胆红素随胆汁排入肠道后，在肠道细菌作用下，先水解脱去葡糖醛酸，再逐步还原生成一系列无色化合物，包括中胆素原、粪胆素原和尿胆素原等，统称为胆素原。大部分胆素原随粪便排出体外，在肠道下端经空气氧化，粪胆素原可氧化成黄褐色粪胆素，是正常粪便颜色的主要来源。新生儿肠道细菌少，胆红素未被细菌作用而直接随粪便排出，粪便呈橙黄色。

肠道中有10%～20%的胆素原可被肠黏膜细胞重吸收，经门静脉入肝，其中大部分随胆汁再次排入肠腔，形成胆素原的肠肝循环。重吸收的小部分进入体循环，通过肾小球滤过随尿排出，即尿胆素原，尿胆素原被空气氧化成尿胆素，是尿液的主要颜色来源。尿胆素原、尿胆素、尿胆红素在临床上被称为尿三胆，是黄疸类型鉴别诊断的常用指标。碱性尿液有利于尿胆素的排泄，正常人尿液中检测不出胆红素。当胆道完全阻塞时，胆红素不能排入肠道，因此肠中无胆素原生成，尿液中也检测不到胆素原。

胆红素的代谢过程总结于图13-2。

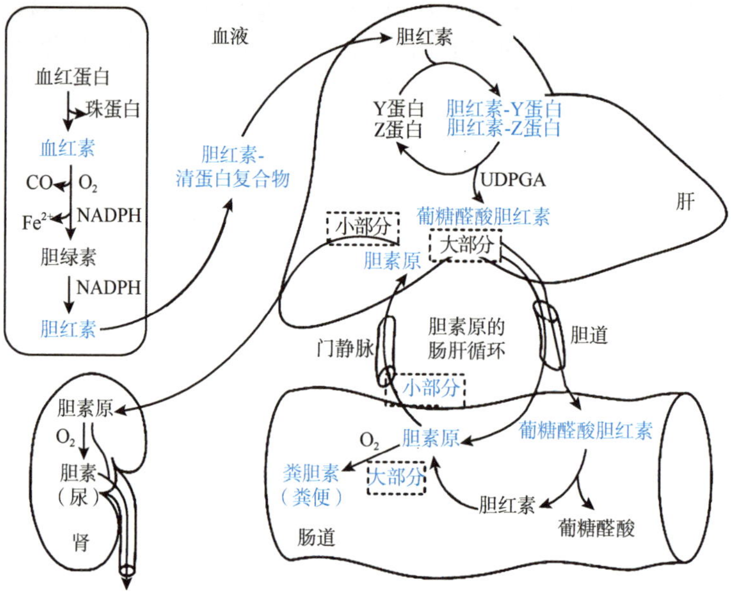

图13-2 胆色素的代谢过程

二、血清胆红素与黄疸

正常人血中胆红素含量不超过17.1μmol/L，其中间接胆红素占4/5，直接胆红素占1/5。

如果体内胆红素生成过多且超过肝处理能力，或肝细胞摄取、转化、排泄过程发生障碍等时，均可导致胆色素代谢障碍，引起血清总胆红素含量升高，称为高胆红素血症。胆红素为橙黄色物质，当血清中胆红素含量过高时，胆红素可扩散进入组织，引起皮肤、巩膜和黏膜黄染的现象，称为黄疸（jaundice）。当血清胆红素浓度在17.1～34.2μmol/L时，肉眼看不到组织黄染现象，称为隐性黄疸。大于34.2μmol/L时，肉眼可明显观察到皮肤、巩膜、黏膜出现黄染，称为显性黄疸。根据黄疸发病原因不同，临床上可将其分为溶血性黄疸、肝细胞性黄疸和阻塞性黄疸三类。

（一）溶血性黄疸

溶血性黄疸也称肝前性黄疸。由于各种原因（如蚕豆病、恶性疟疾、镰状细胞贫血、输血不当、过敏、药物等）引起红细胞大量破坏，使胆红素生成过多，超出了肝的处理能力。

主要特征：①血清中间接胆红素明显升高，直接胆红素浓度改变不大；②由于间接胆红素不能由肾排出，所以尿胆红素检查呈阴性；③由于肝最大限度地摄取、转化、排泄胆红素，所以粪便和尿液中胆素原增多；④粪便及尿液颜色加深，粪便呈咖啡色，尿液多呈浓茶色。

（二）肝细胞性黄疸

肝细胞性黄疸也称肝原性黄疸，是由肝细胞广泛损伤（如病毒性肝炎、中毒性肝炎、肝肿瘤、肝硬化、败血症等），导致其摄取、转化和排泄胆红素能力降低导致的黄疸。

主要特征：①血中两种胆红素浓度均升高，一方面肝细胞不能将间接胆红素完全转化为直接胆红素，使血液中间接胆红素浓度升高；另一方面因肝细胞肿胀，压迫毛细胆管，造成肝内毛细胆管堵塞或与肝血窦直接相通，部分直接胆红素反流进入血液，使血液中直接胆红素浓度也升高。②由于血清中直接胆红素浓度升高，因此尿胆红素检测呈阳性。③由于肝对直接胆红素的生成和排泄减少，因此粪胆素原、粪胆素减少；由于肝细胞受损程度不定，因此尿液中胆素原含量变化不定。④粪便颜色通常变浅，尿液颜色深浅不定，但因为尿液中含较多胆红素，所以尿液颜色往往加深。

（三）阻塞性黄疸

阻塞性黄疸也称肝后性黄疸，是由于各种原因（如胆结石、肿瘤、先天性胆管闭锁、胆道蛔虫或肿瘤压迫等）引起胆道阻塞，胆汁排泄障碍，使毛细胆管内压力增大而破裂，直接胆红素反流进入血液，造成血胆红素升高引起的黄疸。

主要特征：①血清中直接胆红素浓度明显升高，间接胆红素浓度变化不大；②由于直接胆红素可以由肾排出，所以尿胆红素检查呈阳性；③由于胆道阻塞，直接胆红素排入肠道的量减少，使肠道中生成的胆素原减少，所以粪便和尿液中胆素原族化合物减少；④粪便颜色变浅，呈陶土色或灰白色。尿液中虽然尿胆原、尿胆素减少，但因含有大量尿胆红素，所以尿液颜色常呈金黄色。

三种类型黄疸在血清、尿液及粪便中的指标改变情况见表13-3。

表13-3　三种类型黄疸在血清、尿液及粪便中的指标改变情况

指标	正常	溶血性黄疸	肝细胞性黄疸	阻塞性黄疸
粪便颜色	正常（黄色）	加深	变浅	变浅或陶土色
血清胆红素总量	＜1mg/dl	＞1mg/dl	＞1mg/dl	＞1mg/dl
直接胆红素	0～0.8mg/dl	不变/微增	升高	明显升高
间接胆红素	＜1mg/dl	明显升高	升高	不变/微增
尿胆红素	阴性（－）	阴性（－）	阳性（＋）	强阳性（++）
尿胆素原	少量	显著升高	不一定	减少或无
尿胆素	少量	显著升高	不一定	减少或无
尿液颜色	正常（淡黄色）	加深（浓茶色）	加深	加深（金黄色）
粪便颜色	正常（黄色）	加深	变浅	变浅或陶土色

自　测　题

一、名词解释

1. 生物转化
2. 间接胆红素
3. 初级胆汁酸

二、选择题

1. 肝细胞性黄疸不具备以下哪项特点（　　）
   A. 尿胆素原阳性　　B. 大便呈陶土色
   C. 尿胆红素阳性　　D. 肝功能异常

E. 伴恶心、厌油腻等症状

2. 完全性阻塞性黄疸时，正确的是（　　）

A. 尿胆素原（–），尿胆红素（–）

B. 尿胆素原（+），尿胆红素（–）

C. 尿胆素原（–），尿胆红素（+）

D. 尿胆素原（+），尿胆红素（+）

E. 粪胆素（+）

3. 在生物转化中最常见的一种结合物是（　　）

A. 乙酰基　　B. 甲基

C. 谷胱甘肽　　D. 葡糖醛酸

E. 硫酸

4. 生物转化过程最重要的方式是（　　）

A. 使毒物的毒性降低

B. 使药物失效

C. 使生物活性物质灭活

D. 使某些药物药效更强或毒性增加

E. 使非营养物质极性增强，利于排泄

5. 胆红素在血中的运输形式（　　）

A. 硫酸胆红素

B. 胆红素-清蛋白

C. 胆红素-配体蛋白

D. 胆红素-葡糖醛酸复合物

E. 胆素原

6. 临床上出现黄疸时，血中可检出的化合物是（　　）

A. 胆红素　　B. 尿胆素原

C. 尿胆素　　D. 尿胆红素

E. 粪胆素

7. 下列关于胆红素的摄取、转化的描述，错误的是（　　）

A. 肝细胞膜能结合某些阴离子

B. 肝细胞膜上存在特异的载体系统

C. 肝细胞胞质中存在特异的载体系统

D. 肝细胞能将胆红素转变为胆素原

E. 肝细胞能将胆红素转变为葡糖醛酸胆红素

8. 苯巴比妥降低血清游离型胆红素的浓度的原理是（　　）

A. 与血浆白蛋白竞争结合

B. 刺激Z蛋白的合成

C. 诱导肝细胞内载体蛋白Y的合成

D. 抑制UDP-葡糖醛酸基转移酶的合成

E. 药物增加了它的水溶性，有利于游离型胆红素从尿中排出

三、简答题

1. 肝在胆红素的代谢中有何作用？

2. 简述胆汁酸主要生理功能。

3. 简述黄疸的分类及产生的生化机制，胆色素代谢有何变化。

（曹　华）

第14章 水与电解质的平衡

学习目标

1. 素质目标　树立关注健康、健康生活的理念。

2. 知识目标　掌握水的来源与去路及钠、钾、钙、磷的代谢特点；熟悉体液的组成、分布及水和电解质的生理功能，了解体液电解质的特点。

3. 能力目标　具备观察水和电解质失衡的能力。

体液是指人体内的水及溶解于水中的无机盐及有机物的总称。体液中的无机盐、蛋白质、有机酸等以离子状态存在，故称为电解质。正常人体各种生命活动的完成需要相对稳定的体液环境，如体液容量、渗透压、pH以及电解质浓度及其在细胞内外的分布等理化特性。

第1节　体　　液

一、体液的含量与分布

正常成人体液约占体重的60%，以细胞膜为界，分为细胞内液和细胞外液。细胞外液是细胞生存的内环境，约占体重的20%，包括血浆和组织间液，其中血浆约占体重的5%，组织间液约占体重的15%。具体分布见图14-1。

- 体液（占体重的60%）
  - 细胞内液（占体重的40%）
  - 细胞外液（占体重的20%）
    - 血浆（占体重的5%）
    - 组织间液（占体重的15%）

图14-1　体液的含量与分布

正常人体内体液的含量和分布随年龄、性别和身体的胖瘦程度有明显的个体差异，年龄越小，体液占体重的百分比越大。新生儿、婴儿和儿童的体液总量分别约占其体重的80%、70%和65%。新生儿对水的调节功能较弱，不能耐受缺水，故小儿较成年人易发生脱水。

不同组织的含水量也各不相同：肌肉组织含水量达到75%～80%，而脂肪组织含水量只有15%～30%，因男性和瘦者脂肪组织较少，体液含量占体重的百分比较高，故男性和体型偏瘦者对缺水的耐受能力大于女性和体型偏胖者。

考点：体液的组成及各部分占体重的比例

二、体液电解质的含量与分布特点

（一）电解质的组成、含量与分布

体液中电解质组成、分布和含量见表14-1。

表14-1 体液中电解质的组成、分布及含量

电解质		血浆		细胞间液		细胞内液	
		离子（mmol/L）	电荷（mmol/L）	离子（mmol/L）	电荷（mmol/L）	离子（mmol/L）	电荷（mmol/L）
阳离子	Na^+	145	145	139	139	10	10
	K^+	4.5	4.5	4	4	158	158
	Mg^{2+}	0.8	1.6	0.5	1	15.5	31
	Ca^{2+}	2.5	5	2	4	3	6
	合计	152.8	156.1	145.5	148	186.5	205
阴离子	Cl^-	103	103	112	112	1	1
	HCO_3^-	27	27	25	25	10	10
	HPO_4^{2-}	1	2	1	2	12	24
	SO_4^{2-}	0.5	1	0.5	1	9.5	19
	蛋白质	2.25	18	0.25	2	8.1	65
	有机酸	5	5	6	6	16	16
	有机磷酸	—	—	—	—	23.3	70
	合计	138.75	156	144.75	148	79.9	205

（二）电解质的分布特点

根据表14-1体液中电解质的分布与含量，电解质的分布特点如下。

1. 体液中电解质呈电中性 细胞内液和细胞外液，其所含的阴离子和阳离子的摩尔电荷总量相等。

2. 细胞内液和细胞外液电解质分布差异很大 细胞外液中的阳离子以Na^+为主，阴离子以HCO_3^-和Cl^-为主；而细胞内液的阳离子以K^+为主，阴离子以HPO_4^{2-}和蛋白质负离子为主。

3. 细胞内液和细胞外液渗透压基本相等 细胞内液电解质含量总量高于细胞外液，但因细胞内液蛋白质含量高，且二价离子多而这些电解质产生的渗透压较小，因此细胞内液与细胞外液的渗透压基本相等。

4. 血浆中蛋白质含量明显高于细胞外液 血浆中的蛋白质不能透过毛细血管，因此血浆胶体渗透压高于组织间液胶体渗透压，有利于维持血容量。

（三）体液的交换

体液的交换是细胞内液和细胞外液，以及细胞外液的血浆和组织间液之间的相互交换，以维持内环境的相对稳定，保证营养物质的运输和代谢产物的排泄。

考点：体液中电解质的分布特点

第2节 水与电解质的生理功能

一、水的生理功能

水是维持人体正常代谢活动和生理功能所必需的物质之一，是人体内含量最多的重要组成成分。

其主要生理功能如下。

1. 促进和参与物质代谢 水是良好的极性溶剂，代谢物在水溶液中的溶解和解离是其发生化学变化的前提。同时水还直接参与水解、脱水与氧化等代谢反应过程。

2. 运输作用 各种营养物质、代谢产物等多数可溶于水中，通过体液循环运送到器官和组织。

3. 调节体温 水是最良好的体温调节剂。水的质量、热容和蒸发热都很大，能吸收较多的热能而本身温度变化不大。通过蒸发少量的汗，就能散发大量的热；水的流动性大，代谢产生的热能被水迅速带往全身，使物质代谢产生的热量均匀分布并从体表散发；水的这些性质有利于体温调节。

4. 润滑作用 水具有润滑作用，有助于各种生命活动的完成。例如，关节腔的滑液，能减少运动时关节面之间的摩擦；唾液有利于吞咽食物；泪液有利于眼球转动。

5. 维持组织形态、硬度和弹性 体内的水一部分与多糖、核酸和蛋白质结合以结合水的形式存在，无流动性，其主要的作用是维持组织器官的形态、硬度和弹性。

二、电解质的生理功能

1. 维持体液渗透压和酸碱平衡 渗透压是由电解质浓度决定的，维持细胞内液渗透压的主要离子是K^+和HPO_4^{2-}；维持细胞外液渗透压的主要离子是Na^+、Cl^-。同时K^+、HPO_4^{2-}、Na^+、HCO_3^-构成缓冲对，调节体液的酸碱平衡。

2. 维持神经、肌肉正常的应激性 神经、肌肉的应激性与体液中各种电解质的浓度和比例密切相关，无机离子对神经肌肉性兴奋性的影响机制如下

$$神经肌肉的应激性\propto\frac{[Na^+]+[K^+]}{[Ca^{2+}]+[Mg^{2+}]+[H^+]}$$

从上式可以看出Na^+、K^+可以增强神经肌肉的兴奋性，其浓度升高时，神经肌肉的兴奋性增强，其浓度降低时，神经肌肉接头的兴奋性降低，表现为肌肉无力甚至肌肉麻痹。而Ca^{2+}、Mg^{2+}抑制神经肌肉的兴奋性，低Ca^{2+}时可出现手足抽搐，严重者可发生惊厥。

无机离子对心肌兴奋性的影响机制如下

$$心肌的应激性\propto\frac{[Na^+]+[Ca^{2+}]+[OH^-]}{[K^+]+[Mg^{2+}]+[H^+]}$$

从上式可以看出，K^+对心肌有抑制作用，而Na^+、Ca^{2+}与K^+拮抗，因此临床上高钾血症所致的心肌兴奋性降低，可用提高细胞外液Ca^{2+}浓度来拮抗。

3. 维持机体细胞的正常新陈代谢 部分无机离子是酶的辅助因子或者辅助因子的组成成分，如Ca^{2+}、K^+、Mg^{2+}、Na^+存在时ATP酶才有一定的活性，唾液淀粉酶的激活剂是Cl^-等。

4. 构成组织细胞成分 体内的所有细胞、组织和器官均含有电解质，如牙齿和骨骼主要的成分是钙和磷。

考点：肾脏排钠和排钾的特点

第3节 水与电解质的平衡

案例 14-1

患者，男，45岁，体重65kg。因地震被困在废墟内3天，未摄入水和食物，被救出时无明显外伤，患者眼窝下陷，口唇干燥，皮肤弹性差，呼吸25次/分，血压95/65mmHg。心率100次/分，尿量少，乏力；血Na^+浓度为133mmol/L（正常血Na^+浓度为135～145mmol/L），血清K^+为3.2mmol/L（正常血清K^+为3.5～5.5mmol/L）

问题：1. 该患者可能存在的体液紊乱是什么？

2. 该如何进行纠正?
3. 纠正时的注意事项有哪些?

一、水 平 衡

正常成人每日水的摄入和水的排出处于动态平衡，每日量约为2500ml。

(一)水的摄入

机体摄入水的方式主要有三个方面，如表14-2所示。

表14-2 正常成人每日水的摄入情况

来源	摄入量(ml/d)
饮水	1200
食物水	1000
代谢水	300
合计	2500

1. 饮水 是水的主要来源，成人一般每天摄入水量约1200ml。每天饮水量随生活习惯、气候、气温条件和劳动强度的不同而有较大的区别。

2. 食物水 每天随食物摄入的水量约为1000ml。

3. 代谢水 又称内生水，是指糖类、脂肪、蛋白质等营养物质在体内进行生物氧化所产生的水，生成量较为恒定，每天约为300ml。

(二)水的排出

体内水的排出途径主要有以下四个方面。

1. 肾排出 肾排尿是机体排水的最重要途径。正常成人每天排尿量为1000～2000ml，平均为1500ml。正常成人每天至少有35g废物需要通过肾排出，1g废物约需15ml水溶解，因此成人每天尿量至少需要500ml。成人24h尿量<400ml的状态称为少尿，成人24h尿量在<100ml的状态为无尿。

2. 皮肤蒸发 皮肤排水的方式主要为不感蒸发(非显性汗)和发汗(显性汗)两种，非显性汗主要是以皮肤蒸发为主，与环境温度和活动无关，与体表面积有关，每天的蒸发量约为500ml。显性出汗与剧烈运动和环境温度有关，通过皮肤的汗腺分泌，排出的汗液是低渗液，排水的同时会排出Na^+、Cl^-、K^+，因此高温作业大量出汗时，除了补充水，还应该补充盐。

3. 呼吸蒸发 是指肺在呼吸时以水蒸气的方式排出的水分，正常成人每日排出的水分约350ml。当某些疾病或剧烈运动导致呼吸加深、加快时，可增加肺的排水量。

4. 粪便排出 正常成人每天经粪便排出的水分约为150ml。正常成人每天消化液的分泌量是8000ml，有98%的消化液是被消化管重吸收，只有2%的消化液随粪便排出。

正常成人每天摄入的水量和排出的水量基本相等，见表14-3。

表14-3 正常成人每日水的排出量

去路	排出量(ml/d)
肾排出	1500
皮肤蒸发	500
呼吸蒸发	350
粪便排出	150
合计	2500

由上可知，为维持机体的正常功能，机体在禁食、禁水的情况下，人体每天仍由肺、皮肤、粪便和肾丢失约1500ml水，这是人体每天必然丢失的水量，又称最低生理需水量，故临床对于禁食和禁水的患者，每天至少需补充1500ml的水。

考点：水的来源和去路

二、电解质的代谢

(一)钠、氯的代谢

1. 含量与分布 正常成人钠含量为45～50mmol/L。约45%结合于骨骼的基质，约45%存在于细胞外液，约10%存在于细胞内液，是细胞外液中最主要的阳离子。正常人血清Na^+浓度为

135～145mmol/L。

正常成人氯含量约33mmol/kg，主要分布于细胞外液中，血清Cl^-浓度为98～106mmol/L。

2. 吸收与排泄 人体摄入的钠和氯主要来自于食盐（NaCl），一般成人每日氯化钠需要量为4.5～9.0g，摄入量因饮食习惯不同有很大差别。通常每天的摄入量在7.0～15.0g。钠的摄入与高血压直接相关，世界卫生组织推荐正常成人每日摄入的食盐量以不超过5g为宜。正常情况下，每天摄入的氯化钠几乎全部被小肠吸收。

钠和氯主要经肾随尿排出，少量由粪便和汗液排出。肾对钠的排泄有很强的调节能力，肾对钠排泄的特点是“多吃多排、少吃少排、不吃不排”。一般很少因膳食而缺钠，仅在严重腹泻、呕吐或长期大量出汗时会导致钠的丢失。

（二）钾的代谢

1. 含量与分布 正常成人钾含量为50～55mmol，其中98%分布于细胞内，仅2%分布于细胞外液，故血钾浓度并不能准确地反映体内总钾量。正常成人血清K^+浓度为3.5～5.5mmol/L，细胞内K^+的浓度高达150mmol/L，故临床上测定血钾采集血标本时，应防止溶血。

2. 影响K^+分布的因素 K^+分布与体液的pH及物质的合成与分解有关。

（1）物质代谢的影响 糖原或蛋白质合成时，K^+从细胞外液进入细胞内，机体每合成1g糖原需要0.15mmol K^+进入细胞内，每合成1g蛋白质需要0.45mmol K^+进入细胞内。糖原或蛋白质分解时，K^+从细胞内等量释放到细胞外，故输入大量的葡萄糖或使用胰岛素时，应适当补钾，以免出现低血钾。

（2）体液酸碱平衡的影响 代谢性酸中毒时，大量的H^+进入细胞内可缓解酸中毒，同时K^+从细胞内转移到细胞外以维持电中性，因此酸中毒会引起高钾血症；相反，代谢性碱中毒时K^+从细胞外液进入细胞内引起低钾血症。

（3）缺氧、炎症、烧伤、溶血等导致细胞膜通透性增加，引起高血钾。

3. 吸收与排泄 正常成人每日钾的需要量约为2.5g，钾的来源是完全从外界食物摄入，在动植物食品中含量丰富，因此正常膳食可以满足钾的生理需求，摄入的钾90%由肠道吸收。

80%～90%的钾经肾脏随尿排出，还有10%左右的钾经粪便排出，皮肤通常仅排出少量的钾，大量出汗时可排出较多的钾。因为肾远曲小管有泌K^+换Na^+的功能，故肾脏对钾的调节能力不如对钠的调节能力强，其排泄特点为“多吃多排，少吃少排，不吃也排”，所以禁食患者应主动补钾。

患者出现低钾血症时，应及时补钾，补钾的途径尽可能以口服为主，不能口服的可以缓慢静脉滴注，严禁静脉推注。补钾原则有四不宜原则：时间不宜过早（见尿补钾）、浓度不宜过高（低于0.3%）、速度不宜过快、剂量不宜过大。补钾过程中应该多次测定血钾，才能够真实反映体内钾的含量，因为钾主要是通过钠泵的主动转运进入细胞内。静脉补钾大约需要15h才能使细胞内外的钾达到平衡，心脏病患者需要45h左右才能达到平衡。

考点：肾脏排钠和排钾的特点、影响K^+分布的因素及影响机制

（三）钙、磷代谢

1. 钙、磷的含量与分布 钙和磷是人体内含量最多的无机盐，正常成人体内钙的总量为700～1400g，磷的总量为400～800g，分别占体重的1.5%～2.2%和0.8%～1.2%。99%的钙和86%的磷是以羟磷灰石的形式存在于骨组织和牙齿中，构成骨骼和牙齿的主要成分，其余部分以溶解状态分布于体液和软组织中。

2. 血钙与血磷 体液中的钙主要分布于血浆中，磷多分布于细胞内液中，血浆或血清中含有的钙、磷分别称为血钙和血磷。

（1）血钙 成人血钙浓度为2.25～2.75mmol/L，血钙包括离子钙和结合钙两种方式，约各占一半。结合钙大部分是与血浆蛋白（清蛋白）结合，小部分与柠檬酸、磷酸等结合。离子钙、柠檬酸钙等均

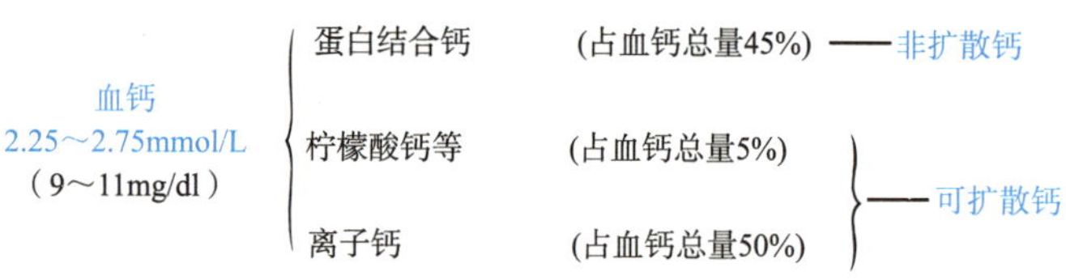

图14-2　血钙的存在形式

可通过毛细血管壁，被称为可扩散性钙；与蛋白质结合钙不能透过毛细血管壁，被称为不可扩散性钙。血浆中只有离子钙才能直接发挥生理作用。血钙的存在形式见图14-2。

正常情况下，结合钙和离子钙之间相互转变，处于动态平衡。

$[Ca^{2+}]$受血浆pH的影响，血液pH下降时，即$[H^+]$增加时，$[Ca^{2+}]$升高；血液pH升高时，即$[HCO_3^-]$增加时，生成的蛋白结合钙增多，$[Ca^{2+}]$降低；由于离子钙有降低神经肌肉兴奋性作用，即使血清总钙量不变，碱中毒时也可出现手足抽搐。

（2）血磷　血液中的磷有两种存在形式：无机磷和有机磷。血磷通常是指无机磷酸盐中所含的磷，成人的血磷浓度为1.1～1.3mmol/L。

（3）血钙与血磷的关系　血浆中钙磷含量之间关系密切，二者浓度以mg/dl表示时，[Ca]×[P]=35～40。当[Ca]×[P]大于40时，可促进钙磷在骨骼中沉积；当[Ca]×[P]小于35时，骨的钙化将发生障碍，甚至可促进骨骼中骨盐再溶解。

3. 钙磷的吸收和排泄

（1）钙的吸收与排泄　正常成人每日需要钙0.5～1.0g，孕妇、哺乳期妇女和儿童需钙量增加，每日为1.0～1.5g。食物中的乳类、豆类及甲壳类含钙量高，钙吸收部位主要在小肠，以十二指肠和空肠吸收最多。

钙的吸收受多种因素的影响，1, 25-(OH)$_2$D$_3$及机体对钙的需要量是决定钙吸收的主要因素，另外钙盐的种类和溶解度、肠液的pH、年龄等因素均能影响钙的吸收。能降低肠液pH的物质如乳酸、氨基酸等均能促进钙盐溶解，有利于钙的吸收，食物中的磷酸盐、草酸盐、植酸等均能与钙离子结合，形成不溶性钙盐，妨碍钙的吸收；钙的吸收量与年龄成反比，这是老年人容易发生骨质疏松、关节退行性改变的主要原因。

人体每天排出的钙80%由肠道随粪便排出，20%由肾随尿排出。肾排钙主要随血钙浓度而增减。

链　接　关注健康，关注老年性骨质疏松

骨质疏松是导致老年人发生骨折的主要因素，关系着老年人生活质量。骨质疏松是指多种原因引起的以单位体积内骨组织量减少为特点的代谢性骨病变。随着年龄的增长，机体对钙的吸收率降低，提高钙的吸收是防止骨质疏松的关键。根据钙吸收的影响因素和钙磷代谢的调节，老年人宜多摄入含钙丰富的食物，适当补充促进钙吸收和骨盐形成的活性维生素D$_3$，保证足够的时间和足够体表面积的太阳照射可以促进皮下的胆固醇转变成维生素D$_3$，同时适量的户外运动，可以增强骨骼的韧性和弹性，同时要减少浓茶和咖啡的摄入，养成健康的生活方式。

（2）磷的吸收与排泄　正常成人每日进食的磷为1.0～1.5g，主要来自于食物。食物中的核酸、磷脂中均含有磷。乳汁中含无机磷较多。肠道各部位均可吸收磷，以空肠吸收较多，吸收率约为70%，影响钙吸收的因素，也可影响磷的吸收。

磷主要经肾随尿排出，约占70%，少量经粪便排出。

4. 钙、磷代谢的调节　1, 25-(OH)$_2$D$_3$（活性维生素D$_3$）、甲状旁腺素（PTH）、降钙素（CT）主要通过对小肠的吸收、成骨和溶骨及肾脏对钙和磷的重吸收三方面对钙、磷代谢进行调节。

（1）1, 25-(OH)$_2$D$_3$　是维生素D$_3$的活性形式，主要来源于食物，另外皮下胆固醇经紫外线照射也可以转化成维生素D$_3$，其功能是升高血钙、血磷。作用机制：促进小肠对钙、磷的吸收；增强破骨细胞的活性，促进骨的吸收，从而动员骨质中的钙和磷入血，维持血钙和血磷的浓度；促进肾小管对钙、磷的重吸收。

（2）甲状旁腺素（PTH） 升高血钙，降低血磷。主要机制是增强破骨细胞的活性，促进骨溶解作用；促进肾小管对钙的重吸收，抑制肾小管对磷的重吸收；促进25-OH-D_3转化为1，25-（OH）$_2$ D_3，间接促进钙、磷吸收。

（3）降钙素（CT） 降低血钙、血磷，其主要机制为抑制骨盐溶解，使血钙浓度降低；与甲状旁腺素的作用相互拮抗，直接抑制肾小管对钙、磷的重吸收；抑制肾1, 25-（OH）$_2$$D_3$的形成，间接抑制小肠对钙、磷的吸收。

自 测 题

一、名词解释

1. 体液
2. 代谢水

二、选择题

1. 正常人体内，血浆占体重百分比为（　　）
   A. 5%　　B. 20%
   C. 40%　　D. 60%
   E. 80%
2. 维持细胞内液渗透压的主要阳离子是（　　）
   A. Na^+　　B. K^+
   C. Ca^{2+}　　D. Mg^{2+}
   E. Fe^{2+}
3. 细胞外液最主要的阴离子为（　　）
   A. SO_4^{2-}　　B. HPO_4^{2-}
   C. HCO_3^-　　D. Pr^-
   E. Cl^-
4. 人体每天最低尿量为（　　）
   A. 150ml　　B. 350ml
   C. 500ml　　D. 1000ml
   E. 1200ml
5. 人体每天水的必然丢失量为（　　）
   A. 500ml　　B. 1000ml
   C. 1200ml　　D. 1500ml
   E. 2500ml
6. 既能提高神经肌肉兴奋性，又能提高心肌兴奋性的是（　　）
   A. Na^+　　B. K^+
   C. Ca^{2+}　　D. Mg^{2+}
   E. Cl^-
7. 小儿缺钙时常出现手足抽搐是由于（　　）
   A. Ca^{2+}能降低神经肌肉兴奋性
   B. Ca^{2+}能提高神经肌肉兴奋性
   C. Ca^{2+}能降低心肌兴奋性
   D. Ca^{2+}能提高心肌兴奋性
   E. 与神经肌肉应激性无关
8. 多食多排，少食少排，不食也排是下列哪种离子的代谢特点（　　）
   A. Na^+　　B. K^+
   C. Ca^{2+}　　D. Mg^{2+}
   E. Fe^{2+}
9. 钙和磷最主要的功能是（　　）
   A. 构成骨盐　　B. 调节酸碱平衡
   C. 参与辅酶构成　　D. 调节神经肌肉兴奋性
   E. 调节机体渗透压
10. 下列激素中既能升高血钙，也能升高血磷的是（　　）
   A. 降钙素　　B. 抗利尿激素
   C. 甲状旁腺激素　　D. 1, 25-（OH）$_2$$D_3$
   E. 甲状腺激素

三、简答题

1. 细胞内液和细胞外液在电解质分布上有何特点？
2. 水的生理功能有哪些？水的来源与去路如何？
3. 简述无机盐的生理功能。
4. 测定血钾时为什么一定要防止溶血，静脉输钾时要注意什么？
5. 临床上为什么要“见尿补钾”？

（卢秀真）

第15章 酸碱平衡

学习目标

1. 素质目标　遵循“以人为本，服务至上”的正确理念，护理酸碱平衡失调患者。

2. 知识目标　掌握体内酸性和碱性物质的来源，血液、肺、肾在酸碱平衡调节中的作用；熟悉酸碱平衡失调的基本类型；了解判断酸碱平衡的生化指标。

3. 能力目标　具备在治疗和护理酸碱平衡失调患者过程中注意观察病情细微变化的能力，具备配合医生对酸碱平衡并发症进行防治的能力。

在正常生命活动过程中，机体会不断地产生酸性和碱性物质，也会从食物中摄取酸性和碱性物质，同时酸性和碱性物质也会被不断地排出体外，从而保证体内酸碱物质处于相对平衡状态，维持机体各组织细胞进行正常代谢。正常动脉血pH为7.35～7.45，平均值为7.40，呈弱碱性，波动范围很窄。机体通过调节酸碱物质的含量和比例，使体液pH维持在相对恒定范围内的过程，称为酸碱平衡（acid-base balance）。酸碱平衡的调节主要依靠血液的缓冲作用、肺的呼吸作用和肾的排酸保碱作用，这三方面的调节作用相互协调、制约，共同维持pH的相对恒定。

考点：酸碱平衡的概念

体内酸碱物质超过了机体的调节能力，或肺、肾等器官发生功能障碍，导致机体内环境酸碱度的稳定性被破坏的过程，称为酸碱平衡失调（acid-base imbalance）。酸碱平衡失调会导致酸中毒（acidosis）或碱中毒（alkalosis）。在临床上，一旦发生酸碱平衡失调，会影响机体各种生理、生化功能，使病情更为复杂和严重，甚至危及患者的生命。因此，通过分析酸碱平衡相关的诊断指标，对患者体内酸碱平衡做出比较全面的判断，在呼吸衰竭患者的诊疗及各种严重患者的监护和抢救中具有十分重要的意义。

第1节　体内酸性与碱性物质的来源

体内的酸性或碱性物质，主要来源于物质代谢过程。机体从食物或药物中也可摄取少量的酸或碱。在普通膳食条件下，体内产生的酸性物质量远远超过碱性物质（图15-1）。

一、酸性物质的来源

体内酸性物质主要来源于糖、脂类、蛋白质的分解代谢，故肉类、鱼类等动物性食物和大米、面粉等谷类食物称为成酸食物。此外，食物中的乙酸、乳酸、柠檬酸，防腐剂中的苯甲酸，以及一些药物如氯化铵、阿司匹林、维生素C等也是体内酸性物质的来源。

1. 挥发性酸　是指碳酸（H_2CO_3），是机体在分解代谢过程中产生最多的酸性物质。在组织细胞中，糖、脂类和蛋白质在体内彻底氧化分解可生成CO_2和H_2O，二者结合生成H_2CO_3。H_2CO_3随血液循环转运至肺部后重新分解成CO_2和H_2O，CO_2经肺呼出体外，故称为挥发性酸，是体内酸的主要来源。运动和任何体力活动导致机体代谢率增加时，CO_2生成显著增加，可通过肺调节CO_2的排出，称为酸碱平衡的呼吸性调节。因此，肺通气障碍和肺通气过度极易引起酸碱平衡失调。

考点：挥发性酸的概念

2. 非挥发性酸 是指糖、脂类、蛋白质等物质代谢过程中产生的丙酮酸、乳酸、乙酰乙酸、β-羟丁酸和尿酸等，以及食物中的酸性物质，某些酸性药物如水杨酸、阿司匹林、氯化铵等，它们不能经肺呼出体外，只能经肾随尿排出，故称为非挥发性酸，又称固定酸。正常成人每日由非挥发性酸释放的H^+仅50～100mmol，比每日产生的挥发性酸少得多。正常情况下，丙酮酸、乳酸等酸性物质可继续氧化，不会堆积，但在代谢紊乱时可发生堆积，易引起酸碱平衡失调。

二、碱性物质的来源

体内的碱性物质主要来源于食物，特别是蔬菜和水果中所含的有机酸盐，如柠檬酸盐、苹果酸盐和草酸盐等。有机酸盐的有机酸根均可与H^+发生反应，分别转化为柠檬酸、苹果酸和草酸，进一步可经三羧酸循环氧化成为CO_2和H_2O；而有机酸盐所含的K^+或Na^+则可与HCO_3^-结合生成碳酸氢盐，这是体内碱性物质的来源，故称蔬菜、水果为成碱食物。此外，体内代谢过程中也可产生少量的碱性物质，如氨基酸脱氨基产生的NH_3，可与H^+结合为NH_4^+，随尿排出。碱性药物和饮料中的碳酸氢钠也是碱性物质的来源。

在正常膳食条件下，体内酸性物质的来源远远多于碱性物质。因此，机体对酸碱平衡的调节主要以酸的调节为主。

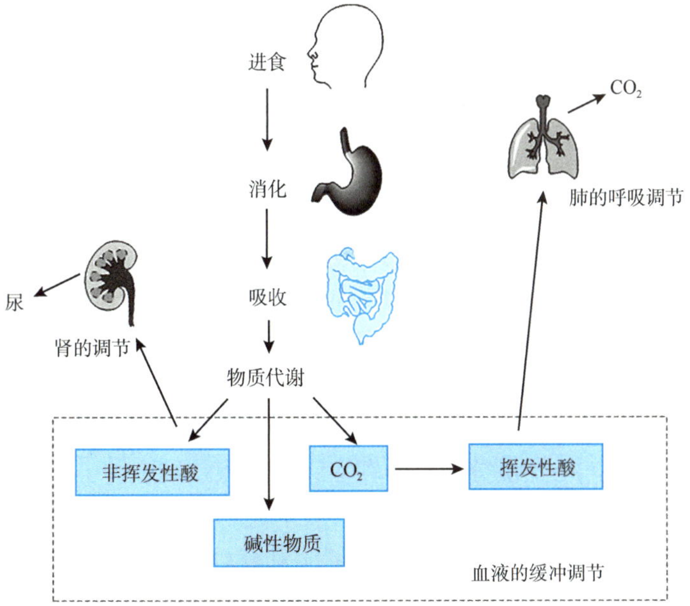

图15-1 酸碱的生成及调节

第2节 机体对酸碱平衡的调节

案例15-1

患者，女，62岁，因进食即呕吐10余天入院。患者精神恍惚，嗜睡，呼吸16次/分，血压120/70mmHg。血气分析：pH 7.50，PCO_2 49mmHg，HCO_3^- 45mmol/L，BE 8.0mmol/L。血液生化检查：K^+ 3.4mmol/L，Na^+ 158mmol/L。诊断为幽门梗阻合并代谢性碱中毒。

问题：1. 该患者不正常的血气指标有哪些？

2. 请分析血液中K^+浓度降低的原因。

虽然每日人体内的酸性与碱性物质在不断地摄取和产生，但血液的pH始终是相对恒定的，主要是因为机体对酸碱有强大的缓冲能力和有效的调节作用，从而保持了酸碱的相对稳定。机体对酸碱平衡的调节主要通过以下三个方面实现：血液缓冲系统的调节、肺的调节及肾的调节作用。

一、血液缓冲系统的调节

（一）血液缓冲体系

血液缓冲体系由部分弱酸及其相应的盐组成，又称缓冲对。血液缓冲体系分布于血浆和红细胞中，血浆的缓冲体系主要有3对，分别为碳酸氢盐缓冲体系（$NaHCO_3/H_2CO_3$）、磷酸盐缓冲体系（Na_2HPO_4/NaH_2PO_4）及血浆蛋白缓冲体系（NaPr/HPr，Pr为血浆蛋白）。红细胞的缓冲体系主要有4对，分别为碳酸氢盐缓冲体系（$KHCO_3/H_2CO_3$）、磷酸盐缓冲体系（K_2HPO_4/KH_2PO_4）、血红蛋白缓冲体系（K-Hb/H-Hb，Hb为血红蛋白）及氧合血红蛋白体系（$K\text{-}HbO_2/H\text{-}HbO_2$，$HbO_2$为氧合血红蛋白）。

血浆的缓冲体系中以碳酸氢盐缓冲体系最重要，主要缓冲固定酸；红细胞缓冲体系中以血红蛋白及氧合血红蛋白缓冲体系最为重要，主要缓冲挥发性酸。血浆$[NaHCO_3]/[H_2CO_3]$缓冲体系之所以重要，一方面是因为其含量高，缓冲能力强；另一方面是因为此体系易于调节，其中H_2CO_3可通过肺的呼吸调节，$NaHCO_3$可通过肾的调节。

考点：血液中的主要缓冲对

（二）血液缓冲机制

1. 对挥发性酸的缓冲 主要由血红蛋白和氧合血红蛋白缓冲体系缓冲，最终使CO_2从肺排出体外。

当动脉血流经组织时，因组织细胞与血液之间存在CO_2分压差，组织细胞富含的高浓度CO_2可经毛细血管壁扩散入血浆和红细胞。红细胞中富含碳酸酐酶（CA），该酶催化CO_2与H_2O生成大量的H_2CO_3，后者解离成HCO_3^-与H^+。同时红细胞内的$KHbO_2$解离释放出O_2后变成KHb，其可与H^+结合生成HHb，所以血浆pH无明显变化；而红细胞内HCO_3^-因浓度增高而向血浆扩散，但因红细胞内K^+不能随HCO_3^-通过红细胞膜，为维持细胞内外电荷的平衡，红细胞外等量的Cl^-进入红细胞内以维持正负电荷的平衡，这种红细胞膜内外进行的HCO_3^-与Cl^-交换的过程称为氯离子转移（chloride shift）。

$$CO_2 + H_2O \longrightarrow H_2CO_3\text{（快而多）}$$

$$KHbO_2 \longrightarrow KHb + O_2\text{（}O_2\text{进入组织细胞）}$$

$$KHb + H_2CO_3 \longrightarrow HHb + KHCO_3$$

当血液流经肺部时，由于PO_2（氧分压）的存在，O_2进入红细胞内。在红细胞内，HHb与O_2结合生成$HHbO_2$，后者的酸性较强，可解离释放出H^+，并生成HbO_2^-；释放出的H^+与红细胞内的HCO_3^-结合生成H_2CO_3，后者在碳酸酐酶的作用下，分解成CO_2和H_2O，CO_2由肺排出。值得注意的是，HCO_3^-由血浆进入红细胞内的同时，作为交换，红细胞内的Cl^-扩散入血浆以维持电荷平衡。

$$HHb + O_2 \longrightarrow HHbO_2$$

$$HHbO_2 + KHCO_3 \longrightarrow KHbO_2 + H_2CO_3$$

$$H_2CO_3 \longrightarrow CO_2 + H_2O$$

在严重呕吐丢失大量胃液时，损失较多的是H^+和Cl^-，血浆Cl^-浓度降低，为保持电中性，HCO_3^-由红细胞进入血浆，血浆HCO_3^-浓度代偿性增加，从而导致低氯性碱中毒。

2. 对非挥发性酸（HA）的缓冲 主要由$NaHCO_3$进行缓冲，使酸性较强的非挥发性酸转变为酸性较弱的H_2CO_3，后者再进一步分解为CO_2和H_2O，CO_2由肺排出，从而减弱了非挥发性酸对血液pH的影响。血浆中的$NaHCO_3$主要作用是缓冲非挥发性酸，是血浆中含量最多的碱性物质，在一定程度上代表血浆对非挥发性酸的缓冲能力，故习惯将其称为碱储。测定$NaHCO_3$含量时，常加酸后测定释放出的CO_2量，故临床中常用CO_2结合力（CO_2CP）来表示碱储的多少。

$$HA + NaHCO_3 \longrightarrow NaA + H_2CO_3$$
$$H_2CO_3 \longrightarrow CO_2 + H_2O$$

此外，血浆中其他缓冲体系对非挥发性酸也有一定的缓冲作用，但含量低，作用小，如NaPr和Na_2HPO_4。

$$HA + NaPr \longrightarrow NaA + HPr$$
$$HA + Na_2HPO_4 \longrightarrow NaA + NaH_2PO_4$$

3. 对碱性物质（BOH）的缓冲作用 是由血浆中的H_2CO_3、NaH_2PO_4、HPr缓冲，使较强的碱变为较弱的碱。其中，H_2CO_3是主要的缓冲成分，习惯上将其称为酸储。

$$BOH + H_2CO_3 \longrightarrow BHCO_3 + H_2O$$
$$BOH + NaH_2PO_4 \longrightarrow BNaHPO_4 + H_2O$$
$$BOH + HPr \longrightarrow BPr + H_2O$$

反应生成的$BHCO_3$和$BNaHPO_4$可经肾随尿排出。

总而言之，血液缓冲体系在缓冲酸碱中起着重要作用，缓冲酸性物质时，血浆$NaHCO_3$浓度因消耗而降低，同时H_2CO_3浓度升高；缓冲碱性物质时，H_2CO_3浓度因消耗而降低，$NaHCO_3$浓度升高。因此，血浆$[NaHCO_3]/[H_2CO_3]$会发生变化，但在正常情况下，机体可通过肺和肾的调节来维持$NaHCO_3$和H_2CO_3浓度及比值不变，从而保持血浆pH无明显变化。

考点：碱储和酸储的概念

（三）血浆pH的计算

血浆pH主要取决于$[NaHCO_3]/[H_2CO_3]$的值。正常人血浆$NaHCO_3$浓度约为24mmol/L，H_2CO_3浓度约为1.2mmol/L，两者比值为20∶1。根据亨德森-哈塞尔巴尔赫（Henderson-Hasselbalch）方程式，血浆pH为

$$pH = pK_a + \lg\frac{NaHCO_3}{H_2CO_3}$$

pK_a是碳酸解离常数的负对数，在37℃时为6.1。将上述数值代入方程式，pH=7.4。由此可见，只要$[NaHCO_3]/[H_2CO_3]$保持在20∶1，血浆的pH都为7.4，即血浆pH取决于缓冲体系中两种成分的浓度比，而不是它们的绝对浓度。若一方浓度发生改变，只要另一方浓度也发生相应的变化，使其比值保持不变，则血浆pH不变。因此，机体酸碱平衡调节的实质就是通过调节血浆$[NaHCO_3]/[H_2CO_3]$来维持血浆pH的恒定。

一般来说，$NaHCO_3$的浓度反映体内的代谢情况，受肾脏调节，称为代谢性因素；H_2CO_3的浓度可反映肺的通气状况，受肺的呼吸作用调节，称为呼吸性因素。

二、肺的调节作用

肺的调节作用主要是通过呼吸作用调节CO_2的排出量，从而调节血浆H_2CO_3的浓度。肺呼出CO_2受延髓呼吸中枢的调节，其可调控呼吸的深度和频率，从而调控CO_2的排出。呼吸中枢的兴奋性受血浆二氧化碳分压（PCO_2）、氧分压（PO_2）和pH的影响，当血液PCO_2升高（CO_2浓度增高）或pH及PO_2减低时，呼吸中枢兴奋，引起呼吸加快、加深，肺通气加强，CO_2排出增多，使H_2CO_3浓度降低；反之，当CO_2浓度减小时，PCO_2降低或pH升高时，抑制呼吸中枢，则呼吸减慢、变浅，CO_2排出减少，血中H_2CO_3浓度升高。但当PCO_2持续增加，超过80mmHg，呼吸中枢反而会受到抑制，产生CO_2麻醉（carbon dioxide narcosis）。

总之，肺的调节是通过肺对CO_2呼出的多少来调控血中H_2CO_3浓度，从而维持$[NaHCO_3]/[H_2CO_3]$的正常值，使血浆pH保持相对恒定。因此，在临床上密切观察患者的呼吸频率和呼吸深度具有重要意义。

三、肾的调节作用

肾的调节作用发挥速度比肺慢，需几天，但调节效果最彻底，主要通过排出过多的酸或碱和重吸收$NaHCO_3$来调节血浆中$NaHCO_3$的含量，以维持体内$[NaHCO_3]/[H_2CO_3]$正常值，从而保持血浆pH的相对恒定。血浆$NaHCO_3$浓度下降时，肾通过增加酸性物质的排出和重吸收$NaHCO_3$，以维持血浆$NaHCO_3$的正常浓度；血浆$NaHCO_3$浓度过高时，肾通过增加碱性物质的排出和减少对$NaHCO_3$重吸收，使血浆$NaHCO_3$浓度维持在正常范围。

肾的调节作用是通过肾小管上皮细胞的H^+-Na^+交换、NH_4^+-Na^+交换及K^+-Na^+交换三种方式实现的。

（一）肾小管的H^+-Na^+交换（泌H^+和重吸收Na^+）

1. $NaHCO_3$的重吸收 原尿中约90% $NaHCO_3$的重吸收主要在肾近曲小管，主要依赖于H^+-Na^+交换。在近曲小管上皮细胞内，碳酸酐酶（CA）催化CO_2与H_2O反应生成H_2CO_3，后者解离为H^+和HCO_3^-；H^+被分泌到肾小管管腔，与肾小管管腔管液中的Na^+交换，使Na^+进入肾小管上皮细胞内，称为H^+-Na^+交换。

进入肾小管上皮细胞内的Na^+，与HCO_3^-结合生成$NaHCO_3$后进入管周小动脉重新回到血液。而被分泌到肾小管管腔中的H^+，与HCO_3^-结合生成H_2CO_3，后者再分解为CO_2和H_2O，CO_2可扩散进入肾小管细胞内被重新利用（图15-2）。此过程没有H^+真正随尿液排出体外，只是管腔中的$NaHCO_3$全部重吸收回血液。

2. 尿液的酸化 当小管液流经远曲小管和集合管时，肾小管上皮细胞分泌到肾小管管腔中的H^+，可与小管液中的Na_2HPO_4解离出的Na^+进行交换（H^+-Na^+交换），使Na_2HPO_4转变为NaH_2PO_4随尿排出，回到肾小管上皮细胞内的Na^+与HCO_3^-合成$NaHCO_3$后重新回到血液。

正常情况下，小管液中的$[Na_2HPO_4]/[NaH_2PO_4]$是4∶1，随着上述交换的不断进行，Na_2HPO_4不断减少，NaH_2PO_4不断增多，两者比值逐渐下降，小管液pH也随之下降，这一过程称为尿液的酸化（图15-3）。当小管液pH降至4.8时，$[Na_2HPO_4]/[NaH_2PO_4]$变为1∶99，Na_2HPO_4几乎全部转化为NaH_2PO_4。

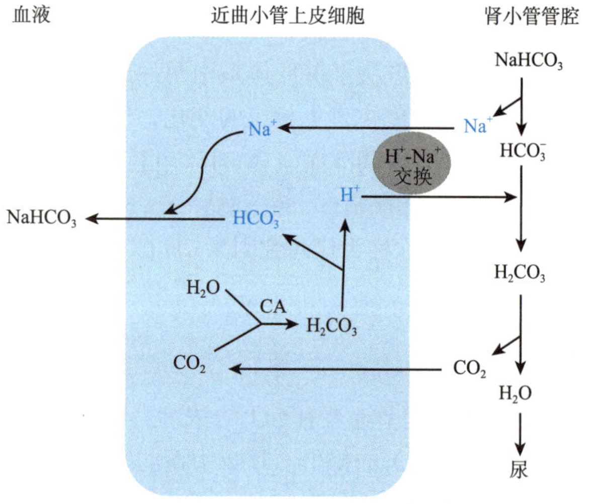

图15-2 肾小管的H^+-Na^+交换

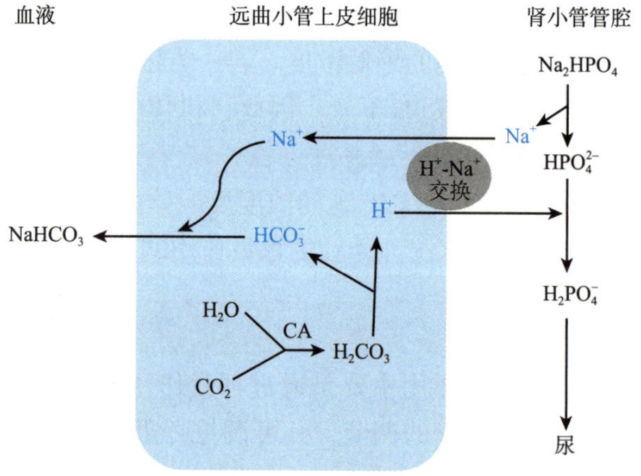

图15-3 尿液的酸化

（二）肾小管的NH_4^+-Na^+交换（泌H^+泌NH_3和重吸收Na^+）

肾远曲小管上皮细胞内含有谷氨酰胺酶，可催化谷氨酰胺水解产生谷氨酸和氨（NH_3），NH_3是碱性物质。NH_3可被分泌到肾远曲小管管腔，与小管腔中H^+结合生成NH_4^+，小管液中H^+浓度下降。在小管液中的强酸盐（如NaCl、Na_2SO_4等），可分解为负离子（如Cl^-、SO_4^{2-}）和Na^+；负离子与NH_4^+结合，生成铵盐[如NH_4Cl、$(NH_4)_2SO_4$]随尿排出体外，而Na^+被重吸收进入肾远曲小管上皮内，与

HCO_3^-结合生成$NaHCO_3$，$NaHCO_3$随后回到血液，此种交换称为泌H^+泌NH_3换Na^+（图15-4）。

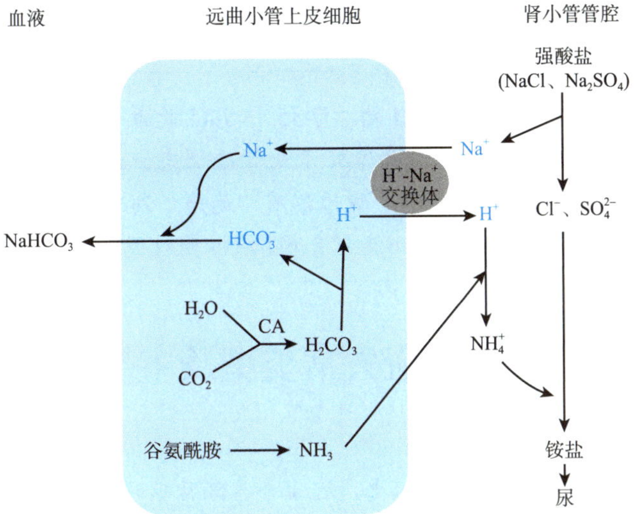

图15-4 肾小管的泌H^+泌NH_3换Na^+

正常情况下，每天有30～50mmol的H^+和NH_3结合生成NH_4^+随尿排出；随着NH_3的分泌，小管液中H^+浓度降低，有利于肾小管上皮细胞分泌H^+。同时，肾小管上皮细胞泌H^+作用的增强，又能促进NH_3的分泌。NH_3的分泌量可随着尿液的pH而变化，尿液酸性越强，NH_3分泌越多；尿液呈碱性，NH_3的分泌减少甚至停止。

（三）肾小管的K^+-Na^+交换（泌K^+和重吸收Na^+）

肾远曲小管上皮细胞有分泌K^+的作用，同时重吸收肾小管管液的Na^+，即为K^+-Na^+交换。K^+-Na^+交换与H^+-Na^+交换存在竞争性抑制作用，如当血钾浓度升高时，血液中K^+转移至肾小管上皮细胞增多，肾小管泌K^+增强，K^+-Na^+交换增多，而H^+-Na^+交换减少，H^+分泌入肾小管管腔减弱，转而分泌入血液，使血液中H^+浓度升高，故高血钾时常伴有酸中毒，尿液呈碱性（碱性尿）；血钾浓度下降时，肾小管上皮细胞内K^+分泌入血，而肾小管泌K^+作用减弱，K^+-Na^+交换减少，而H^+-Na^+交换增强，大量H^+分泌入肾小管管腔，而血液H^+进入到肾小管细胞，最终使血液中H^+浓度降低，因此，低血钾时常伴有碱中毒，尿液呈酸性（酸性尿）（图15-5）。

考点： 酸碱平衡失调与K^+代谢紊乱之间的关系

综上所述，机体在调节酸碱平衡过程中，血液缓冲体系是机体最主要、最迅速的，但缓冲时间不持久；肺通过呼吸作用调节体内挥发性酸（即H_2CO_3），效能最大，但仅对CO_2起调节作用；肾通过分泌与排泄调节$NaHCO_3$的含

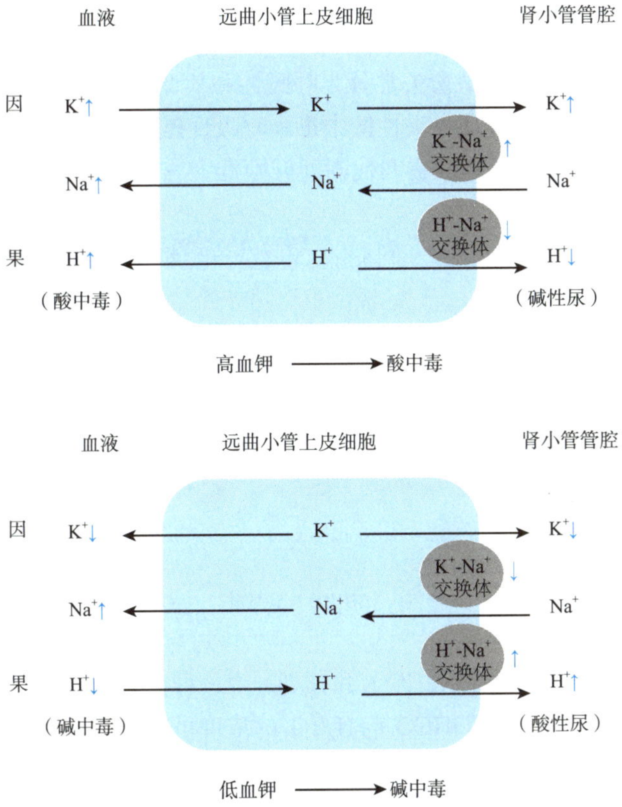

图15-5 酸碱平衡失调与K^+代谢的关系

量，但起效慢（3～5天），却是最重要的调节方式。

考点：肾的调节作用机制

链 接 别再被“酸性体质致病学说”忽悠

酸性体质学说基本观点：人体血液 pH 处于 7.35 ～ 7.45 是最健康的，但大多数人由于生活习惯及环境的影响，体液 pH 在 7.35 以下，身体处于亚健康状态，这些人就是酸性体质。酸性体质会导致各种疾病，甚至诱发癌症。事实上，“酸性体质”是一个到处都是漏洞的谎言，正常情况下，机体会通过血液缓冲及肺和肾的调节作用，使血液 pH 维持相对稳定。

第 3 节 酸碱平衡失常类型及主要生化指标

案例 15-2

患者，男，既往有十二指肠球部溃疡病史，近 1 个月经常呕吐，钡餐检查发现幽门梗阻。实验室检查：pH 7.52，PCO_2 6.7kPa（50mmHg），缓冲碱（BB）63mmol/L，碱剩余（BE）+13mmol/L，标准碳酸氢盐（SB）36mmol/L。

问题：该患者发生了何种酸碱平衡紊乱？为什么？

一、酸碱平衡失常的基本类型

机体酸碱平衡失常的常见原因：①体内酸性或碱性物质生成过多或不足；②肺、肾调节功能发生障碍；③电解质代谢异常，如高钾血症常常引起酸中毒。

根据血液pH变化，酸碱平衡失常可分为两大类：pH降低称为酸中毒，pH升高称为碱中毒。

酸碱平衡失常表现为血浆H_2CO_3与$NaHCO_3$的浓度异常。根据是H_2CO_3还是HCO_3^-浓度发生原发性变化，酸碱平衡失常分为呼吸性和代谢性两大类型。如果H_2CO_3发生原发性改变，称为呼吸性酸碱平衡失调，包括呼吸性酸中毒和呼吸性碱中毒；如果HCO_3^-发生原发性改变，称为代谢性酸碱平衡失常，包括代谢性酸中毒和代谢性碱中毒（表15-1）。

表 15-1 酸碱平衡失调基本类型及其生物化学指标的变化

项目	呼吸性酸中毒	呼吸性碱中毒	代谢性酸中毒	代谢性碱中毒
常见疾病	严重哮喘	癔症	糖尿病酮症酸中毒、腹泻	剧烈呕吐
原发性改变	H_2CO_3 ↑	H_2CO_3 ↓	HCO_3^- ↓	HCO_3^- ↑
pH	正常或↓	正常或↑	正常或↓	正常或↑
PCO_2	↑	↓	↓	↑
AB与SB	AB＞SB	AB＜SB	AB=SB＜正常	AB=SB＞正常
AG	—	—	正常或↑	—

注：AB为实际碳酸氢盐，SB为标准碳酸氢盐，AG为阴离子间隙。

如果血浆$NaHCO_3$和H_2CO_3中一种成分的浓度发生原发性改变，另一成分的浓度发生继发性改变，则正常血浆$NaHCO_3$与H_2CO_3的浓度虽有变化，但二者比值仍正常，pH可维持在正常范围，此种现象称为代偿作用；若病情继续发展，超出机体的代偿限度，则血浆$[NaHCO_3]/[H_2CO_3]$升高或降低，血液pH也会发生升高或降低，这种现象称为失代偿作用。

（一）呼吸性酸中毒

1. 概念 由于呼吸功能障碍，CO_2呼出减少，导致CO_2蓄积，从而血浆H_2CO_3浓度原发性升高，使血浆[$NaHCO_3$]/[H_2CO_3]降低，pH降低，称为呼吸性酸中毒。

2. 病因 ①呼吸中枢抑制，如用麻醉药、吗啡、镇静催眠药过量等；② 肺和胸廓疾病，如异物阻塞、严重哮喘、肺气肿、气胸、慢性梗阻性肺疾病、肺纤维化、急性呼吸窘迫综合征等。

3. 机体代偿机制 ①血液缓冲作用：在10～15min内就出现血浆HCO_3^-浓度明显升高，维持pH在正常的范围；②肾脏调节：肾小管加强H^+-Na^+交换，增加HCO_3^-的重吸收，使血浆中HCO_3^-增多。

通过以上代偿机制，使[$NaHCO_3$]/[H_2CO_3]为20∶1，血浆pH仍在正常范围，称为代偿性呼吸性酸中毒；但当H_2CO_3浓度过高，超过机体的代偿能力时，[$NaHCO_3$]/[H_2CO_3]小于20∶1，血浆pH＜7.35，称为失代偿性呼吸性酸中毒。

4. 生物化学指标变化 ①血液pH可正常（完全代偿）或下降（代偿不全或失代偿）；②血浆PCO_2原发性升高；③ 血浆HCO_3^-浓度代偿性升高。

（二）呼吸性碱中毒

1. 概念 由于肺通气过度，CO_2呼出过多，导致CO_2减少，从而血浆H_2CO_3浓度原发性降低，使血浆[$NaHCO_3$]/[H_2CO_3]升高，pH升高，称为呼吸性碱中毒。

2. 病因 ①非肺部因素刺激呼吸中枢致呼吸过度，如肝性脑病、颅内手术、缺氧（如严重贫血、高原反应）、甲状腺功能亢进、精神紧张、药物中毒等；②肺部功能紊乱所致呼吸过度，肺栓塞等；③其他，如呼吸机辅助通气过度、癔症、高热等。

3. 机体代偿机制 ①血液缓冲作用：在急性期由红细胞内Hb和组织中缓冲对提供H^+，消耗HCO_3^-，使HCO_3^-浓度降低；②肾脏调节：肾小管上皮细胞分泌H^+和NH_3减少，$NaHCO_3$重吸收减少，从而使[$NaHCO_3$]/[H_2CO_3]维持在20∶1。

通过以上代偿机制，使pH维持在正常范围，称为代偿性呼吸性碱中毒；但当血浆H_2CO_3浓度过低，超出机体的代偿能力时，血浆[$NaHCO_3$]/[H_2CO_3]＞20∶1，血浆pH＞7.45，称为失代偿性呼吸性碱中毒。

4. 生物化学指标变化 ①血液pH可正常（完全代偿）或下降（代偿不全或失代偿）；②血浆PCO_2原发性降低；③血浆HCO_3^-浓度代偿性下降。

（三）代谢性酸中毒

1. 概念 由于体内非挥发性酸生成过多或排出障碍或碱性消化液丢失过多等原因，血浆$NaHCO_3$浓度原发性降低，使血浆[$NaHCO_3$]/[H_2CO_3]降低，pH降低，称为代谢性酸中毒。代谢性酸中毒是临床上最常见的酸碱平衡失常类型。

2. 病因 ①酸性物质产生过多，肾排泄能力正常，如糖尿病、饥饿和酒精中毒等并发的酮症酸中毒；休克、心力衰竭、呼吸衰竭等并发的乳酸酸中毒。②酸性物质产生正常，但肾脏排泄减少，如肾衰竭，不能排出H^+。③碱性物质丢失过多，如严重腹泻、肠瘘或肠引流等导致$NaHCO_3$丢失过多。④其他，如高血钾。

3. 机体代偿性机制 ①肺的呼吸调节：H^+浓度增加刺激呼吸中枢兴奋，呼吸加快，引起CO_2排出增多，血浆H_2CO_3浓度下降，从而使[$NaHCO_3$]/[H_2CO_3]维持在20∶1，pH恢复至正常范围；②肾脏的调节：发生非肾病所致的酸中毒时，肾脏通过增强H^+-Na^+交换、NH_4^+-Na^+交换，促进$NaHCO_3$的重吸收和非挥发性酸的排出，调节和恢复血浆HCO_3^-浓度及pH。

通过以上代偿机制，使pH维持在正常范围，称为代偿性代谢性酸中毒；但当酸性物质继续增加，超过肺和肾的调节能力时，血浆[$NaHCO_3$]/[H_2CO_3]＜20∶1，血浆pH＜7.35，称为失代偿性呼代谢性酸中毒。

4. 生物化学指标变化 ①血液pH可正常（完全代偿）或下降（代偿不全或失代偿）；②血浆HCO_3^-浓度原发性下降；③血浆PCO_2代偿性降低；④血K^+浓度增高。

（四）代谢性碱中毒

1. 概念 由于各种原因导致血浆$NaHCO_3$浓度原发性升高，使血浆$[NaHCO_3]/[H_2CO_3]$升高，pH升高，称为代谢性碱中毒。

2. 病因 ①酸性物质丢失过多，如剧烈呕吐、胃液引流、长期胃肠减压等使富含HCl胃液大量丢失，Cl^-大量丢失，肾小管细胞的Cl^-减少，使肾近端小管对HCO_3^-重吸收增加，引起低氯性碱中毒，是外科患者发生代谢性碱中毒最常见原因；②摄入过多的碱，如治疗溃疡的碱性药物服用过多；③大量使用利尿剂，使排Cl^-多于排Na^+，造成低氯性碱中毒；④低钾血症；⑤矫正代谢性酸中毒时滴注过多的$NaHCO_3$，常为医源性。

3. 机体代偿机制 ①血液缓冲作用：血液中增加HCO_3^-与H^+中和，生成CO_2，使HCO_3^-减少；②肺的呼吸调节：血浆pH升高，抑制呼吸中枢，呼吸变浅变慢，使CO_2排出减少，引起CO_2潴留，从而使H_2CO_3浓度升高，调节$[NaHCO_3]/[H_2CO_3]$趋向于20∶1，维持pH稳定；③肾脏的调节作用：肾小管细胞H^+-Na^+交换、NH_4^+-Na^+交换减弱，减少$NaHCO_3$的重吸收。

通过以上代偿机制，使pH维持在正常范围，称为代偿性代谢性碱中毒；但当病情进一步恶化，超过机体代偿能力时，血浆$[NaHCO_3]/[H_2CO_3] > 20∶1$，血浆pH > 7.45，称为失代偿性代谢性碱中毒。

4. 生物化学指标变化 ①血液pH可正常（完全代偿）或升高（代偿不全或失代偿）；②血浆HCO_3^-浓度原发性升高；③血浆PCO_2代偿性升高。

考点：酸碱平衡失常的基本类型

二、判断酸碱平衡的生物化学指标

（一）血液pH

血浆pH表示血浆中H^+浓度的指标。正常人血浆pH为7.35～7.45。pH < 7.35为失代偿性酸中毒，pH > 7.45为失代偿性碱中毒。但pH不能区分酸碱平衡失调属于呼吸性还是代偿性。此外，即使pH在正常范围内，也不能排除酸碱平衡失调，因为存在以下情形：①正常酸碱平衡状态；②有酸碱平衡失调，完全代偿；③同时存在强度相等的酸中毒和碱中毒。

（二）二氧化碳分压

血浆二氧化碳分压（partial pressure of carbon dioxide，PCO_2）是指物理溶解在血液中的CO_2产生的张力，正常值为35～45mmHg（4.5～6.0kPa），平均值为40mmHg（5.3kPa）。测定PCO_2可了解肺泡通气量，PCO_2是反映呼吸因素的重要指标，临床上PCO_2是呼吸性酸碱中毒的诊断指标。

PCO_2 < 35mmHg时，表示肺通气过度，CO_2排出过多，见于原发性呼吸性碱中毒；而PCO_2 > 45mmHg时，表示肺通气不足，CO_2排出障碍，CO_2潴留，见于原发性呼吸性酸中毒。此外，代谢性酸中毒时由于肺的代偿作用，PCO_2降低；代谢性碱中毒时在肺的代偿作用下，PCO_2升高。

（三）标准碳酸氢盐和实际碳酸氢盐

标准碳酸氢盐（standard bicarbonate，SB）是指全血在标准条件下（即37℃、PCO_2为40mmHg、血红蛋白充分氧合）测得的血浆HCO_3^-的含量。该指标不受呼吸因素影响，主要反映代谢性因素。

实际碳酸氢盐（actual bicarbonate，AB）是指隔绝空气的血液标本在实际条件下所测得的血浆HCO_3^-真实含量，受呼吸和代谢双重因素的影响。

正常情况下，AB=SB，均为22～27mmol/L，平均为24mmol/L。若AB > SB，表示PCO_2 > 40mmHg，表明体内有CO_2潴留，见于呼吸性酸中毒；若AB < SB，表示PCO_2 < 40mmHg，表明CO_2排出过多，

见于呼吸性碱中毒；若AB=SB，且两者均小于正常值，为代谢性酸中毒；若AB=SB，且两者且均大于正常值，为代谢性碱中毒。

（四）阴离子间隙

血浆中主要阳离子是Na^+，称可测定阳离子，其余为未测定阳离子（UC）；主要阴离子是Cl^-和HCO_3^-，称为可测定阴离子，其余的阴离子称为未测定阴离子（UA）。阴离子间隙（anion gap，AG）是一个计算值，指血浆中未测定阴离子（UA）与未测定阳离子（UC）的差值，即$AG=UA-UC=Na^+-(Cl^-+HCO_3^-)$。

AG的正常参考值为8～16mmol/L，平均为12mmol/L。AG可增高也可降低，但增高意义较大。AG增高表明非挥发性酸增加，为代谢性酸中毒。当AG＞16mmol/L时，常见于肾衰竭、酮症酸中毒和乳酸性酸中毒，使血浆HCO_3^-浓度降低，称为AG增高型代谢性酸中毒；但并非所有的代谢性酸中毒AG值均升高。AG降低在酸碱失常诊断方面价值不大，AG降低可见于低蛋白血症、高钙和高镁血症等。

自 测 题

一、名词解释

1. 酸碱平衡
2. 挥发性酸
3. 呼吸性酸中毒
4. 尿液的酸化
5. 阴离子间隙

二、选择题

1. 血液缓冲体系中最重要的缓冲系统是（　　）
   A. 红细胞内磷酸盐缓冲体系
   B. 血红蛋白缓冲体系
   C. 血浆蛋白缓冲体系
   D. 氧合血红蛋白缓冲体系
   E. 碳酸氢盐缓冲体系
2. 糖尿病酮症会引起（　　）
   A. 代谢性碱中毒　B. 代谢性酸中毒
   C. 呼吸性酸中毒　D. 呼吸性碱中毒
   E. 代谢性碱中毒伴呼吸性酸中毒
3. 酸中毒时，肾分泌的铵盐主要来自（　　）
   A. 氨基酸的联合脱氨基
   B. 谷氨酰胺
   C. 氨基酸氧化脱氨基
   D. 尿素
   E. 血液中的氨
4. 代谢性碱中毒患者易出现（　　）
   A. 低钠血症　B. 低钾血症
   C. 高钙血症　D. 高钾血症
   E. 高镁血症
5. 临床上最常见的酸碱平衡失常是（　　）
   A. 呼吸性酸中毒　B. 呼吸性碱中毒
   C. 代谢性酸中毒　D. 代谢性碱中毒
   E. 混合型酸碱失调

三、简答题

1. 机体在代谢过程中产生最多的酸性物质是何种？血液中对其进行缓冲主要依靠何种缓冲系统？
2. 肾脏通过哪些方式来调节酸碱平衡？
3. 高血钾为何会导致酸中毒？

（赵传祥）

第五篇
实验基本知识与操作技术

实验一　生物化学实验的基本操作

生物化学实验中需要用到多种基本技术操作，如各种玻璃仪器和测量仪器的正确使用，技术操作中的样品混匀、保温、加热、沉淀、过滤、离心等。如操作不规范，将影响实验结果的准确性。因此，对生物化学实验的一些基本操作加以了解和掌握，是非常重要的。

一、玻璃仪器的洗涤

玻璃仪器是否干净，常常直接影响实验结果的准确性，所以对仪器的洗涤是实验工作中的一个重要环节。

洗涤玻璃仪器的方法很多，应根据实验的要求、污物的性质和沾污的程度来选用。一般说来，附着在仪器上的污物既有可溶性物质，也有尘土和其他不溶性物质，还有油污和有机物质。针对这种情况，可以分别采取下列方法洗涤。

1. 用水洗刷　用毛刷就水刷洗，既可以使可溶性物质溶去，也可以使附着在仪器上的污物和不溶性物质脱落下来，但往往洗不去油污和有机物质。

2. 用去污粉、肥皂或合成洗涤剂洗　实验用过的一些玻璃仪器如试管、烧杯、烧瓶等，用流水冲洗后，放肥皂水中或其他洗涤剂中用毛刷洗刷，洗刷时尽量使其多产生泡沫，再用流水冲洗至无肥皂后，用少量蒸馏水洗2～3次。去污粉是由碳酸钠、白土、细沙等混合而成的。使用时，首先要把洗涤的仪器用水湿润（水不能多），洒入少许去污粉，然后用毛刷擦洗。碳酸钠是一种碱性物质，具有强的去污能力，而细沙的摩擦作用及白土的吸附作用则增强了仪器清洗的效果。待仪器的内外四壁都经过仔细擦洗后，用自来水冲洗去除仪器内外的去污粉，要冲洗到无细微的白色颗粒状粉末留下为止。最后，用蒸馏水冲洗仪器3次。这样洗出来的仪器就完全干净了，把仪器倒置时就会观察到仪器中的水可完全流尽而没有水珠附着在器壁上。

3. 用铬酸洗液洗　这种洗液是由等体积的浓硫酸与饱和的重铬酸钾溶液配制而成的，具有很强的氧化性，对有机物质和油污的去油污能力特别强。在进行精确的定量实验时，往往会遇到一些口小、管细的仪器如滴定管、移液管、容量瓶等特殊形状的仪器，很难用上述的方法洗涤，就可用铬酸洗液来洗。

往仪器内加入少量洗液，使仪器倾斜并慢慢转动，让仪器内壁全部被洗液湿润。转动几圈后，把洗液倒回原瓶内。然后用自来水把仪器壁上残留的洗液冲去，最后用蒸馏水洗3次。也可用洗液把仪器浸泡一段时间，或用热的洗液清洗，效果更好。但要注意安全，不要被热洗液灼伤皮肤。

铬酸洗液的吸水性很强，应随时把盛洗液的瓶子盖严，以防吸水，降低去污能力。当洗液洗到出现绿色时（重铬酸钾还原成硫酸铬的颜色），就失去了去污能力，不能再继续使用。

常用的铬酸洗液，浓度一般为3%～5%，配制方法如下：称取重铬酸钾20g，置于40ml水中加热溶解，冷却后，向溶液中徐徐加入360ml工业浓硫酸（千万不能将水或重铬酸钾溶液加入硫酸中），边加边用玻璃棒小心搅拌，并注意千万不要溅出！因为放热较多，硫酸不要加得太快，配好后放冷，装瓶备用。新配制的洗液为红褐色，氧化能力很强。

二、计量仪器的使用

（一）吸量管

吸量管是用来测量一定容积的液体，并把它从一个器皿转移到另一个器皿中的量器。常用的吸量管有以下几种。

1. 移液吸量管 是单标卸出吸量管，中间有一个膨大部分，为定量移出整量液体之用。有5ml、10ml、15ml、20ml、25ml、50ml及100ml等规格。其容量是根据液体自内流出的量来计算。卸放液体时，将管尖紧靠受器内壁，使液体自行流出，流完后，管尖在受器内壁停留15～30s即可，管尖残余液体不要吹出。

2. 刻度吸量管 是多刻度吸量管，有0.1ml、0.2ml、0.5ml、1.0ml、2.0ml、5.0ml、10.0ml等规格。吸量管刻度所标的数字有自上而下和自下而上两种，使用之前应仔细分辨。

3. 奥氏吸管 在量取黏度较大的液体如血液、血清等时，应当使用奥氏吸管。这种吸管是单标的，并且在其下端有一个膨大部分。所以液体与吸管表面接触面积较小，当量取血液时，较其他吸管准确。奥氏吸管的容量包括遗留在尖端的液体，故在缓缓使液体流出后，再停留数秒钟，吹出最后一滴。在实验中常用的有1ml、2ml、5ml等规格。

吸量管的使用方法：使用吸量管时，操作者左手持橡皮球，右手持吸管上端，将吸管浸入液体内大约0.1cm深处，不得过深，以免管的外壁沾附的溶液太多，也不可太浅，防止空气突然进入管内，将溶液吸入皮球内。用橡皮球吸取液体到刻度上方时，立即用右手示指按住管口。将吸管下端提出液面，慢慢放开示指使液面下降至所需刻度处，以管尖端接触瓶壁除去多余液体。然后将吸管插入另一容器中，再放开示指，使液体流出。观察刻度时，应保持吸管于垂直状态，吸管的刻度面要面对操作者，操作者的视线应与液面处于同一平面上。弧形液面应与刻度成切线。

（二）微量移液器

微量移液器主要用于多次重复地快速定量移液，因其可以一只手操作，十分方便，现已在生物化学与分子生物学实验中广泛使用。微量移液器可分为两种：一种是固定容量移液器，常用的有100μl、200μl和1000μl等几种；另一种是可调容量移液器，常用的有0.5～10.0μl、20～200μl和100～1000μl等多种规格。每种移液器都有其专用的聚丙烯塑料吸头，吸头通常是一次性使用，也可经超声清洗后重复使用，此种吸头也可进行120℃高压灭菌。

1. 原理 移液器的推动按钮可带动推杆使活塞向下移动，排出活塞腔内空气，松手后，活塞在变位弹簧的作用下恢复至原位，完成一次吸液过程。

2. 移液器的选择 不同型号的微量移液器吸取液体的体积范围也各不相同，操作时只可在额定取液量范围内设定，绝不可超出额定范围随意调整取液量，任何过度用力旋转旋钮及超过额定范围的设定都会损坏移液器并影响其准确度。因此，应主要根据量取液体的体积选择相应的移液器。

3. 操作方法

（1）调节体积旋钮至所需体积值刻度。

（2）套上配套吸头并旋紧。

（3）垂直持握微量移液器，用拇指按至第一挡。

（4）将吸头插入溶液，缓慢松开拇指，使其复位。

（5）将微量移液器移出液面，但不要接触吸头孔。

（6）排放液体时，重新将拇指按下直至第二挡以排空液体。

（7）微量移液器用后，将体积旋钮旋至最大刻度。

（三）滴定管

滴定管是供容量分析滴定之用，有带玻璃塞及橡皮管的两种类型。前者用以量酸，后者用以量碱。滴定管有刻度较精细的微量滴定管，如1.0ml、2.0ml、5.0ml、10ml等规格。还有25ml、50ml、100ml等规格的常量滴定管。使用滴定管应该注意以下事项。

1. 检查是否清洁干燥，是否漏水，玻璃塞是否滑润，如有漏水、转动不灵，应拆下活塞重新涂抹凡士林。涂抹前要将玻璃塞擦干，用手指蘸少量凡士林在活塞两头各擦一薄层，将活塞插入槽内，然后向同一方向转动活塞，直到从外面看时，全部透明为止。凡士林涂好后，在活塞小头的槽上套一橡皮圈，以防活塞滑脱。

2. 使用前要认出每一格表示多少毫升。先用少量滴定液清洗滴定管2～3次，然后方可装液。装液体后，管内如有气泡必须排出。

3. 滴定前先应读取起始点数值，做好记录，滴定时，左手控制玻璃塞，右手持瓶，边滴边摇，注意被滴定溶液的颜色变化。

4. 装置滴定管时，管身必须与地面垂直。读数时眼睛与溶液弧形面下缘在同一水平线上，不要仰头或低头读数。

5. 如用酸式滴定管装碱性溶液，滴定后应立即洗净，以免活塞粘连。

（四）量筒、量杯、容量瓶

1. 量取液体时，如准确度要求不严格，可用量筒或量杯，因其较吸管或容量瓶操作更为简便。量筒和量杯不能量取过热液体，更不能直接加热，以防炸裂。用量筒或量杯从试剂瓶里量取液体时，先将瓶塞取下，倒放在桌子上，再用右手持试剂瓶（瓶签向上），左手持量筒或量杯，瓶口靠近量筒（杯）边缘，慢慢注入液体，如不慎倾出液体过多不要倒回原瓶，应倒入另一容器，液体量取完毕，应立即盖好瓶塞。

2. 容量瓶是较精确的定量容器，形状是一个细长颈梨形的平底瓶，具有磨口塞，颈上有标线，表示在所示温度下（一般为20℃），当液体充满到标线时，液体体积恰好与瓶上所注明的体积相等。容量瓶有10ml、25ml、100ml、200ml、250ml、500ml、1000ml、2000ml等规格。多用作稀释溶液或配制精确试剂。当将液体加至刻度后，须用瓶塞塞好，颠倒混匀数次方可使用。容量瓶是装量型的定量容器，不得直接加热或烘烤，也不应将盛有溶液的容量瓶放入冰箱内。当配制溶液需要加热促其溶解时，必须在烧杯中进行，并待溶液达到适宜温度后，再定量地转入容量瓶内。当稀释至溶液面接近标线时，应等待1～2min，使附在瓶颈内壁的水流下，并待液面的小气泡消失后，再用滴管逐滴加入溶剂，使之恰至刻度处。即溶液弯月面下缘的最低点和标线相切。然后将容量瓶塞塞好，将它反复倒置摇动数次混匀。

三、分光光度技术

分光光度技术是利用物质具有对光的选择性吸收特征而建立起来的一种定量、定性分析方法。分光光度技术作为一种最为常用的仪器分析方法，广泛地应用于医药卫生、化学化工、机械电子、能源环保、食品饮料等多个领域，并已成为这些领域实验分析及测试的基本手段。

（一）基本原理

光的本质是一种电磁波，具有波粒二相性。可见光的波长范围为400～760nm。波长小于400nm的光线称为紫外线，大于760nm的光线称为红外线。光线通过透明溶液介质时，一部分光线被溶液吸收，所以光线射出溶液后光波强度减弱。这种光波的吸收和透过性质可用于物质的定性与定量分析，其理论依据是兰伯特（Lambert）定律及比尔（Beer）定律。

1. Lambert定律　一束单色光通过透明溶液时，一部分光波被吸收，被吸收光波的量与溶液厚度

有一定比例关系，即

$$I=I_0e-AL \quad （实验1-1）$$

式中，I_0为入射光强度；I为通过溶液后的透射光强度；L为光径上溶液的厚度；e为自然对数的底，即2.718；A为溶液的吸光度。式（实验1-1）可改写为

$$\ln(I_0/I)=AL \quad （实验1-2）$$

将式（实验1-2）换算成常用对数式，即

$$\lg(I_0/I)=0.4343AL，令K=0.4343A 则\lg(I_0/I)=KL \quad （实验1-3）$$

式中，K为比例系数。

2. Beer定律 以溶液中溶质浓度的变化代替溶液厚度的改变，光波的吸收与溶质浓度的变化有相似的关系。即一束单色光通过溶液时，部分光波被溶液吸收，被吸收光的多少与溶液中溶质浓度呈一定的比例关系。依据Lambert定律中同样的推导，可得出下式

$$\lg(I_0/I)=KC \quad （实验1-4）$$

式中，C为溶液中溶质的浓度。

Lambert定律和Beer定律合并，即式（实验1-3）和式（实验1-4）合并为

$$\lg(I_0/I)=KCL \quad （实验1-5）$$

$$令T=(I/I_0)，则A=\lg(1/T)=\lg(I_0/I)，A=KCL \quad （实验1-6）$$

式中，T为透光度，A为吸光度。式（实验1-6）为Lambert-Beer定律的物理表示式，为分光光度技术的基本计算式。表示一束单色光通过溶液后，光波被吸收一部分，吸收光的多少与溶液中溶质的浓度和溶液厚度成正比。

（二）分光光度计的基本结构

分光光度计的种类很多，其原理及结构基本相似，主要包括光源、单色光器、狭缝、吸收池及检测系统几个部件。

1. 光源 可见光的连续光谱可由钨灯、卤钨灯发射，最适波长范围为360～1000nm；紫外线的连续光谱由氢灯、氘灯发射，最适波长范围为150～400nm。

2. 单色光器 作用为将混合光波分解为单一波长光，多用棱镜或光栅作为色散元件，可在较宽光谱范围内分离出相对纯波长的光线，通过此色散系统可根据需要选择一定波长范围的单色光。

3. 狭缝 是由一对不透光的隔板在光通路上形成的缝隙，通过调节缝隙的大小可调节入射单色光的强度，并使入射光形成平行光线，以便检测。

4. 吸收池 又称比色杯、比色皿、比色池，可由玻璃或石英制成。在可见光范围内测量时，选用光学玻璃吸收池；在紫外线范围内测量时需选用石英吸收池。

5. 检测系统 主要由受光器和测量器两部分组成，常用的受光器有光电池、真空光电管或光电倍增管，均可将接收到的光能转变为电能，并将弱电流放大，提高敏感度。由电流计显示出电流的大小，在仪表上可直接读出吸光度值。

四、离　心　机

离心机是生物化学实验的常用仪器。我们所用的离心机是一般转速的电动离心机，1000～4000r/min，除此之外，还有高速和超速离心机，这类离心机多用在有特殊要求的实验中。使用离心机要按以下规程操作。

1. 检查离心机套管底部的垫子，若有玻璃碎片或沙粒等，必须除去，以免发生离心管破碎。
2. 离心管内加液量不要过满，一般在管口下2cm处。
3. 金属套管与离心管之间，须装水缓冲，以免相互碰撞破碎。

4. 将对称的金属套管及离心管（内盛欲离心的液体）置于托盘天平上平衡之，如不相等，可调整缓冲水之量。要注意对称离心管内液体量不可相差悬殊，以免妨碍平衡。

5. 开启开关，顺时针转动变速旋钮，使速度缓慢增加。

6. 转动时，机身应平衡，声音均匀，否则表示对称的物体重量不等。此时需立即停止，重新平衡，以免损伤转轴。

7. 转动时，如发现离心管破碎应停止离心，小心去除玻璃碎渣。

8. 所需速度和时间按规定执行，离心时间一般不超过半小时为宜。

9. 停止离心时，先将旋钮拨至零位，然后关闭开关，等待机器自动停止。

五、其他基本操作

（一）溶液的混匀

溶液的混匀方式有下列几种，可根据使用器皿、液体容量进行选用。

1. 旋转混匀法　手持容器做离心旋转，适用于未盛满液体的试管或小口器皿，如三角瓶等。

2. 弹指混匀法　左手持试管使之直立，以右手示指轻击试管的下部，使管内溶液做旋转流动。

3. 倒转混匀法　适用于有玻璃塞的瓶子，如容量瓶等。

4. 弹动混匀法　以右手拇指、示指、中指握住试管上部，将试管放平，于左手掌中弹动。

5. 吸管混匀法　用吸管将溶液反复吸放数次，适用于量少而无沉淀的液体。

6. 搅拌混匀法　适应烧杯等大口容器所盛的溶液的混匀，一般在配制混合试剂时，用玻璃棒搅拌以助溶，或混匀大量的溶液。

（二）保温与加热

1. 保温　为使某一化学反应在一恒定温度下进行，常需要保温。例如，酶促反应，保温需要用恒温箱或恒温水浴。使用恒温箱或恒温水浴时应注意以下几点。

（1）箱中温度调好后，切勿再转动调节钮。

（2）随手关好温箱门或水浴锅盖，防止热量散失。

（3）小心操作，防止药品撒于恒温容器内。如有药品撒于其中，须立即设法清除或报告有关人员。

2. 加热　学生实验常用的加热方法有两种：一种是直接把试管或其他器皿在酒精灯或电炉、煤气灯上加热。另一种是在水浴中加热或煮沸。要按其实验要求去做。

（三）过滤

过滤的目的是使沉淀物与液体分离。可选择滤纸、纱布、棉花过滤。根据实验要求，过滤时应注意以下几点。

1. 当定量地收集滤液时，不要预先用水浸湿滤纸，以免影响滤液的浓度。

2. 漏斗边缘要比滤纸边缘高出0.5～1.0cm，滤纸锥体的三层一边应放在漏斗出口短的一边，漏斗出口长的一边应紧靠容器壁。

3. 漏斗颈的出口不应与溶液接触，更不应将漏斗颈浸在滤液中。

（邵世滨）

实验二　血清蛋白醋酸纤维薄膜电泳

【实验目的】

1. 掌握电泳法分离血清蛋白质的原理及操作方法。

2. 熟悉血清蛋白质正常百分含量，血清蛋白质含量测定的临床意义。

3. 了解不同介质中进行的蛋白电泳及其应用。

【实验原理】 带电颗粒在电场中向其电性相反电极移动的现象称为电泳。醋酸纤维素薄膜电泳（cellulose acetate electrophoresis，CAE）是以醋酸纤维素薄膜作为支持介质的一项电泳技术。

蛋白质是两性电解质，各种蛋白质的等电点（pI）不同。血清中各种蛋白质的等电点不同，但大多数接近于pH5.0，在pH8.6的缓冲液中均带上负电荷，在电场中向正极移动。各种蛋白质由于分子量及带负电荷量不同，在电场中的迁移速度不同。分子量小而带电荷量多者，迁移速度较快，反之分子量大而带电荷量少者，迁移速度较慢。经一定时间电泳后，通过染色、漂洗，在醋酸纤维素薄膜上从正极到负极将血清蛋白质分离并依次显示5条蓝色区带：清蛋白、α_1球蛋白、α_2球蛋白、β球蛋白及γ球蛋白5条区带，如实验图2-1所示。这些区带经洗脱后比色，即可计算出各部分蛋白质的相对百分含量。

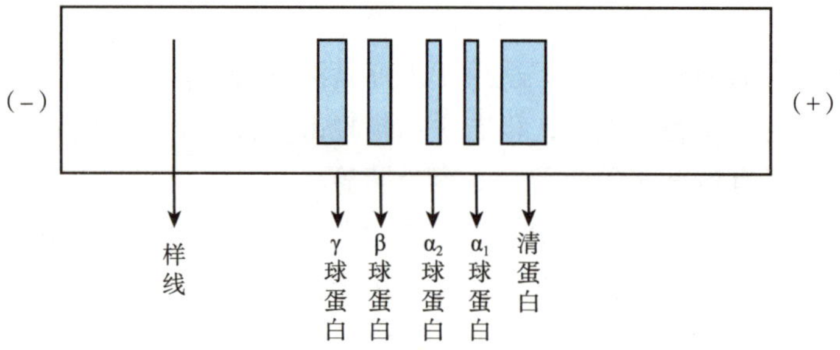

实验图2-1 电泳区带

【实验用品】

1. 器材 醋酸纤维素薄膜（2cm×8cm）、电泳仪、分光光度计、点样器（盖玻片）、培养皿、粗滤纸、玻璃板（载玻片）、镊子、直尺、剪刀、试管架、吸量管、纱布等。

2. 试剂

（1）巴比妥缓冲液（pH8.6，离子强度0.07）：巴比妥钠12.76g、巴比妥1.66g，加蒸馏水约500ml，加热溶解，冷却至室温后，加蒸馏水至1000ml。置4℃冰箱保存备用。

（2）氨基黑染色液：氨基黑10B 0.5g，甲醇50ml，冰醋酸10ml，蒸馏水40ml，混匀，置带塞试剂瓶内储存。

（3）漂洗液：95%乙醇45ml，冰醋酸5ml，蒸馏水50ml，混匀，置带塞试剂瓶内储存。

（4）透明液：冰醋酸25ml，无水乙醇75ml，混匀，置带塞试剂瓶内储存。

（5）NaOH溶液（0.4mol/L）。

3. 材料 血清：新鲜血清，无溶血现象。

【实验步骤】

1. 准备 取2cm×8cm的醋酸纤维薄膜，浸入巴比妥缓冲液中，浸泡大约20min，充分浸透后备用。

浸泡过程中安装电泳槽，在电泳槽内加入缓冲液，使两个电极槽内的液面等高，装上纱布桥（先剪裁尺寸合适的纱布，取四层纱布放在电泳槽的支架上，使它的一端与支架的前沿对齐，而另一端浸入电极槽的缓冲液内。用缓冲液将纱布全部润湿，使纱布紧贴在支架上，即为纱布桥）。

2. 点样 取出薄膜，用滤纸将表面的多余缓冲液吸干，区分两面，然后无光泽面朝上，平铺在载玻片上，在薄膜无光泽面（毛面）距一端2.0cm处用铅笔划一直线作为点样线，以标明点样位置。用点样器蘸取血清在点样线垂直按压点样，待血清吸入薄膜后，移开加样器，这样即在薄膜上点上了细线状的血清样品。将点样后的薄膜无光泽面朝下，点样端靠近负极侧，平贴于电泳槽的盐桥上。将电泳槽盖好，平衡5min。

3. 电泳　接通电源，调节电压为110～120V，电流为0.4～0.6mA/cm，通电50～60min，使电泳区带展开约3.5cm后，关闭电源，停止电泳。

4. 染色　将膜条取出，浸入氨基黑10B染色液中染色5min后取出。

5. 漂洗　取3个培养皿，分别倒入漂洗液，将膜条依次浸入漂洗液中，连续漂洗3次，每次漂洗3～5min，直到背景颜色漂净为止。

6. 结果　在白色背景如薄膜上，可看到5条蓝色区带，从正极端起，依次为清蛋白、α_1球蛋白、α_2球蛋白、β球蛋白及γ球蛋白。

7. 定量　将漂净的薄膜用滤纸吸干后，剪下各条蛋白质区带，分别浸入加有0.4mol/L NaOH溶液的长试管中，清蛋白管为4.0ml，其余各管为2.0ml，充分振摇至蓝色完全浸出。用分光光度计比色，在600～620nm波长下，以空白管调零，测定各管吸光度，按下列公式计算各部分蛋白质所含百分比（相对百分含量）。

$$清蛋白（\%）=\frac{清蛋白管吸光度\times 2}{T}\times 100\%$$

$$\alpha_1球蛋白（\%）=\frac{\alpha_1球蛋白吸光度}{T}\times 100\%$$

$$\alpha_2球蛋白（\%）=\frac{\alpha_2球蛋白吸光度}{T}\times 100\%$$

$$\beta球蛋白（\%）=\frac{\beta球蛋白吸光度}{T}\times 100\%$$

$$球蛋白（\%）=\frac{\gamma球蛋白吸光度}{T}\times 100\%$$

$$（T=清蛋白吸光度\times 2+\alpha_1+\alpha_2+\beta+\gamma）$$

【实验结果与分析】

数据记录表（实验表2-1）

实验表2-1　血清蛋白醋酸纤维薄膜电泳实验数据记录

洗脱区带	清蛋白	α_1球蛋白	α_2球蛋白	β球蛋白	γ球蛋白
吸光度A					
相对含量（%）					
参考区间（%）	57～72	2～5	4～9	6.5～12.0	12～20

【注意事项】

1. 点样前，应将薄膜表面多余的缓冲液用滤纸吸去，以免引起样品扩散。但不宜太干，否则样品不易进入薄膜内，会造成点样起始点参差不齐，影响分离效果。

2. 点样时血清量不要蘸取过多，点样不宜过重，点样于点样直线上。

3. 操作过程中为防止指纹污染，应戴手套。若不戴手套，则应避免手指接触薄膜中段，防止污染影响分离效果。

4. 电泳时应选择合适的电流强度，一般电流强度为0.4～0.6mA/cm膜宽度。电流强度高，则热效应高；电流强度过低，样品泳动速度慢且容易扩散。

5. 醋酸纤维素薄膜电泳的缺点是醋酸纤维素薄膜的吸水性差，电泳时水分容易蒸发，因此要求电泳槽密闭性能好，始终保持水蒸气饱和。

6. 实验时使用的染色液和漂洗液不要直接倒入下水道，以免污染。

【临床意义】

1. 慢性肝炎、肝硬化时，清蛋白降低，γ球蛋白升高2～3倍。
2. 肾病综合征时，清蛋白降低，α_2球蛋白及β球蛋白升高。
3. 结缔组织病（如系统性红斑狼疮、类风湿关节炎等）时，清蛋白降低，γ球蛋白显著升高。
4. 多发性骨髓瘤时，清蛋白降低，γ球蛋白增多，并于β球蛋白和γ球蛋白区带之间出现M带。

【思考题】

1. 电泳时，醋酸纤维薄膜点样端应置于正极还是负极，为什么？
2. 血清醋酸纤维薄膜电泳可将血清蛋白依次分为哪几条区带？
3. 血清蛋白质电泳分析有何临床意义？

（赵玉强）

实验三　温度、pH、激活剂与抑制剂对酶促反应的影响

【实验目的】

1. 掌握温度、pH、激活剂与抑制剂对酶促反应速度的影响方法。
2. 熟练使用滴管进行实验操作。
3. 能根据实验原理分析实验结果。

【实验原理】 唾液淀粉酶可催化淀粉逐步水解，生成分子大小不同的糊精（大、中、小），最终生成麦芽糖。淀粉水解过程中不同阶段的产物与碘反应呈现不同的颜色，淀粉遇碘呈蓝色，糊精（大、中、小）遇碘呈蓝紫色、紫色、棕色、红色等，麦芽糖遇碘不呈色。本实验即根据颜色判断生成物，由生成物判断酶活性，进而定性观察各种因素对其唾液淀粉酶活性的影响。

【实验用品】

1. 器材 试管和试管架、试管夹、恒温水浴箱、冰浴、沸水浴、玻璃棒、白瓷板、烧杯、漏斗、滤纸、滴瓶、滴管等。

2. 试剂

（1）新鲜唾液稀释液（唾液淀粉酶液） 每位同学进实验室自己制备，先用蒸馏水漱口，以清除食物残渣，再含一口蒸馏水做咀嚼运动，2min后吐入烧杯，再用滤纸过滤后待用。

（2）1%淀粉溶液 取可溶性淀粉1g，加5ml蒸馏水，调成糊状，再加80ml蒸馏水，加热并不断搅拌，使其充分溶解，冷却后用蒸馏水稀释到100ml。

（3）碘液 称取4g碘化钾、2g碘，加蒸馏水至1000ml。

（4）1%NaCl溶液 称取NaCl 1g，加蒸馏水至100ml。

（5）1%$CuSO_4$溶液 称取结晶$CuSO_4$ 1g，加蒸馏水至100ml。

（6）1%Na_2SO_4溶液 称取结晶Na_2SO_4 1g，加蒸馏水至100ml。

（7）pH3.0缓冲液 取0.2mol/L Na_2HPO_4溶液205ml，0.1mol/L柠檬酸溶液795ml，混合即成。

（8）pH6.8缓冲液 取0.2mol/L Na_2HPO_4溶液772ml，0.1mol/L柠檬酸溶液228ml，混合即成。

（9）pH8.0缓冲液 取0.2mol/L Na_2HPO_4溶液972ml，0.1mol/L柠檬酸溶液28ml，混合即成。

【实验步骤】

1. 温度对酶促反应的影响

（1）取3支试管，编号后，按实验表3-1所示进行操作。

实验表3-1　温度对酶促反应影响加样表			
试剂	剂量（滴）		
	1号管	2号管	3号管
pH6.8缓冲液	20	20	20
1%淀粉溶液	10	10	10
水浴温度	0℃	37℃	100℃
保温10min			
稀释唾液	5	5	5
混匀，保温8min			
碘液	1	1	1
结果			

（2）仔细观察并记录各试管溶液的颜色，分析各管颜色变化的原因。

注意：3号管加碘液之前，先用冷水将试管冲凉。

2. pH对酶促反应的影响

（1）取3支试管编号，按实验表3-2所示操作。

实验表3-2　pH对酶促反应影响加样表			
试剂	剂量（滴）		
	1号管	2号管	3号管
pH3.0缓冲液	20	—	—
pH6.8缓冲液	—	20	—
pH8.0缓冲液	—	—	20
1%淀粉溶液	10	10	10
稀释唾液	5	5	5
37℃水浴保温10min			
碘液	1	1	1
结果			

（2）仔细观察并记录各试管溶液的颜色，分析各管颜色变化的原因。

3. 激活剂、抑制剂对酶促反应的影响

（1）取4支试管编号，按实验表3-3所示加入试剂。

实验表3-3　激活剂、抑制剂对酶促反应影响加样表				
试剂	剂量（滴）			
	1号管	2号管	3号管	4号管
1%淀粉溶液	10	10	10	10
pH6.8缓冲液	10	10	10	10
H_2O	10	—	—	—
1%NaCl溶液	—	10	—	—
1%$CuSO_4$溶液	—	—	10	—

续表

试剂	剂量（滴）			
	1号管	2号管	3号管	4号管
1% Na_2SO_4 溶液	—	—	—	10
稀释唾液	5	5	5	5
37℃水浴保温10min后加碘液	1	1	1	1
结果				

（2）仔细观察各试管溶液的颜色并记录，分析酶的激活和抑制情况，并判断激活剂和抑制剂。

【注意事项】

1. 由于不同的人或同一个人不同时间采集的唾液淀粉酶活性并不相同，有时差别很大，所以可根据情况稀释唾液以调整唾液淀粉酶的活性。

2. 加入酶液后，要充分摇匀，保证酶液与全部淀粉液接触反应，得到理想的颜色梯度变化。

3. 实验中应严格防止污染，所用滴管不得混淆，试管应清洗干净后再使用。

【思考题】

1. 唾液淀粉酶的最适温度、最适pH分别是多少？请说出判断依据。

2. 温度对酶促反应的影响实验中，3号管加碘前为什么要先将试管冲凉？

（赵玉强）

实验四　血糖测定

一、便捷式血糖仪测定血糖

学习目标

1. 素质目标　加强无菌操作观念和生物安全意识。
2. 知识目标　掌握便捷式血糖仪测定血糖的原理。
3. 能力目标　学会便捷式血糖仪测定血糖的基本操作。

糖尿病是一种以高血糖为特征的代谢性疾病，糖尿病患者需要日常监测血糖，以了解自身血糖控制水平，从而及时调整治疗用药，并且可以预防糖尿病导致的心脑血管疾病，以及微血管病变和神经病变等这些并发症的出现。

便捷式血糖仪是最常见的检验血糖的设备，具有不受场所的限制、快速、操作简单等优点，已成为日常监测血糖的常用仪器。

【实验原理】 便捷式血糖仪是通过测量血液中的葡萄糖与试纸中的葡萄糖氧化酶反应产生的电流量来测量血糖，又称电流法或葡萄糖氧化酶法。

$$\text{葡萄糖} + O_2 + H_2O \xrightarrow{\text{葡萄糖氧化酶}} \text{葡萄糖酸} + H_2O_2$$

$$H_2O_2 + \text{亚铁氰化钾} \longrightarrow \text{铁氰化钾} + H_2O + e$$

【实验器材】 血糖仪、试纸条、一次性末梢采血器（或配套采血笔）、75%乙醇、医用棉签、医疗废物桶等。

【实验步骤】

1. 准备物品　核查血糖仪和试纸条是否匹配，试纸条、一次性末梢采血器（或采血笔及配套采血针）、75%乙醇、医用棉签是否在有效期。

2. 开机/插入血糖试纸条　根据仪器说明书进行操作。

3. 准备采血笔和采血针　安装采血针，将采血笔调到合适刻度，刻度1～5表示采血深度不等，1最浅，5最深，一般调至“3”。不使用采血笔的血糖仪检测过程跳过此步骤。

4. 消毒采血　将左手无名指皮肤绷紧，用医用棉签蘸取75%乙醇，由内向外消毒。待乙醇挥发，用采血笔或采血针在消毒部位按压采血。采血后用干医用棉签擦去第一滴血，采取第二滴血。

5. 虹吸加样　加样前确保仪器显示血滴符号，将试纸条前端的吸血区与血滴接触，血糖仪发出“滴”一声自动进入测试程序，数秒（从5s到30s不等）后即可得到读数，读数计量单位为mmol/L。

6. 自动退条　按照要求，检测后轻轻推动血糖仪背后的退条键，即可使试纸条自动退出。使用过的试条要弃至医疗废物桶。

7. 记录结果　血糖测定结果记录于实验表4-1。出现血糖异常应重复测定，再对结果进行分析。必要时进行静脉生化血糖测定。

实验表4-1　便捷式血糖仪测定血糖结果

采血日期	采血时间	被测试者姓名	标本类型	试纸批号	检测者姓名
血糖检测结果及结果分析：					

标本类型：空腹血糖、随机血糖、餐后2h血糖。

【参考区间】

空腹血糖：3.9～6.1mmol/L。

餐后2h血糖：3.9～7.8mmol/L。

随机血糖：≤11.1mmol/L。

【注意事项】

1. 使用血糖仪时必须配合同一品牌的试纸条，不能混用。测试前应核对、调整血糖仪显示的代码与试纸条包装盒上的代码相一致。

2. 试纸条保存要求：干燥、阴凉、避光、密封。试纸应在有效期内使用。操作者的手指不要触碰到试纸条的检测区。

3. 用75%乙醇消毒，待乙醇干透后进行皮肤穿刺，以免乙醇混入血液，影响检测结果。不能用碘酒消毒，因为碘会与试纸条上的检测试剂产生化学反应，影响测试准确性。

4. 血液形成完整一滴时通过虹吸作用吸入，如血滴过小，未覆盖检测区，会使检测结果偏低，血滴过大，则会溢出测定区。取血时发现血液量少不能挤手指，否则会混入组织液，干扰血糖浓度。为保证采血量足够，左手可以在温水中泡一下，再下垂30s。

5. 正确处理医疗废物。测试过的针头、棉签、试纸条等物品装入医疗利器盒。家用时应放入带盖、硬质、不易穿透的密封容器内保存，定期送往医院，按医疗废物处理。

（赵传祥）

二、葡萄糖氧化酶法测血糖

【实验目的】　通过本次实验掌握葡萄糖氧化酶（GOD）法测定血糖的原理和操作方法，并培养学生严谨的科学态度和熟练规范的操作技能。

【实验原理】 葡萄糖氧化酶可将葡萄糖氧化为葡萄糖酸，并释放出过氧化氢（H_2O_2）。H_2O_2在过氧化物酶（POD）催化下，与4-氨基安替比林及酚反应生成红色的醌类化合物。其颜色深浅在一定范围内与葡萄糖的含量成正比。通过与同样处理的标准葡萄糖液进行比较，在波长505nm处测定该有色化合物的吸光度即可求得被测样品中的葡萄糖含量。反应式如下：

$$\text{葡萄糖} + O_2 + H_2O \xrightarrow{GOD} \text{葡萄糖酸} + H_2O_2$$

$$H_2O_2 + \text{4-氨基安替比林} + \text{酚} \xrightarrow{POD} \text{红色醌类化合物}$$

【实验试剂】 葡萄糖标准液（5.5mmol/L）、酶酚混合试剂均来源于市售的血糖试剂盒，蒸馏水。

【实验器材】 试管、试管架、刻度吸管、微量移液器、恒温水浴箱、721型或722型分光光度计、记号笔、洗耳球等。

【实验步骤】

1. 取试管3支，编号，按实验表4-2所示加入试剂。

实验表4-2　葡萄糖氧化酶法测血糖加样表

试剂	空白管	标准管	测定管
血清（ml）	—	—	0.02
葡萄糖标准液（ml）	—	0.02	—
蒸馏水（ml）	0.02	—	—
酶酚混合液（ml）	3.0	3.0	3.0
A_{505}			

2. 恒温水浴　各管分别混匀后，置37℃水浴中保温15min。

3. 测定吸光度　水浴结束后，用分光光度计在波长505nm处，以空白管调零，测定标准管和测定管的吸光度。

4. 计算血清葡萄糖浓度。

$$\text{葡萄糖含量（mmol/L）} = \frac{\text{测定管吸光度}}{\text{标准管吸光度}} \times \text{葡萄糖标准液浓度}$$

【参考区间】 空腹血糖浓度3.9～6.1mmol/L。

【注意事项】

1. 酶酚混合液一般为临用前配制。

2. 采血分离血清后，要及时测定，否则血糖浓度会降低。

3. 使用微量移液器量取标本和葡萄糖标准溶液时，要规范操作，保证标本及标准溶液的取量准确，保证结果的可靠。

【临床意义】 血糖测定是临床上判断高血糖、低血糖的重要依据。

1. 高血糖

（1）生理性高血糖　见于摄入高糖食物后，情绪紧张肾上腺素分泌增加时。

（2）病理性高血糖　①糖尿病，这是最常见的原因。②其他内分泌系统的疾病，如垂体前叶功能亢进（巨人症、肢端肥大症）、甲状腺功能亢进、肾上腺皮质或髓质功能亢进等。③应激性高血糖，如颅脑损伤、脑出血、脑膜炎等所致的颅内压增高等疾病。

2. 低血糖

（1）生理性低血糖　见于饥饿、剧烈运动等。

（2）病理性低血糖　①内分泌疾病引起的胰岛素绝对或相对过量，如胰岛β细胞增生或肿瘤。

②对抗胰岛素的激素分泌不足，如垂体、肾上腺皮质或甲状腺功能减退而使生长激素、肾上腺素分泌减少。③严重的肝病如急性重型肝炎、肝坏死使肝的生糖作用降低或肝糖原储存缺乏，肝脏不能有效调节血糖。

【思考题】

1. 正常人体血糖的来源与去路有哪些？
2. 肝脏是如何调节血糖浓度的？
3. 高血糖会对机体造成什么影响？请查阅相关资料，了解目前糖尿病的诊断标准。

（朱荣富）

实验五　血清总蛋白测定——双缩脲法

【实验目的】 通过本次实验掌握双缩脲法测定血清总蛋白（total protein，TP）的原理、操作方法及注意事项，了解血清总蛋白测定的临床意义。

【实验原理】 蛋白质分子中的两个肽键（—CO—NH—）在碱性条件下，与Cu^{2+}作用生成紫红色的络合物，在波长540nm处有明显吸收峰，在一定浓度范围内，颜色深浅与血清蛋白质含量成正比，与同样处理的蛋白质标准液比较，即可求出血清蛋白质含量。反应式如下：

$$\text{蛋白质} + Cu^{2+} \xrightarrow{OH^-} \text{紫红色络合物}$$

由于此反应与两分子尿素缩合形成的产物双缩脲（$H_2N—CO—NH—CO—NH_2$）在碱性环境下与Cu^{2+}作用形成紫红色的反应类似，故称为双缩脲反应。

【实验试剂】 蒸馏水、双缩脲试剂、蛋白标准液（70g/L）。

【实验器材】 试管、试管架、刻度吸管、微量移液器、恒温水浴箱、721型或722型分光光度计、洗耳球、记号笔等。

【实验步骤】

1. 取试管3支，编号，按实验表5-1所示加入试剂。

实验表5-1　血清总蛋白测定操作加样表

试剂	空白管	标准管	测定管
血清（ml）	—	—	0.1
蛋白标准液（ml）	—	0.1	—
蒸馏水（ml）	0.5	0.4	0.4
双缩脲试剂（ml）	3.0	3.0	3.0
A_{540}			

2. 恒温水浴　各管分别混匀后，置37℃水浴中保温10min。
3. 测定吸光度　水浴结束后，用分光光度计在波长540nm处，以空白管调零，测定标准管和测定管的吸光度。
4. 计算血清总蛋白含量

$$\text{血清总蛋白（g/L）}=\frac{\text{测定管吸光度}}{\text{标准管吸光度}}\times \text{蛋白标准液浓度}$$

【参考区间】

健康成年人TP 65～85g/L。

【注意事项】

1. 血清标本以新鲜为宜，明显溶血的标本会干扰双缩脲反应，不宜使用，黄疸血清可使结果偏高。含脂量较高的血清加入试剂后仍浑浊不清，可用乙醚3ml抽提后再比色。

2. 蛋白标准液要澄清，如浑浊应更换。双缩脲试剂要密封保存，以防止吸收空气中的CO_2。双缩脲试剂中含有Cu^{2+}，容易还原成Cu^{+}，故不宜长期保存。

3. 试管、刻度吸管应清洁，否则会有浑浊出现。铵离子能与氢氧化铜反应，故实验器材不可含有铵盐。

【临床意义】

1. 血清TP升高

（1）血液浓缩　如严重呕吐、腹泻、高热、大量出汗、休克及慢性肾上腺皮质功能减退等疾病时由于水分丢失使血液浓缩，TP浓度可明显升高。

（2）合成增加　多见于球蛋白合成增加，如多发性骨髓瘤、巨球蛋白血症等单克隆、多克隆性免疫球蛋白病。

2. 血清TP降低

（1）营养不良　见于长期食物中蛋白质含量不足、慢性肠道疾病所引起的吸收不良、长期消耗性疾病如甲状腺功能亢进、恶性肿瘤、严重结核病等引起的营养不良。

（2）合成障碍　见于肝功能严重受损，如肝炎、肝硬化等。

（3）血液稀释　如各种原因引起的水钠潴留，或静脉注射过多低渗溶液。

（4）丢失过多　见于大量失血、肾病综合征及溃疡性结肠炎等疾病。

【思考题】

1. 双缩脲试剂中含有哪些成分？各有何作用？如何配制双缩脲试剂？

2. 氨基酸是否也可以进行双缩脲反应？为什么？

（朱荣富）

主要参考文献

晁相蓉，2020. 生物化学. 3版. 北京：科学出版社.

高国全，2017. 生物化学. 4版. 北京：人民卫生出版社.

高国全，解军，2022. 生物化学. 5版. 北京：人民卫生出版社.

何旭辉，陈志超，2019. 生物化学. 2版. 北京：人民卫生出版社.

黄纯，2021. 生物化学. 4版. 北京：科学出版社.

李清秀，2019. 生物化学. 3版. 北京：人民卫生出版社.

吕士杰，王志刚，2019. 生物化学. 8版. 北京：人民卫生出版社.

尚金燕，2020. 生物化学基础. 3版. 北京：中国医药科技出版社.

邵世滨，张淑芳，2021. 生物化学. 北京：中国医药科技出版社.

詹姆斯·沃森，安德鲁·贝瑞，2005. DNA：生命的秘密. 陈雅云译. 上海：上海人民出版社.

张承玉，2021. 生物化学. 2版. 北京：人民卫生出版社.

张又良，刘军，2020. 生物化学. 2版. 北京：人民卫生出版社.

赵瑞巧，2014. 生物化学. 2版. 北京：科学出版社

周春燕，药立波，2018. 生物化学与分子生物学. 9版. 北京：人民卫生出版社.

自测题选择题参考答案

第1章

1. B　2. B　3. C　4. B　5. B　6. C　7. B　8. B
9. C　10. E

第2章

1. E　2. C　3. E　4. B　5. C　6. B　7. B　8. B
9. A　10. C　11. E

第3章

1. B　2. C　3. C　4. D　5. D　6. D　7. D　8. C
9. A　10. C

第4章

1. D　2. C　3. C　4. D　5. B　6. C　7. E　8. A

第5章

1. D　2. A　3. E　4. C

第6章

1. D　2. E　3. C　4. B

第7章

1. C　2. D　3. D　4. A　5. C　6. A　7. E

第8章

1. D　2. B　3. E　4. D　5. B　6. A　7. C　8. E
9. D　10. C　11. B　12. A　13. B　14. C　15. D

第9章

1. C　2. D　3. D　4. D　5. D　6. B　7. D

第10章

1. D　2. E　3. B　4. E　5. B　6. C　7. A　8. D
9. B

第11章

1. A　2. C　3. B　4. A　5. E　6. A　7. B　8. D
9. E　10. D　11. C

第12章

1. C　2. D　3. C　4. A　5. B　6. C　7. B　8. A
9. E　10. B

第13章

1. B　2. C　3. D　4. E　5. B　6. A　7. D　8. C

第14章

1. A　2. B　3. E　4. C　5. D　6. A　7. A　8. B
9. A　10. D

第15章

1. E　2. B　3. B　4. B　5. C